毛白杨栽培学

李 宁 宋彦峰 赵天榜 主编

黄河水利出版社
·郑州·

图书在版编目(CIP)数据

毛白杨栽培学/李宁,宋彦峰,赵天榜主编.—郑州:
黄河水利出版社,2022.7
ISBN 978-7-5509-3360-6

Ⅰ.①毛… Ⅱ.①李… ②宋… ③赵… Ⅲ.①毛白
杨-栽培技术 Ⅳ.①S792.117

中国版本图书馆 CIP 数据核字(2022)第 155754 号

出　版　社:黄河水利出版社　　　　　　　网址:www.yrcp.com
　　　　　　地址:河南省郑州市顺河路黄委会综合楼 14 层　　邮政编码:450003
发行单位:黄河水利出版社
　　　　　　发行部电话:0371-66026940、66020550、66028024、66022620(传真)
　　　　　　E-mail:hhslcbs@126.com
承印单位:河南瑞之光印刷股份有限公司
开本:787 mm×1 092 mm　1/16
印张:15
字数:350 千字　　　　　　　　　　　印数:1—1 000
版次:2022 年 7 月第 1 版　　　　　　印次:2022 年 7 月第 1 次印刷

定价:92.00 元

《毛白杨栽培学》
编委会

主　编　李　宁　宋彦峰　赵天榜

副主编　高　原　高效田　刘炳晗　姚晓改

　　　　张玉书　肖　剑

主编单位：

赵天榜　河南农业大学

李　宁　张玉书　河南农大风景园林规划设计院

宋彦峰　高　原　高效田　姚晓改

　　　　河南省景观规划设计研究院有限公司

刘炳晗　郑州七叶树景观规划设计院有限公司

肖　剑　郑州市环境艺术景观规划设计研究院

前　言

毛白杨 Populus tomentosa Carr. 特产我国，已有 2 000 多年的栽培历史。最早记载见于西晋崔豹的《古今注》。以后，《晋书》及北魏《齐民要术》均有记载。明《三才图会》中记载："白杨处处有之，北方尤多。"关于毛白杨巨树的记载，在刘昌的《悬简琐探》一书中有"陕虢南山谷白杨，高可达二三百尺，围可丈余，修直端美"的记载。刘衣德写的《大树行》一文中有："陕县南门外有白杨，大可二三围"的记述。

毛白杨寿命长，在其适生栽培区有百龄以上大树。如北京市西郊圆明园有约 200 年生的毛白杨大树，平均树高 33.0 m，平均胸径 138.1 cm，最粗胸径 146.6 cm，合计材积 45.250 9 m³。

1981~1987 年，卢炯林等对河南毛白杨大树进行了调查，结果表明，毛白杨大树还有 13 株。其中，最大 1 株位于：济源县城乡翟庄，树高 19.6 m，胸围 4.2 m，冠幅 13.8 m，实测 330 年。

毛白杨树干通直、姿态雄伟、生长迅速、适应性强、材质优良、寿命长，单株材积大，为我国杨属中所罕见，且广泛栽培于华北平原地区和渭河流域，是营造速生用材林、农田防护林，以及城乡绿化等的重要乔木树种。

毛白杨生长非常迅速，如河南鲁山县栽培的光皮毛白杨 19 年生树高 23.4 m，胸径 53.1 cm，单株材积 1.968 5 m³。河南农业大学栽培的小叶毛白杨 16 年生树高 21.5 m，胸径 43.3 cm，单株材积 1.570 32 m³；河南毛白杨 25 年生树高 21.8 m，胸径 75.8 cm，单株材积 4.426 8 m³ 等。为此，大力发展和推广毛白杨优良资源变种或品种，是解决我国华北地区木材不足的重要途径之一。

毛白杨具有广泛适应气候的能力，因而栽培范围很广。从 20 世纪 50 年代起，毛白杨引种栽培范围西达青海、新疆，且生长良好。如青海西宁市引种栽培在海拔 2 300 m 灌溉台地上的 25 年生毛白杨平均树高 25.1 m，胸径 42.7 cm，单株材积 1.373 9 m³。

毛白杨系杂种起源，因而形态特征变异极大，是进行毛白杨起源、种质资源和品种资源研究的宝贵资源。通过认真研究，作者提出：①毛白杨是银白杨、响叶杨与山杨天然杂种，其中，有 11 变种、3 变型；②选出毛白杨 148 品种，归纳为 21 品种群；③研究了毛白杨与杨属中种间杂种，建立毛白杨杂种亚属新分类系统，该系统有 3 组：①毛白杨组；②毛白杨三倍体组；③毛新山杨组。

毛白杨根深叶茂，具有耐干旱、耐瘠薄、耐水淹、耐盐碱等特性，在多种立地条件下的各种土壤上生长发育好，甚至在积水长达数月条件下，仍能正常生长。毛白杨在防风固沙、防冲护岸、保持水土、防止污染、美化环境，以及维持和恢复生态平衡、提供农村能源等方面也有显著的作用。

毛白杨木材纹理细直，结构细，是我国杨属植物木材物理学性质较好的一种。同时，易干燥、不翘裂，旋、切、刨容易，胶合与油漆性能良好，是檩、梁、柱等中建筑良材，也是箱、柜、桌等家具用材;木材纤维良好,是造纸、人造纤维等优质原料。

本书作者在编写过程中,收录了朱之悌教授、牛春山教授、王战研究员、蒲俊文,以及多位专家、学者研究毛白杨及其杂种等的研究材料,特致谢意! 由于作者水平有限,书中难免存在不当之处,敬请读者批评指正!

作 者

2022 年 1 月

目　录

第一章 毛白杨栽培简史与栽培范围

第一节 毛白杨栽培意义

毛白杨(Populus tomentosa Carr.)在我国林业生产中占据重要地位,主要用于城乡绿化,改变自然面貌,保障农业生产,建造我国北方平原人工林区,经济效益、生态效益和社会效益非常明显。据河南修武县小文案村统计,10 年生毛白杨立木蓄积 1.0 万 m^3,价值达 100 万元以上,除自用外,还支援他地木材 3 000 多 m^3。据实地观测,毛白杨林网内,日平均气温比空旷地低 0.5~0.6 ℃,风速平均低 41.0%,空气相对湿度提高 22.5%,从而降低了干热风危害,使小麦平均增产 5.4 %,平均每公顷增产 242.7 kg。按此估算,华北平原小麦年增产可达 4 亿 kg 以上,经济效益达 10 亿余元。

此外,毛白杨在防风固沙、防冲护岸、保持水土、防止污染、美化环境,以及维持和恢复生态平衡、提供农村能源等方面也有显著的作用。

毛白杨特产我国,其树干通直、姿态雄伟、生长迅速、适应性强、材质优良、寿命长久,广泛栽培于华北平原,是营造速生用材林、农田防护林,以及城镇绿化等的重要优良树种。

毛白杨在适生条件下,生长非常迅速。如山西夏县 21 年生毛白杨平均树高 26.6 m,胸径 40.1 cm,单株材积 1.679 6 m^3;北京市 20 年生毛白杨平均树高 23.0 m,胸径 45.0 cm,单株材积 1.625 0 m^3;河南新乡市 23 年生毛白杨平均树高 26.5 m,胸径 46.1 cm,单株材积 1.761 5 m^3,每平方千米立木蓄积达 1 210 m^3,特别是毛白杨的优良变种、品种具有速生等特性,如河南鲁山县栽植的 19 年生光皮毛白杨树高 23.4 m,胸径 53.1 cm,单株材积 1.968 5 m^3。河南郑州河南农业大学栽培的小叶毛白杨,16 年生树高 21.5 m,胸径 43.3 cm,单株材积 1.570 32 m^3;河南毛白杨 25 年生树高 21.8 m,胸径 75.8 cm,单株材积 7.996 3 m^3。为此,大力发展和推广毛白杨优良变种、品种,是短期内解决我国华北地区木材不足的重要途径之一。

毛白杨寿命长,在其适生栽培范围内均有零星生长的百龄以上大树。如河南鄢师约 300 年生毛白杨大树,树高 18.0 m。胸径 160.0 cm,单株材积 14.467 5 m^3;登封永寿寺的百龄毛白杨大树,树高 30.0 m,胸径 145.0 cm,单株材积 28.167 8 m^3;北京市西郊圆明园的约 200 年生毛白杨大树 3 株,平均树高 33.0 m,平均胸径 138.1 cm,最粗胸径 146.6 cm,合计材积 45.250 9 m^3。

此外,河北、甘肃、山东、陕西、山西等省也有毛白杨大树生长。毛白杨寿命之长、单株材积之大,实为我国杨属 (Populus)中所罕见,且构成特异的自然景观。

毛白杨属温带树种,喜温暖、湿润、凉爽气候,具有广泛适应气候的能力,因而栽培范围很广。我国从 20 世纪 50 年代起,进行毛白杨引种栽培,其范围扩至新疆、青海等地,如青海西宁市引种栽培在海拔 2 300 m 灌台地上的 25 年生毛白杨,平均树高 25.1 m,胸径

42.7 cm,单株材积 1.373 9 m^3。

毛白杨根深叶茂,具有耐干旱、耐水淹、耐盐碱等特性,在多种立地条件下的各种土壤上生长发育良好,甚至在积水长达数月的地方,仍能正常生长。

毛白杨木材纹理直,结构细,是我国杨属植物中木材物理学性质较好的一种,同时易干燥,不翘裂,旋、切、刨容易,胶合及油漆性能良好,是檩、梁、柱等建筑良材,也是箱、柜、桌等家具用材;木材纤维优良,还是造纸、人造纤维、胶合板等工业优质原料。

第二节　毛白杨栽培历史

一、毛白杨栽培历史悠久

毛白杨在我国已有两千多年的悠久栽培历史。毛白杨形态记述始于西晋·崔豹撰《古今注》。其中有:"白杨叶圆、青杨叶长……(白杨)弱蒂,微风则大摇"的记载。嗣后,明朱棣撰《救荒本草》(1406 年)有 "白杨此木高大,皮似白杨,叶圆似梨,肥大而尖,叶背甚白,叶边缘锯齿状,叶蒂小,无风自动也"的记载。明王象晋撰《群芳谱》有:"杨有二种:一种白杨,一种青杨,叶芽时有白毛裹之,及尽展似梨叶,而稍厚大,浅青色,背有白茸毛,两面相对,遇风则簌簌有声,人多种植坟墓间;树耸直圆整,微白色,高者十余丈,大者径三四尺,堪栋梁之任"。徐光启撰《农政全书》(1639 年)记载,"白杨树 本草白杨树,旧不载所出州土,今处处有之,此木高大,皮白似杨,故名。叶圆如梨,肥大而尖,叶背甚白,叶边锯齿状,叶蒂小,无风自动也,味苦性平无毒"。

清吴其濬撰《植物名实图考长编》(1848 年)中,将我国历史上关于白杨的形态记载、育苗经验和栽培等进行了较严密的考证和总结,把白杨的生产提高到一个新的水平。

《诗经》中 '秦风'篇:"阪有桑,阪显有杨";'小雅'篇:"南山有桑,北山有杨";'菁菁者我'篇:"汎汎杨舟,载沉载浮"等,是我国杨树栽培史上最早、最可靠的记载。

《管子》"地员"篇中,记述 "五粟之土,若在山在陵,在坟在衍,其阴其阳,尽宜桐柞,莫不秀长。其榆其杨";"五次之土,宜彼群木,桐,柞……其梅其杏,其秀荣起,其棟其棠,其槐其杨,……群木数大,条直以长"等。由此表明,两千多年前,我国黄河中下游的山、川、丘陵,广泛分布和栽培着杨、柳、榆、槐、桐、梓、柞、梅、杏、柘、杞、桑等用材和经济树种。

总之,可以明确得出结论:"白杨"实指毛白杨。所以 Stean Bialobok 称 "中国把这种杨树(毛白杨)称作白杨,或称大叶杨";L. Henry 认为,"白杨是中国人民给毛白杨起的名字"。由此可见,我国进行毛白杨形态描述和研究,比 Carrie(1867)发表毛白杨 Populus tomentosa Carr. 新种时早 1 500 余年。

1867 年,由 Carriere 从北京附近采集标本定名为 Populus tomentosa Carr. 后,有些学者将它列为银白杨的变种,如 Populus alba Linn. var. denudata Maxim.,有学者把它列为独立种,如 Populus pekinensis L. Henry. 等。

二、毛白杨栽培经验丰富

我国古籍中关于(毛)白杨生物学特性、适生条件、育苗和造林技术、抚育管理、木材性质与用途等,均有精辟的全面总结或记述。《齐民要术》中关于(毛)白杨育苗、造林和经营的记载颇为详细而具体,为我国(毛)白杨的发展做出了宝贵的历史贡献。其主要内容如下:

(一)(毛)白杨生物学特性

我国古籍中记载,(毛)白杨生物学特性较多。如《诗经》:"阪有桑,隰有杨……南山有桑,北山有杨";《三才图会》:"白杨处处有之。北土尤多";《三辅黄图》:"长安御沟,谓之杨沟,谓植高杨于其上也";《管子》地员篇中"五次之土,宜彼群木,……其槐其杨,……群木树大,条直以长"等。这些记载表明,(毛)白杨在土壤肥沃、凉爽的地方生长良好,特别是在湿润、群体条件下,形成树干通直、无节的良材。

《齐民要术》记述(毛)白杨速生特性是:"五年任屋椽,十年堪为栋梁"。《群芳谱》记载:"白杨伐去大木,根在地中者,遍发小条","白杨伐去本,遍地随根生苗。春间雨后移栽。易活","候芽长,常浇为妙"等萌蘖性强的特性。

(二)(毛)白杨育苗经验

我国古农书中记载,(毛)白杨育苗经验和技术非常丰富、具体。如《齐民要术》对白杨速生特性的记载:"种白杨,秋耕地熟,至正二月中。以犁作垄,一垄之中,以犁逆顺各一到。垄中宽狭正似作葱垄,作讫,又以锹作底一坑,作小堑。砍取白杨枝,大如指,长一赤(尺)者屈着垄中,以土压上。令两头出土,向上直竖,二赤(尺)一株。明年正月中,剔去恶枝。一亩三垄,一垄七百二十株,一株二根,一亩四千三百二十根"。扦插繁殖:"种水杨,须先用木桩钉穴,方入杨。庶不损皮,易长"(《种树书》)。插杨柳,北方谚云:"根要焦,埋到腰"(《华夷花木鸟兽珍玩考》)等。留根繁殖记述尤多。

(三)(毛)白杨的抚育管理

(毛)白杨抚育管理也有记述。如"每年春月,仍可修其冗枝作柴,而树身日益高大","种十亩,不虑柴,及长至四五寸,便可取作屋材用。留端正者长为大用"(《群芳谱》);"五六尺高者择密者,删去为薪,又易长。及长大可作材用。种树十亩,不虑柴"(《三农经》)等。

总之,我国古农书中,关于(毛)白杨育苗、造林等经验的记载,至今对于指导(毛)白杨育苗、造林和抚育管理,仍有现实意义。

(四)(毛)白杨材性与用途

(毛)白杨材质优良,用途广泛,历来受群众欢迎。(毛)白杨材质及用途记述有:"(毛)白杨……性甚劲直,堪为屋材。折则折矣,终不曲挠"(《齐民要术》);"明时,白杨木作镂刻花单板,极光滑"(《顺元府志》)等。

白杨幼叶可食,以作救荒。如"白杨叶,善飘飘。荒庭古树风萧萧。年来儋石无余,粟采用晨餐糜粥"(《救荒野谱》);"白杨食叶,其木处处有之。叶圆如梨。叶无风往往独摇,采嫩者可以救荒"(《救荒本草》);白杨叶"食法采嫩者炒熟。作为黄色,换水淘去苦味。洗净,油盐调食"(《野菜博录》)等。

白杨可治疾病。如"白杨树皮味苦,无毒,主治风脚气肿,四肢缓弱不随,毒气游易在皮肤中,痰癖等,酒渍服之";《唐本草》:"白杨去风痹,宿血,折伤。血凝在骨肉间,痛不可忍,及皮肤风瘙肿。杂五木为汤。外浸损伤"(《本草拾遗》);白杨"皮可捣敷热毒,金疮"

（《齐民要术》）等。

第三节　毛白杨现无天然林分布

　　毛白杨原产我国秦岭北坡的关中地区和河南中部一带。据史书记载，河南、陕西山区历史上均有毛白杨的天然分布。如《悬笥锁探》记述："予初不识白杨，及来河南巡行郡邑，常从平畴入峪，多见大树，问从者，曰，白杨也。其种易成，叶尖圆如梨，枝颇劲，叶则皆动，其声瑟瑟殊悲惨。陕西虢南山谷尤多，高可达二三百尺，围可丈余，修美端直，用为寺观材，久则疏裂，不如松柏材劲实也。"

　　毛白杨是栽培的优良种群，还是现有天然分布的野生种？这是徐纬英教授在《杨树》一书中，首先提出的问题。毛白杨原产我国"秦岭北坡渭河流域的关中地区和黄河中下游一带，以楼观台为中心，附近都有毛白杨天然林，……多分布于山坡下部，山沟两旁，农村附近，呈片状分布，最大片有 100 亩（10.67 hm²）以上，密度甚大，但经营不善，经常将好的择伐去，所以林分的价值不高"。

　　随后，山西省林业科学研究所指出，毛白杨在"平陆县有小片散生天然林"分布；刘君慧在《河南省毛白杨基因资源开发利用研究报告》（铅印本，1984）中记述："通过（调查）发现，我省（河南）山区保留有相当数量的毛白杨野生资源，太行山区、伏牛山区和桐柏山区都有野生毛白杨散生木或片林。由于阳坡开荒种田，野生毛白杨都分布在阴坡；又由于人为的破坏性采伐，野生毛白杨多为天然次生林。目前已无大面积集中分布，多呈几平方米、几亩、几十亩或近百亩的小块不连续分布；野生毛白杨的立地条件普遍不好，有的甚至长在石缝和石砾地方……。我们还发现，淮河上游和汉水上游不仅有栽培的毛白杨，也有野生的毛白杨。如汉水上游的淅川、镇平、西峡、南召四县就有胸径 20 cm 以上的野生毛白杨大树 1 565 株。"

　　为了解毛白杨天然林的分布，赵天榜于 1963~1989 年间，多次前往山西平陆县、陕西周至县楼观台及河南伏牛山、大别山和桐柏山区调查，均没有证实有毛白杨天然分布，因此认为毛白杨是我国劳动人民从其天然原始种群中，选出具有杂种优势的毛白杨个体或一些形态近似的个体，经过长期广泛栽培、反复选育和万千次繁育的结果，使其脱离了原来的野生性状，成为一个起源复杂、形态多变、性状优良的混合栽培的杂种种群。

　　为进一步了解毛白杨目前是否有天然林的分布，赵天榜在进行"河南杨树资源调查研究"（1963~1988 年）过程中，多次途经灵宝、卢氏、洛宁、栾川、嵩县、宜阳、鲁山、南召、镇平、西峡、桐柏、修武、博爱、焦作等 30 多个县、市的山川谷溪，行程数万里；有些县如南召县前后考案和采集标本 20 余次，遍及全县各山川谷溪，没有发现毛白杨野生分布或天然次生林的存在。刘君惠等在南召县发现"胸径 20 cm 以上的野生毛白杨大树"，实是河南杨（Populus henanousis T. B. Chao et C. W. Chiuian）、松河杨（P. sunghoensis T. B. Zhao et C. W. Chiuan）以及响叶杨（P. adenopoda Maxim.）某些变型的误称；有些则为山区群众栽植毛白杨伐后的萌生植株。

　　1987 年，赵天榜在河南洛阳林业研究所白杨明高级工程师的邀请下，与冯滔高级工程师实地考察，并没有证实新安县有"野生毛白杨分布"和选择的"野生毛白杨优树"是栽培的。其原因如下：①毛白杨树龄较小，均系新中国成立初期为人工栽植，其疏林下没有一株大树树桩或残留根桩；②毛白杨疏林距村庄很近，其位置均在梯田地坎上或梯田上坡的荒地上。如实地考察洛阳林业研究所选出的野生毛白杨 1 号植株，就是栽植在梯田地坎下沿，经过多次修枝的箭杆毛白杨。

山西省"平陆县具有小片散生毛白杨天然林"也不存在。因赵天榜曾 2 次进行实地考察，并没有证实毛白杨天然林分布。1986 年，赵天榜到陕西周至县楼观台进行调查，也没见到毛白杨天然林的分布，仅发现稍近似毛白杨的臭白杨，当地群众称毛白杨，即汉白杨 Populus henanensis C. Wang et Tung。

总之，直到目前，还没有充分证据来证明目前毛白杨有天然林分布。因此，我们认为：毛白杨是个栽培历史悠久、形态多变的栽培种群。该种群人们经过长期的生产实践，从毛白杨种群中选出具有杂种优势的个体或一些形态相似的个体，通过长期的广泛栽培，千万次繁育的结果，使其脱离了原来的野生性状，成为一个优良的多起源、多态的混合栽培种群。同时，在某些地区还有毛白杨与其他种群杂交产生的颇似毛白杨的天然杂种的少数植株存在。

第四节　毛白杨原产地区与栽培范围

一、毛白杨原产地区

根据赵天榜等多年来实地调查，陕西关中地区和河南中部地区是毛白杨种源富集地区，其内毛白杨雌雄性兼有，形态变异极为复杂，栽培品种很多，是毛白杨的原产地区和原生栽培区。

以后，山西省林业科学研究所、刘君慧副教授、白杨明高级工程师等均提出发现有野生毛白杨天然分布。赵天榜多次前往山西、陕西及河南伏牛山区调查结果，没有发现现有毛白杨天然林分布。

二、毛白杨栽培范围很广

毛白杨栽培范围很广，即北迄辽宁南部、内蒙古南部、河北北部、宁夏南部、陕西中部、山西中部，西至甘肃东南部的天水、镇瓦等县，南达浙江、江苏、湖北等省，其中以河南中北部、河北中南部、山东西部、安徽西北部、山西南部以及陕西渭河流域的关中平原栽培最广，株数最多，生长最好，是毛白杨适生栽培地区。其栽培范围在北纬 30°～40°，东经 105°～125°，垂直分布在海拔 1 500 m 以下的山谷、平原地区。其中，中心栽培区在河北南部、山东西部、安徽北部、河南中部和北部，以及陕西关中一带。

据记载，云南昆明附近的官渡、呈贡引种栽培的毛白杨生长良好。1949 年以后，毛白杨引种栽培在全国范围内逐渐扩展至新疆、青海等省区，且生长很好。如陕西延安市引种的毛白杨从未遭受冻害，26 年生树高 15.6 m，胸径 40.7 cm，单株材积 0.842 4 m³；如新疆石河子地区年平均气温 5.6 ℃，绝对最低气温-37.81 ℃，年平均降水量 17.0 mm 条件下引栽的 20 年生毛白杨平均树高 21.6 m。胸径 39.1 cm，单株材积 1.085 7 m³。青海西宁市年平均气温 6.9 ℃,绝对最低气温−22.6 ℃,年平均降水量 377.2 mm;陕西延安市年平均气温 9.3 ℃,绝对最低气温 −26.8 ℃,年平均气温 9.9 ℃。由此可见,这些地区引种栽培毛白杨表明,它具有很强的耐寒能力,为进一步扩大其引种栽培范围提供了充分的科学依据和具体经验。

毛白杨雌株栽培,以河南中部最多,山东次之,其他省市较少。近年来,河北、北京、河南等省市大力发展和推广毛白杨优良品种小叶毛白杨、河北毛白杨等雌性品种,有大面积人工纯林和农田林网出现,从而使毛白杨雌株栽培的比例和数量以及栽培范围逐渐扩大、增多。

三、毛白杨引种国外历史

毛白杨引种栽培历史悠久。Provost(1897)是国外最早引种栽培毛白杨的学者,他将北京的毛白杨引种到法国,进行繁殖和栽培;1905 年,Jack 将北京的毛白杨引种栽培于 Arndd 的树木园内;1905 年,美国开始引种栽培毛白杨;德国于 1930 年从法国引植毛白杨。近年来,日本等国家也相继引种栽培。

第二章　毛白杨起源

第一节　毛白杨起源问题的提出

毛白杨自 Carriere（1867）定名发表新种 Populus tomentosa Carr. 后，一些学者相继发表新种或新变种。如 Maximowicz（1879）将毛白杨作为银白杨变型 P. alba Linn. f. denudeta Hertlgtig；Wesmael（1887）把毛白杨作为银白杨变种——毛叶银白杨变种 P. alba Linn. var. tomentosa Wesmael；Burkill（1899）把毛白杨作为银白杨 P. alba Burkill；D. Henry（1903）将毛白杨改为北京杨 P. pekinensis D. Henry；Komalow（1903）将它作为银白杨变种 P. alba Linn. var. s1minuda Kom.；Dode（1905）将毛白杨分为 2 个种：毛白杨 P. tomentosa Carr. 和无毛杨 P. glabrata Dode；Rehdeir 则认为，P. tomentosa Carr, 及 P. glabrata Dode 实属同种异名。

1958 年，Bartkowiak 研究了银白杨与欧洲山杨等杨树苞片后，首先提出：毛白杨是介于银白杨与欧洲山杨（Populus tremuia Linn.）之间的一个天然杂种。1963 年，马常耕教授指出，毛白杨"可能是银白杨和响叶杨的天然杂种"。Stefan Biolobok "根据对杨属的几个种和地理类型的干、枝、叶、苞片的形态特征研究，得出结论：毛白杨乃是中亚中部银白杨的某个地理变种，非常可能是同山杨的杂交种。

Schneider（1904）、Gombooz（1908）、L. Henry（1913）、Schenck（1934）等都先后进行过毛白杨研究，特别是 Schreider 首先怀疑北京杨（P. pekinensis L. Henry）是否享有种的地位及毛白杨不是银白杨变种的引入；Bartkowiak 根据他的研究材料指出，毛白杨苞片接近于银白杨和欧洲山杨 P. termula Linn. 之间，并认为它是介于银白杨和欧洲山杨间的一个天然杂种。

Schnech（1934）在描述毛白杨时指出，毛白杨叶比灰杨 P. × canscens（Ait.）Simith 叶大，并把它同银白杨、欧洲山杨、灰杨进行比较。Bretschneider 强调指出，毛白杨叶片有很大变异性，所以 Meximowicz 把毛白杨作为银白杨的变种。Hande1-Mazzetti 提供的报道说，南京大学标本室有一份响叶杨标本，而 Meril 把它定为毛白杨。Steran Bialokok 根据这种情况，有理由推测："要辨别响叶杨和毛白杨的某些变型是困难的。所以，一些国外植物学者不仅鉴定中国杨树的变种与变型，而且鉴定中国杨树种也是困难的"。

1978 年，赵天榜等在《毛白杨起源与分类的初步研究》中提出"毛白杨并非单一的天然杂种，而是以响叶杨与山杨为主的多组合形成的天然杂种的综合群体"的见解。1985 年，马常耕教授在《毛白杨改良策略》中认为，毛白杨是以响叶杨和银白杨为主要亲本的多元化杂种系统，与现有的一次性人工杂种的杨树在遗传上有本质不同，所以应把毛白杨看成一个天然杂种系统（或杂种群），不宜作为一个种对待。

为探讨毛白杨的起源亲本，赵天榜多年来进行了大量的调查研究和试验分析，结果表明毛白杨起源亲本非常复杂,是由响叶杨、山杨、银白杨、新疆杨、河北杨以及毛白杨反复杂交所形成的多种性、多形态混合的栽培杂种种群,其形成途径及其亲缘关系如图 2-1 所示。

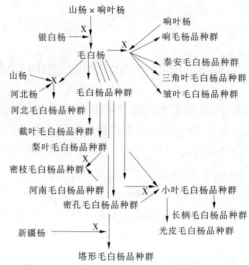

图 2-1　毛白杨形成途径及其亲缘关系图

第二节　毛白杨杂种形态多样性

我们通过多年来的观察和研究,提出毛白杨起源杂种的观点。其根据是:毛白杨生殖系统一般来说发育不健全。据研究,杂种起源的后代一般都是败育的。杂种不孕或生殖系统发育不健全,特别是种间杂种的不孕性,已成为当代遗传学、树木育种学等生物学科领域内所公认的普遍规律。

毛白杨生殖系统发育不健全,如花粉发育不良、雌花不孕或结籽率低等,都是表明该种起源杂种的理论根据之一。如箭杆毛白杨、密枝毛白杨等。

雄花无花粉或花粉极少,发芽率很低。河南毛白杨雄花雌化及结实现象非常普遍;也有毛白杨的花序多分枝,且比例极大等,都是证据。

特别值得提出的是,作者在进行毛白杨授粉结籽观察中发现:

(1)河南毛白杨和密孔毛白杨品种群内所有雄性植株均有大量花粉,且有较高的发芽率。其雄花雌化也能正常受精结籽;小叶毛白杨、梨叶毛白杨和长柄毛白杨品种群内所有的雌株均能受精,果实发育正常,其结籽率可达 30 % 以上。实生苗形态变异极大,是进行实生选种和杂交育种的材料,也是探讨毛白杨起源的有力依据。

(2)毛白杨形态变异具有广泛的多样性。根据遗传学原理和生物学科的研究,纯种后代没有分离现象,其形态和性状稳定不变;杂种后代呈现出明显的多样性的变异和性状。根据我们观察和研究,毛白杨树形、树皮颜色,皮孔形状、大小多少及排列方式,叶形、花的结构、果实形状,以及其生长速度、抗病性、物候期等均有明显变异,也是论证毛白杨起源杂种的科学依据。

第三节 毛白杨系多种性起源亲本

一、毛白杨起源亲本研究概况

Bartlo Wiak 提出，毛白杨起源亲本之后，马常耕研究员（1963）在《论毛白杨结实特性及其类型》一文中指出，毛白杨"可能是银白杨和响叶杨的天然条件"；Stefan Bialobok（1964）在《毛白杨的研究》中认为，毛白杨起源可能性有四：① "毛白杨乃是中亚东部银白杨的某个地理变种，非常可能同山杨的杂交种"；② "毛白杨可能是新疆杨（P. alba Linn. var. pyramidalis Bunge）和欧洲山杨（P. tremula Linn.）的一个杂种"；③ "毛白杨的亲本之一也可能是光皮银白杨 P. alba Linn. var. bachofenii（Wierzb.）Wesm."；④ "也存在这样的可能性，即毛白杨是银白杨和欧洲山杨之间的杂种"。最后，该作者认为，"毛白杨乃是中亚东部银白杨的某个地理变种，非常可能同山杨的杂交种"。

赵天榜于 1978 年在《毛白杨起源与分类的初步研究》一文中提出"毛白杨并非是单一的天然杂种，而是以响叶杨与山杨为主的多组合形成的天然杂种的综合群体"的见解。其依据是：山杨、响叶杨均参与毛白杨种群的形成。因为我国陕西、山西南部、河南山区均有响叶杨和山杨的天然林分布，多呈块状或散生混交，两者花期一致，如表 2-1 所示，其杂交容易形成天然杂种。

表 2-1　响叶杨与山杨花期

名称	性别	花期		
		2 月	3 月	4 月
山杨	雄株	———		
	雌株		=========	------
响叶杨	雄株		———	
	雌株		=========	------

注：（1）1971年、1972年、1973年观察材料。
　　（2）———、========= 表示花期。

赵天榜于 1974 年发现，梨叶毛白杨的雌花结构极似响叶杨，尤其在其实生苗中具有完全像响叶杨和山杨的苗木植株。

南京林学院树木育种组进行的响叶杨和山杨人工杂种中，也具有像毛白杨的植株。密孔毛白杨树皮皮孔形状和排列方式等与豫农杨 Populus yunungii G. L. Lü（P. tomentosa Carr. × P. adenopoda Maxim.）中快杨 cv. 'Kuai-Yang' 极相似。所以，我们认为，密孔毛白杨可能是毛白杨和响叶杨的天然杂种，也可能是梨叶毛白杨的实生后代经过长期人工繁衍的结果。同时，作者已在梨叶毛白杨实生苗木中发现具有完全相似的密孔毛白杨、山杨和响叶杨的植株。

1978 年，赵天榜曾提出银白杨是毛白杨杂种起源母本的可能性，因为毛白杨适生栽培区域内,到目前为止,并没有发现银白杨的天然分布。根据作者进一步观察和研究,密枝毛白杨、银白毛白杨植株的幼枝、叶片绒毛较密而白,颇似银白杨。由此表明,银白杨也参与了毛白杨种群的形成。

根据观察,河北毛白杨小枝、发芽、花的构造与山杨极为相似。若两者混在一起,很难区分,而树形、分枝习性、叶形又相似于毛白杨。但毛白杨为绒毛,而河北毛白杨则为茸毛,极易区别。因此,作者认为:河北毛白杨可能是河北杨(Populus hopeiensis Hu et Chow)与毛白杨的天然杂种,也可能是山杨参与河北毛白杨的形成。

总之,我们认为,毛白杨并非单一的天然杂种,而是以响叶杨、山杨、河北杨、银白杨等多组形成的天然杂种的综合群体。

1963年,马常耕研究员认为,毛白杨可能是银白杨与响叶杨的天然杂种;1964年,S. Bialobok 认为,毛白杨是银白杨与山杨的杂种;1978年,赵天榜提出毛白杨并非单一的天然杂种,而是以响叶杨与山杨为主的多组合形成的天然杂种的综合群体的见解;1983年,钱士金副研究员认为,"参与毛白杨种群的亲本有银白杨、欧洲山杨、山杨、响叶杨、河北杨,是包括我国现有的白杨派所有种"。1985年,马常耕研究员在《毛白杨的改良策略》中认为:毛白杨是以响叶杨和银白杨为主要亲本的多元化杂种系统,不宜把它作为一个种对待。它的起源有多地性和多次性。与现有的一次性人工杂种杨树在遗传组成上有本质不同"。所以,"应把毛白杨看成一个天然杂种系统(或杂种群),不宜作为一个种对待"。

为进一步探讨毛白杨的多种性起源,现将赵天榜多年来的观察和研究材料,整理如下:

银白杨是毛白杨起源一个亲本。这个观点,目前为不少学者承认,如 Stefan Bialobok 以及马常耕研究员等。作者通过近年的观察和研究,也赞同这一观点。其依据是:密枝毛白杨品种群内的品种在枝、叶、花、果等方面,尤其是枝、芽、叶的绒毛与银白杨完全相同。因此,认为银白杨是毛白杨杂种起源的主要亲本之一。

为了证实这一观点,尚待解决以下问题:

(1)银白杨在毛白杨适生栽培区域是否有分布。银白杨原产欧洲已为公认。我国仅新疆(额尔齐斯河)有野生,其他省市均为引种栽培。但在毛白杨的适生栽培区域陕西、河南、山东一带,到目前为止,并没有发现有银白杨的天然分布。因此,进一步研究毛白杨适生栽培范围内银白杨的天然分布和该范围其历史分布,具有特别重要的作用。

(2)银白杨花期与山杨花期不相遇。据赵天榜1983~1988年在郑州观察,银白杨与山杨花期不遇。如1986年,银白杨花期为3月20~25日,山杨花期为3月1~5日,毛白杨花期则为3月20~25日。至于他地两者花期如何,尚待进一步观察。

(3)新疆杨参与毛白杨种群形成。Stefan Blalobok(1964)认为,"毛白杨可能是新疆杨与山杨的一个杂种"。据作者观察,塔形毛白杨树冠塔形,侧枝与主干呈20°~30°角着生,小枝弯曲,直立生长,颇似新疆杨的姿态。所以,我们认为,塔形毛白杨可能是毛白杨栽培种群中一个具有新疆杨遗传基因的突变体,是经过人们无性繁殖而繁衍下来的后代。这个突变个体充分反映新疆杨在历史上参与毛白杨杂种种群的形成,也可能是毛白杨与新疆杨自然杂交的突变个体经无性繁衍的结果。

(4)响叶杨是毛白杨起源亲本之一。据我们调查和研究,梨叶毛白杨雌花、蒴果与响叶杨特征相似。如表 2-2 所示。

表 2-2　响叶杨和梨叶毛白杨形态比较

名称	花芽	花	蒴果
响叶杨	卵球-椭圆体状。芽鳞亮绿色,被黏液,边缘微被缘毛	柱头黄绿色,2 裂,4~6 叉。苞片灰褐色	长圆锥状或长椭圆-卵球体状
梨叶毛白杨	卵球-椭圆体状。芽鳞亮绿色,被棕褐色黏液,具光泽,微被毛	与响叶杨相似。柱头淡红色	与响叶杨相似

特别值得提出的是:梨叶毛白杨的实生苗具有完全相似于响叶杨苗木的特征,足以证明响叶杨是毛白杨起源亲本。

(5)小叶毛白杨是梨叶毛白杨实生后代。该观点是赵天榜 1974 年从梨叶毛白杨实生后代苗中选出优良单株后提出的。该单株的形态特征,包括树形、分枝习性、小枝、叶形、花、蒴果等方面,很难与小叶毛白杨相区别。

(6)圆叶毛白杨形态特殊。圆叶毛白杨叶形圆形,先端短尖,基部心形,边部波状。长枝、叶背面密被白绒毛。根据《国际植物命名法规》中有关规定,圆叶毛白杨的形态特征超越了毛白杨模式标本的形态特征。为此,赵天榜将其升为种——新乡杨 Populus sunxiangonsis T. B. Chao(T. B. Zhao)。该种可能是银白杨与毛白杨的天然杂种。

(7)河北毛白杨可能是河北杨与毛白杨的天然杂种。赵天榜(1978 年)提出,河北毛白杨可能是河北杨与毛白杨的天然杂种。其依据是:①河北毛白杨的花结构与山杨相似;②树形,尤其是枝态的平展或稍下垂特性颇似河北杨。研究材料表明,河北毛白杨确实是一个特殊栽培品种群。其特点是:①气孔近方形;②过氧化物酶谱等,易与毛白杨区别。河北毛白杨因其树形、树皮和叶形等像毛白杨。很可能是山杨与毛白杨的一个天然杂种。

(8)山杨参与毛白杨杂种种群的形成。其依据是:①梨叶毛白杨实生苗木中发现有极似山杨的苗木。②响叶杨与山杨天然杂种有似毛白杨的植株,特别是该杂种叶、幼枝的绒毛与毛白杨绒毛很难加以区别。③山杨与毛白杨天然杂种中的某些类型,很难与毛白杨区别。如 1964 年,作者在灵宝县发现的一种杨树,当地群众称为:"小叶毛白杨"。因其树形、树皮和叶形等很像毛白杨。实际上是山杨。

总之,毛白杨是响叶杨、山杨、银白杨、新疆杨、河北杨以及毛白杨等反复参与杂交所形成的多种性、多形态混杂的杂种种群。

第四节　毛白杨形态变异

毛白杨起源杂种,栽培历史悠久,栽培范围很广,并在长期的系统生长发育过程中,经过自然选择、人工选择和繁育,以及多区域的栽培,产生了非常广泛的形态变异,形成了许多具有地域性特色的地理型、物候型、形态型、生长型等品种(无性系或类型)。这些品种的栽培群体,在形态特征、生长速度、抗性强弱、物候期等方面均有明显的差异(变异)。

掌握和了解毛白杨形态变异及其变异规律,是研究毛白杨起源、进行系统分类,以及选择和推广其中优良品种的理论基础和科学依据,是实现毛白杨良种标准化和栽培良种化的重要途径之一。毛白杨形态变异及其变异规律如下。

一、树形变异

树形变异是指树木的树冠形状、树干曲直、中央主干有无或明显与否、分枝习性等性状的总称。据观察,毛白杨树形比较容易受外界环境条件和人力因素活动的影响,但作为毛白杨起源研究进行系统分类,选择和推广其中优良品种的依据和标准,仍是一个重要的指标。如长柄毛白杨无论是林立木、行道树,还是孤立木,其树形均明显区别于毛白杨的其他品种;塔形毛白杨也是如此。

毛白杨树形变异中,以分枝习性变异最明显,且占主导地位。其分枝习性变异主要表现在:中央主干有无或明显与否,中央主干上一二级侧枝粗细、多少、枝角大小,以及小枝着生状态等各个方面。

调查和研究表明,毛白杨分枝习性变异比较明显,变异性状比较稳定,受外界环境条件和人为活动因素影响较小,是决定树冠形状、干形弯曲的主导因素,同时分枝习性的变异易被人们识别和掌握,所以了解和掌握毛白杨分枝习性的变异及其变异规律,是进行毛白杨系统分类、选择与推广其中优良品种的重要依据之一。

通过多年来的观察,毛白杨在 10~30 年生的植株上,其分枝习性才能充分地表露出来,其中以一级侧枝的粗细、多少、枝角大小及着生状态最明显。根据毛白杨侧枝的变异特点,可将其分为直立、斜生、开展和下垂 4 种侧枝枝态类型。

毛白杨侧枝多少和枝角大小与其树冠疏密度密切相关,而与其性别毫无关系。如密枝毛白杨树冠稠密,中央主干不明显;侧枝较粗而多,枝角 40°~50°。小枝较粗、多而密。梨叶毛白杨树冠宽大,中央主干不明显或无中央主干;侧枝粗而稀,枝角 60°~70° 开展。小枝粗而少。两者都属雌性毛白杨。箭杆毛白杨-77 品种中央主干明显,侧枝较细、较少,枝角 40°~50°,而箭杆毛白杨-99 品种与前者树形、枝态、多少完全相似。但前者为雄株,后者为雌株,是两个性别完全不同的品种。所以,仅从树形、枝条粗细与着生状态等特征来区分毛白杨雌性或雄性的观点和做法显然是不妥的。

毛白杨分枝习性,一般来说与其中主干有明显的相关规律。凡是侧枝粗大、稀少、枝角大的毛白杨。无论是雌性或雄性的植株,必然是主干干形不良或无明显中央主干的毛白杨品种;反之,凡侧枝细、少、枝角小的植株,一般来说是中央主干明显,直达树顶的品种。前者如密枝毛白杨(雌)、梨叶毛白杨(雌)、河南毛白杨、密孔毛白杨等,后者如箭杆毛白杨等。毛白杨的这种相关规律,无论在苗期或在幼龄、壮龄阶段都能明显地呈现出来,而了解和掌握这一规律是进行毛白杨早期选择优良品种的一个重要依据和标准。

根据毛白杨中央主干与侧枝的相关规律,可将毛白杨分为塔形、箭杆形、密枝形及垂枝形四大类。

根据调查表明,毛白杨树形与其生长速度密切相关,即:凡是树冠宽大,侧枝粗壮,枝角大或侧枝多,无明显中央主干的植株,必然是胸径生长量大、单株材积多的品种;反之,树冠小,侧枝细、少、分布均匀,树干通直、中央主干明显的植株,一定是胸径生长慢、单株材积小的品种。如表 2-3 所示。

表 2-3　毛白杨几个品种树冠形状与生长速度关系

品种名称	树龄/a	树高/m	胸径/cm	单株材积/m³	树冠形状
河南毛白杨-122	20	19.4	57.2	1.972 70	树冠宽大,侧枝粗、稀、开展,中央主干不明显
密孔毛白杨-17	20	21.8	42.0	1.771 90	树冠宽大,侧枝粗、稀、开展,中央主干不明显
密孔毛白杨-38	20	20.3	56.8	2.093 49	树冠宽大,侧枝粗、稀、开展,中央主干不明显
密孔毛白杨-113	20	20.5	60.8	2.328 13	树冠宽大,侧枝粗、稀、开展,中央主干不明显
箭杆毛白杨-116	20	20.5	33.5	0.619 93	树冠小,侧枝小、稀、少,斜生,中央主干明显
箭杆毛白杨-69	20	20.5	35.4	0.760 44	树冠小,侧枝小、稀、少,斜生,中央主干明显
箭杆毛白杨-44	20	20.8	29.5	0.567 00	树冠小,侧枝小、稀、少,斜生,中央主干明显
箭杆毛白杨-52	20	17.5	31.4	0.517 63	树冠小,侧枝小、稀、少,斜生,中央主干明显

从表 2-3 中看出,在"四旁"栽植的毛白杨品种 20 年生时,单株材积以密孔毛白杨最大,河南毛白杨次之,箭杆毛白杨最小。由此表明,大力发展河南毛白杨、密孔毛白杨等品种,是解决我国华北地区短期内木材供应紧张的一个重要措施。

二、树皮变异

毛白杨树皮变异非常明显,而且变异的性状很稳定,其主要表现在皮孔形状、大小、多少及排列着生方式上。根据观察,毛白杨树皮皮孔形状有菱形、扁菱形、纵菱形、圆点形、不规则形及横椭圆形之分;皮孔大小有特大(3.0 cm 以上)、大(2.0~3.0 cm)、中(1.0~2.0 cm)、小(0.5~1.0 cm)、特小(0.5 cm 以下)五级;皮孔稀疏程度,可分为密、中、稀、少四级;皮孔排列着生方式,可分散生、散生及少数连生、2~4 个横向连生、多数横向连生,以及 2 种皮孔或 3 种皮孔混生等;皮孔边部有平、突、凹之别。毛白杨树皮皮孔变异有:大皮孔散生、大皮孔连生、小皮孔散生、小皮孔连生、大小皮孔兼有等。

毛白杨树皮皮孔变异,常随着立地条件和栽培技术措施的不同而时常发生变化。如箭杆毛白杨-113 品种植株的皮孔大小多为 1.0~2.0 cm。若在土厚、沃壤条件下,其皮孔可增至 1.5~2.5 cm;反之,在土壤干旱、瘠薄条件下生长不良的植株,则皮孔大小可降低到 0.5~1.5 cm。毛白杨树皮皮孔形状和排列方式极为恒定,不受任何外界条件的影响,是毛白杨形态变异中最稳定的一个特征,可以作为毛白杨栽培品种群或品种群内品种划分的主要依据和标准,是进行毛白杨优良品种选择和推广时不可缺少的识别因子。

根据观察,毛白杨树皮皮孔变异与树形和生长速度密切相关,即凡是树冠较小,侧枝细、少,枝角较小,树干通直,中央主干明显的毛白杨植株,必然是散生的菱形皮孔;反之,树冠大,侧枝粗大、开展,中央主干不明显或无中央主干的雄性植株,必定是扁菱形,多数横向连生。

总之,了解和掌握毛白杨树皮皮孔变异与及其变异规律,不仅是研究毛白杨起源亲本,还是进行毛白杨系统分类研究必不可少的重要内容,也是选择和推广毛白杨优良品种的重要依据之一。特别值得提出的是,毛白杨树皮皮孔形状、大小、多少及排列着生方式等与其抗病性毫无相关性。

三、叶形变异

叶形变异是毛白杨形态变异中最常见的特征之一。其叶形变异常因毛白杨品种种类、立地条件差异、栽培措施不同,以及植株年龄和着生部位等不同而有明显的差异。观察和研究表明,毛白杨叶片变异中以长枝中部叶和短枝叶变异较小,变异性状比较稳定,是进行毛白杨系统分类研究和品种群或品种划分的主要依据,也是选择和推广优良品种的重要依据之一,如心叶毛白杨就是根据叶形特征而命名的。

毛白杨叶形变异主要表现是叶片大小、形状、质地厚薄、绒毛多少,叶缘形状、边部起伏或平展,抗病能力以及物候期早晚等方面,其中以叶形大小、形状变异明显,容易识别和掌握。

根据毛白杨叶形的不同,可分为圆形、心形、三角-卵圆形、椭圆形、卵圆形、宽三角-近圆形,以及不规则形等,如图 2-2 所示。

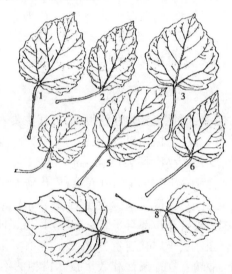

1—大皮孔箭杆毛白杨;2—密枝毛白杨;3—河南毛白杨;4—圆叶毛白杨;
5—梨叶毛白杨;6—箭杆毛白杨;7—光皮毛白杨;8—毛柄毛白杨。
图 2-2　毛白杨几个无性系的叶形

此外,毛白杨叶片基部和先端也有变异,也可作为区分毛白杨的依据。如截叶毛白杨就是以叶基截形为显著特征而命名的。另外,绒毛多少与区别也不能忽视。如绒毛特别多的银白毛白杨,以及具有茸毛的河北毛白杨,易与其他品种相区别。

四、花序变异及其类型

(一)花序变异

毛白杨雄花雌化现象的发生及其性别转交过程的研究,为毛白杨起源理论、系统分类、性别控制及良种选育提供了非常宝贵的材料。为此,现将毛白杨花的变异材料整理介绍如下：

从毛白杨大树上采集的变异花序中，有些着生于2年生枝条上，有些着生于1年生枝条上。根据采集的大量变异花序，按其变异雌花和两性花在花序轴上着生的部位不同，可分为6类：

1. 正常花序

毛白杨正常的雄花序。一般长9.0~13.0 cm，粗约1.0 cm，由10~294朵雄花组成，雄蕊5~12枚，花药紫红色或橙黄色，初被红晕。雌花序在幼果形成期间的长度为4.0~7.0 cm，由100~276朵雌花组成。

毛白杨雌花和雄花序在外部形态结构上常有不同的表现。雄花序：有的粗大，花药初为紫红色，后为橙黄色；有的细短，有时细长；花药紫红色；苞片有卵圆形、匙-卵圆形、长椭圆-匙形等之分。其颜色有黑褐色、灰褐色、淡灰色、黄棕色之别，雄蕊数目有6枚、6~8枚、9~12枚；花被形状有三角-盘状、鞋状、漏斗状等。

2. 变异花序及其类型

雄花序发生雌化变异后，形成的幼果果序长3.0~10.9 cm，平均长7.6 cm。雄花雌化变异后的长度与正常的雌果序相近，比原来雄序的长度要缩短很多。

3. 序端变异型

该类变异花序，平均长为6.61 cm，变异的单性雌花和两性花绝大部分集生于花轴的前半段，后半段大部分为正常雄花，或生有少数的变异花朵。有时花序梢部具有0.5~1.5 cm长的正常雄花，变异部分长1.0~4.5 cm，平均长2.4 cm。该类型花序的变异雌蕊，一般尚能发育成较大的蒴果，但多在果实成熟前脱落，少数蒴果中有发育完整的种子。

4. 序中变异型

该类变异花序，一般长5.8~9.2 cm，平均长8.03 cm。变异的单性雌花和两性花的绝大部分集生于花序轴的中部，基部和梢部正常雄花的数量占绝对优势，其间杂生有个别变异花朵。变异部分长11.3~24.0 cm，平均21.53 cm。该类型花序上变异的雌蕊，一般也能发育成较大的蒴果。

5. 序基变异类

该类变异花序，一般长6.3~8.7 cm，平均7.2 cm。变异的单性雌花和两性花绝大部分集生于花序轴的基部，前半为正常的雄花和杂生零星的变异花朵，变异部分长2.5~6.0 cm，平均4.4 cm。变异的雌花也能发育成蒴果。

6. 全序交异型

该类变异花序，一般长6.0~6.8 cm，平均6.4 cm。变异的单性雌花和两性花占据整个花序，有时其间杂生稀少的正常雄花，或在花序尾部（0.8 cm）生有正常的雄花。该类花序中的变异雌蕊，一般发育良好，且能形成蒴果，且有少数蒴果内有发育完好的种子。该类花序的长度接近正常的雌穗，脱落较晚，或不脱落。

7. 零星变异型

该类变异花序，一般长7.0~10.7 cm，平均8.87 cm。变异的花朵极为稀疏，散于全花序轴的各部位上。正常雄花占绝对优势。在变异花序中，该类花序最长，接近正常雄花序的长度。其中变异雌蕊一般发育不良，常与正常雄穗同时脱落。

8. 分枝变异型

该类花序其特点为:花序轴有分枝。该类花序长 2.0~13.5 cm,分枝花序有 1~9 序,平均长 7.5 cm。除花序主轴上具有散生的变异单性雌花和两性花外,分枝花序全部密生变异花朵,或仅有分枝上有变异花朵。

毛白杨正常花序与各类变异花序长度、粗度比较如表 2-4 所示。

表 2-4 花序各变异花序长度、粗度比较

变异花序类型	穗数/个	平均花序长度/cm	平均花序中部长度/cm	变异花序平均长度/cm
序端变异型	32	6.61	1.92	2.36
序中变异型	8	8.03	31.75	2.53
序基变异型	11	7.20	1.95	4.40
全序变异型	3	6.40	2.30	5.10
零散变异型	11	8.87	1.60	—
分枝变异型	1	7.50	2.00	2.40

(二) 花的变异

毛白杨雌雄花的变异,首先为张海泉副教授所报道,毛白杨系雌雄异株,但有雌雄同株异花的现象。例如:雄花序上带结有雌穗。又如一穗之上,有时前节为雄蕊,后节为蒴果,或中间为蒴果,两端为雄蕊等。此种果穗,往往不待种子成熟即行脱落。最好的果穗是后半截为蒴果,前半截为雄蕊,因为这种果实内有成熟的种子。也有的一个雄花序上生多数雄花后,又生出雌花。雌花的花序上也往往有雄蕊。这种雌雄同株、异花的现象,在毛白杨中较为普遍。这也证实毛白杨起源于杂种。

(1) 正常雄花和雌花。

毛白杨正常雄花,具倒卵球状或卵球状,有尖裂;苞片密生缘毛;花被三角-盘状,内生雄蕊 5~12 枚,通常 7~8 枚;花药 4 室,纵裂;正常雌花也具有与雄花相似的苞片,花被杯状或漏斗状,雌蕊 2 心皮,少数 3 心皮,柱头 2 裂,稀 3 裂,各裂又分 2~4 裂片,肉质,淡黄绿色或粉红色;子房一室,2~4 枚胚珠。雄花和雌花构造正常。

(2) 雄花雌化变异类型。

根据观察,毛白杨无论两性花或单性花,雄花转变为雌花较为普遍。毛白杨在单性雄花的雌化过程中都是花序基部的花首先发育成熟,然后次于先端。从雄花雌化变异的过程中可看出,雌花变异花朵愈多,花序轴愈短,脱落愈迟。序轴加粗,子房发育正常,能形成蒴果。整个变异的花序趋向于正常雌花序;反之,仍保持其正常的雄花序的性质。按雄蕊发生变异的部位和一朵花中由雄蕊转变成雌蕊后留存雄蕊数目的不同,可分为以下 6 类:

(1) 花隔变成柱头。这种变异,主要是雄蕊背部的药隔向上伸展肥厚扁化而成柱头状。由药隔形成的柱头大小很不一致,分裂极不规则,唯肉质、粗糙情况与正常柱头相似;药囊常为 1~2 个至多个,互相集聚而形成假子房。除少数药囊中转变为绿色,并发育有

胚珠外,大多数仍具正常药囊的形态。该类变异花朵中常留存有1个或3个正常的雄蕊。

（2）花丝变成假雌蕊。这种变异主要是花丝膨大,发育成不完全的雌蕊。这种变异的花朵不多,花丝转变成的假雌蕊上仍贴生有正常药囊。在一朵变异的雌花中,往往还留存正常的雄蕊1个或6个。变异的假雌蕊有的居于花被中央,有的位于花被的一侧。

（3）部分雄蕊转成雌蕊。雄蕊转变成雌蕊在其他树木中不是常有的现象,然而在毛白杨雄花雌化的变异中颇为普遍,且雌蕊大多数发育良好,能形成具有絮毛的种子。

（4）6类变异花朵。根据毛白杨一朵雄花中,由于不同数量雄蕊转变成发育完全的雌蕊,可分成6类变异花朵。该6类变异花朵中,均具变异雌蕊1个,位于花被中央,柱头2裂,又分4~6裂片,具2心皮、1室、2胚珠。由于雌蕊发育的状况不同,胚珠的发育也有好坏之分。现将6类变异花朵的情况,列入表2-5所示。

表2-5　毛白杨正常花序与各类变异花序长度、粗度比较

雄蕊变异类型	正常雄蕊数	变异雄蕊				
		数目	柱头裂片数	心皮数	胚珠数	胚珠有无絮毛
6	雄蕊类	61	2裂	5又	21~22	无
5	雄蕊类	51	2裂	4又	11	无
4	雄蕊类	41	2裂	4又	22	有
3	雄蕊类	31	2裂		22	有
2	雄蕊类	21	2裂	6又	22	有
1	雄蕊类	11	2裂	5又	2	—

从表2-5中看出,随着正常雄蕊的逐渐减少,变异雌蕊逐渐发育良好,相反,正常雄蕊如保留越多,则变异雌蕊发育不良。从该类型中可以观察到雌雄蕊在生长发育过程中的相互消长现象。

（5）全部雄蕊转变成雌蕊。该类型是由1朵雄花中的全部雄蕊转变成1个变异雌蕊,实质上是由雄性转变成雌性的结果。该类雌蕊一般外形发育均极饱满,与正常雌蕊差异不太大,子房为2心皮或3心皮所构成、1室,通常各室均有发育完全的胚珠。该类型的3心皮变异雌蕊,柱头2裂,先端分叉,子房外形极饱满。

（6）雄蕊转变成2个雌蕊或假雌蕊。该类型的变异花朵较为特殊,在1朵雌花的变异过程中,生出2个雌蕊或假雌蕊。由于变异程度的不同,又分4类:

①此类变异花朵中,有1个正常雄蕊,变异假雌蕊2个,互相分离。1个由5药囊互相联合而成,其中2药囊已失去原来的外貌呈绿色;其余3药囊紫红色,尚保持原状,与药囊顶部合生,由药隔转变而成肉质、粗糙。不规则分歧的柱头,一侧生心皮愈合为假雌蕊1枚,具2片肉质,有分叉的柱头。

②此类变异花朵中,亦有正常的雄蕊1枚。变异雌蕊和假雌蕊各1枚。两者基部联合。前者发育膨大,柱头4裂,2心皮,子房上部贴生药囊1个;另一雄蕊全部贴生于子房

上,后者发育不良,外形较小,无柱头(或脱落),1 心皮而构成。

③此类型变异的花朵中,已无正常雄蕊,其中有 1 发育饱满的变异雌蕊和 1 假雌蕊两个基部分离;变异雌蕊的柱头 2 裂,4 裂片,裂片不规则;子房上部贴生 3 药囊、3 心皮;假雌蕊为 1 枚药囊变成,顶端生有 2 裂片状柱头。

④此类变异花朵极为罕见,其中生有 2 个基部联生,顶端分裂。发育均极饱满的"V"字形雌蕊,其中 1 雌蕊子房上部贴生 1 未育成熟的药囊,此 2 雌蕊的柱头均呈多分叉的片状。

此外,毛白杨雌蕊的心皮与胚珠数目也有明显的差异。正常的雌蕊 2 心皮,1 室子房。每心皮内各生 1 胚珠,稀 2 胚珠生于背缝线的一侧。基底胎座隆起呈圆柱状;胚珠基部环状着生有白色絮毛,全部絮毛倒向包被于胎座之外。变异雌蕊有与正常雄蕊完全相同者,亦有 2 心皮、3 胚珠,2 心皮、4 胚珠,以及 3 心皮、2 胚珠,3 心皮、4 胚珠的变异类型。

根据观察,无论是 2 心皮或 3 心皮的变异类型中,胚珠发育都很正常,在蒴果成熟时均有发达的絮毛。

综合以上所述,可以看出毛白杨花的变异非常明显,且变异类型也多样化。研究毛白杨花的变异在进行系统分类、亲本起源研究,以及良种选育中均有重要作用。

(三)果实变异

毛白杨果实的变异主要表现在形状及大小方面,其中以形状较明显。根据毛白杨果实形状的不同,可分为卵球状、扁卵球状、圆锥锥状等。其形状如表 2-6 所示。

表 2-6　毛白杨 5 品种蒴果形态变异

变异内容		河北毛白杨	小叶毛白杨	长柄毛白杨	密枝毛白杨	梨叶毛白杨
果序/ cm	最长	13.0	16.0	13.7	12.2	19.5
	最短	10.2	10.5	12.0	8.1	14.7
	平均	11.8	14.2	12.9	10.9	17.3
蒴果/ cm	长度	0.3~0.5	0.5~0.7	0.5~0.7	0.3~0.7	0.5~1.1
	宽度	0.20	0.15	0.20	0.17	0.20
果形		圆锥状	圆锥状	圆锥状	卵球状	扁圆锥状
果色		深绿色	黄绿色	黄绿色	绿色	绿色
结籽率/%		1.003	4.800	2.407	3.834	3.100

最后指出的是:物候期、抗病性、适应能力、抗寒和抗旱性,以及生长速度均有差异。这些差异,在毛白杨品种群和品种划分、良种选育及推广中也同样具有重要作用。

第三章 毛白杨系统分类

第一节 毛白杨的分类位置

毛白杨 Populus tomentosa Carr. 属杨柳目 Salicales 杨柳科 Salicaceae 杨属 Populus 白杨组 Sect. Populus 的天然杂种。其分类位置如下：

白杨组 Sect. Populus
毛白杨亚组 subsect. Albitrepidae T. Hong et J. Zhang

第二节 毛白杨种下分类研究概况

根据报道，作者认为，毛白杨种下分类研究大致可分四个阶段。

一、第一阶段

该阶段是指 20 世纪 50 年代以前时期。该阶段内，毛白杨长期以来处于人们不自觉的自由繁殖和栽培下，根本不含有计划、有目的、有组织的进行种下分类的研究。因此，为当前毛白杨栽培区域内，自然类型多，遗传基因丰富创造了有利条件，即不同栽培区域内形成了具有地域性特点和形态差异明显的，不同的毛白杨栽培品种群体。人类根据生产需要，将毛白杨分成不同的自然类型。如河南群众将毛白杨分为大叶毛白杨、小叶毛白杨、箭杆毛白杨、鸡爪毛白杨、圪泡毛白杨等；陕西关中一带群众将毛白杨分为二白杨、绵白杨、臭白杨等；河北群众将毛白杨分为青杨（河北毛白杨）、毛白杨、大板杨等。同时，一些优良的类型早已在生产上广泛应用，并已形成了不少的优良品种群或品种。

二、第二阶段

该阶段是从 20 世纪 50 年代初开始，到 60 年代初期为止的一段时期。该阶段内，不少学者主要是进行毛白杨雌、雄性划分及生长差异的调查研究。如河南农业大学吕国梁教授（1954）在《开封地区毛白杨开花习性的初步观察》中指出：雄株毛白杨植株的树高、直径、冠幅都较同龄的雄性植株为大，且雄性植株的枝条粗壮，斜上生长，树冠的结构比较紧密；雌性植株的枝条细弱，有下垂现象，树冠的结构比较稀疏。此外，雄性幼树对锈病、煤病、水旱灾害的忍耐力较强。因此，雄性毛白杨在造林实践方面有更大的价值。张海泉副教授（1955~1956）及河北省林业科学研究所大力繁殖和推广了毛白杨的优良品种——河北毛白杨，并营造 0.33 hm² 的试验林，进行速生丰产栽培技术的试验研究；徐纬英教授等（1959）总结了陕西群众划分毛白杨为二白杨、绵白杨；佟永昌工程师（1961）在进行"毛白杨雄雌株形态及生长差异的调查研究"后认为："雄株确显著优于雌株"，并提出"建议今后造林生产上多发展雄株"的宝贵意见;朱振文副教授（1961～1964）在进行"毛白杨雄雌株木材物理,力学性质及纤维形态研究"之后得出:"毛白杨雄株无论生长速度、木材物理力学性质及纤维形态等方面均优于雌株"的结论,因此提出"大力发展雄株"的建议。

三、第三阶段

该阶段从20世纪60年代初起,到全国性进行"毛白杨优良类型研究"鉴定会召开时（1983）为止。该阶段主要研究内容:进行毛白杨类型划分及其优良类型的选择、繁殖推广。该问题从1964年在郑州召开的"全国杨树会议"上,吕国梁教授提出"毛白杨雄株生长速度大于雌株",张海泉副教授则阐述:河北栽培的"毛白杨雌株（河北毛白杨）生长速度显著大于雄株"的研究观点后,作者（赵天榜）于1964年冬营造1 hm² 毛白杨丰产试验林,并进行箭杆毛白杨、小叶毛白杨、河北毛白杨等栽培技术和生长规律的研究。试验研究表明,毛白杨雄株生长有大于雌株的,也有雌株大于雄株的。因此,作者认为,不加分析的强雄株或雌株生长快的结论,都是不够全面的。其原因在于都忽视了毛白杨种源的不同、品种的差异。为此,雄株或雌株生长的快慢,要根据立地条件、品种特性和栽培措施等不同而具体分析,择其优者而用之,才能达到营造毛白杨速生、优质、丰产林的预期目的。

1964年"全国杨树会议"后,河南、陕西、河北、山东、北京等省（市）都先后开展了毛白杨类型的研究。河南农业大学赵天榜副教授从1963年开始,在全国范围内进行了毛白杨类型的调查研究,同时建立了毛白杨优良栽培品种种条区,并繁殖和推广毛白杨中优良品种——箭杆毛白杨、小叶毛白杨等大批优质壮苗。顾万春副研究员等于1972年在河北省林业专科学校工作期间,在河北清河县首次发现塔形毛白杨,并进行了调查研究。

1973年,河南农业大学赵天榜、李荣幸总结了10年来进行毛白杨类型调查研究结果,初步将毛白杨分为:①箭杆毛白杨,②圆叶毛白杨（即河南毛白杨）,③曲叶毛白杨,④多皮孔毛白杨(密孔毛白杨),⑤稀枝毛白杨,⑥低干毛白杨,⑦小叶毛白杨,⑧粗枝毛白杨(梨叶毛白杨),⑨密枝毛白杨,⑩河北毛白杨10个类型。

1974年,赵天榜在"河南省第二次毛白杨良种选育协作会议"上提出,大会并决定:"今后全省大力发展箭杆毛白杨、圆叶毛白杨（河南毛白杨）、小叶毛白杨三个优良类型"。同年,赵天榜在《杨树》一书中首次公开提出在河南推广4个毛白杨优良类型（品种）:①箭杆毛白杨,②圆叶毛白杨（河南毛白杨）,③小叶毛白杨,④粗枝毛白杨(梨叶毛白杨)。

1975年,符毓秦等在《植物分类学报》上发表《毛白杨一新变种——截叶毛白杨》;赵天榜于1978年在《中国林业科学》上发表《毛白杨类型的研究》一文,将毛白杨划分为毛白杨、箭杆毛白杨、河南毛白杨、截叶毛白杨、小叶毛白杨、河北毛白杨、密孔毛白杨、塔形毛白杨、圆叶毛白杨、密枝毛白杨10个类型（品种）。同年,赵天榜根据《国际植物命名法规》将圆叶毛白杨升为种级——新乡杨 P. sinxiangensis T. B. Chao（T. B. Zhao）;1978年,赵天榜将截叶毛白杨、箭杆毛白杨、河南毛白杨、小叶毛白杨、抱头白载入《中国主要树种造林技术》专著中。后来,赵天榜将截叶毛白杨、箭杆毛白杨、河南毛白杨、密孔毛白杨、小叶毛白杨、密枝毛白杨、河北毛白杨、塔形毛白杨提升为变种,载入《河南植物志》

(第一册)专著中。

1982年,王永孝将塔形毛白杨作为变型——抱头毛白杨重新发表在《植物研究》上。1982年12月,在郑州召开的全国性"毛白杨优良类型研究"成果鉴定会指出:"在毛白杨适生栽培区域内应分别推广箭杆毛白杨、河南毛白杨、小叶毛白杨、河北毛白杨、截叶毛白杨、塔形毛白杨、京西毛白杨7个优良类型(品种)"。这次会议是对全国各地进行毛白杨类型研究的总结。

四、第四阶段

该阶段从1982年"毛白杨优良类型研究"鉴定会开始,直到目前。其研究重点是:毛白杨起源与分类、优树选择、优良类型繁育与推广、丰产林栽培、毛白杨间作及其一系列新技术等。该阶段研究的特点是:多学科多技术综合进行毛白杨理论与科学技术的研究,不久的将来会把毛白杨的研究推进到一个崭新的阶段。

第三节　毛白杨种下分类单位

一、种下分类概况

毛白杨种下分类的研究始于1959年徐纬英教授将毛白杨分为二白杨和绵毛杨类型;1963年开始,赵天榜进行河南毛白杨类型研究,并营造有箭杆毛白杨、小叶毛白杨和河南毛白杨丰产试验林;1972年,张海泉副教授和顾万表副研究员发现塔形毛白杨类型;1974年,赵天榜发表河南推广箭杆毛白杨、小叶毛白杨、圆叶毛白杨和粗枝毛白杨4个优良类型(品种);1975年,符毓泰等发表《毛白杨一新类种——截叶毛白杨》;1978年,赵天榜在《中国主要树种造林技术》专著中,记载"毛白杨"中有截叶毛白杨、箭杆毛白杨、河南毛白杨、小叶毛白杨及抱头毛白杨。同年,将截叶毛白杨、箭杆毛白杨、河南毛白杨、密孔毛白杨、小叶毛白杨、密枝毛白杨、河北毛白杨及塔形毛白杨作为变种,载入《河南植物志》(第一册)(丁宝章等主编)著作中;1982年,王永孝将塔形毛白杨变种作抱头毛白杨为类型重新发表;同年,钱士金副研究员将毛白杨种下分类单位全作无性系处理;1984年,宋朝枢副研究员则将毛白杨种下分类单位为品种;1984年,王战教授等将毛白杨种下分类单位作变种,收入《中国植物志》(第二卷 第二分册)中有2变种:截叶毛白杨、抱头毛白杨;1989年,赵天榜等在《毛白杨研究》(油印稿)中,将毛白杨种分为栽培亚种、人工杂交亚种及毛白杨次生亚种、17品种群及100个栽培品种,并荣获河南科学技术三等奖,并在河南农学院教学实验农场营造了毛白杨品种基因库林7亩和优良品种丰产试验林15亩。总之,以上是我国进行毛白杨种下分类的研究概况。综上所述,不同学者的观点和依据的标准不同,是造成毛白杨种下分类单位不统一的主要原因。

二、种下分类单位的依据

根据多年来的调查研究材料,作者认为,毛白杨种下分类的依据主要是:

(1)形变理论,即形态变异及其变异规律。它是研究毛白杨种群分化、进化起源以及选择新的优良品种的重要理论基础,是进行毛白杨种下分类单位的重要科学依据之一。

根据多年来的观察和研究,毛白杨形态变异明显表现在:①树形变异,②树皮变异,③叶形变异,④花的变异,⑤果的变异。

此外,物候期、生长速度、适应条件、抗病能力等方面也有着明显的差异。

(2)模式概念。物种被认为是由形态相似的个体所组成的。同种个体符合于同一"模式",这就是模式概念,是《国际栽培植物命名法规》中的重要内容之一。

模式法是植物分类学上行之有效的方法,这在《国际植物命名法规》中有"确定模式准则"的规定。因此,描述和命名新种所根据的标本称"模式标本"。模式标本,是鉴定物种和命名物种的最后依据。为此,在进行毛白杨种下分类时,必须以其群体特征为基础在其群体变异中找出稳定的形态特征与原种或原变种加以区别。

(3)《国际栽培植物命名法规》。

(4)《杨树命名法》。

三、种下分类的方法与步骤

毛白杨种下分类是建立在它是个多起源的栽培群种的基础上的。毛白杨栽培历史悠久,范围广泛,以及长期的选择和栽培的结果形成很多的形态型、生长型、物候型、地理型及生理型等品种。这些几乎都是在当地自然条件和栽培技术措施下久经考验的。所以,长期以来大面积广泛栽培的人工林、"四旁"植树以及营造的农田林网、速生丰产林等,实质上体现了毛白杨品种的多点试验,客观地证实了它们的生长、发育与发展,都是符合当地自然客观条件的。

毛白杨种下分类时采用的方法与步骤如下:

(1)查文献,熟悉毛白杨的模式描述。其形态描述是:

Populus tomentosa Carr.

(Carr. in Rev. Hort. 1867. p. 340) foliis ovalibus plerumque basi cordatis carssis irregularite racutissime dentotis lobatis supra intens vihidibus iucidis subtus albo–tomentosislonge petiolatis,gemmis tomentosa. ramulis juviribus tomentosa adulis grablis . S. Chian.

(2)全面地研究毛白杨种群形态变异规律,提出划分种内变异群体中明显的、稳定的形态特征,作为分类的标准。

(3)按照毛白杨模式描述,进行分析对比,提出种下分类单位与模式描述的主要区别特征。

(4)进行新分类单位的形态特征描述,并分别按照《国际植物命名法规》或《国际栽培植物命名法规》中有关规定给予公开发表。

第四节 毛白杨分类系统

根据作者多年的研究,遵照《国际植物命名法规》《国际栽培植物命名法规》《杨树命名法》的规定,初步提出毛白杨系统分类如下。

一、毛白杨

Populus tomentosa Carr.

(一)毛白杨栽培亚种　亚种

Populus tomentosa Carr. subsp. tomentosa (P. tomentosa Carr. in Rev. 1867. P. 340)

1.品种群(group)

品种群是指"在一个种或种间杂种中包含许多栽培品种(变种),相似的栽培品种(变种)组合",也可以指"来源于共同相先、遗传性比较稳定一致的栽培种群",或者是指"在栽培(选育、育种)之中所形成或者将继续存下去。并且意味着它们由于插条或插根专门的无性繁殖而且绝对稳定的特性"。

遵照《国际栽培植物命名法规》中有关规定,赵天榜将毛白杨栽培种分为20个品种群。参考本章第三节。

总结上述,毛白杨的多数品种群是由一些无性系繁殖的栽培品种所组成的,少数品种群是由单一无性系所组成的。前者,如箭杆毛白杨品种群、密枝毛白杨品种群,后者如长柄毛白杨品种群、卷叶毛白杨品种群等。

2.栽培品种（Cultirar）（缩写 cv.）　品种

栽培品种是指为了农业、林业或园艺上的目的,但凡具有任何一种特征（形态学的、细胞学的、化学的或其他的)的栽培个体组合,并且在繁殖后（有性的或无性的)仍能保持这种可资区别的特征。

《国际栽培植物命名法规》第11条规定:

栽培品种（变种）可以是下列各类中的任何之一:

a.无性系（Clone）（缩写 cl.）:由无性繁殖法,如扦插、分株、嫁接或无融合生殖,从单一个体分离出来的遗传性状一致的个体组合（可能是嵌合体）。由芽变繁殖的个体所形成的栽培品种（变种）是和其亲本植物不同的。

b.有性系（Line）:由种子或孢子繁殖,有一致性状的有性繁殖个体的组合。它的稳定性由于按一定的标准选择而被保留。

c.显示出遗传上的不同。但要有1个或2个以上的特征可以和其他栽培品种（变种)相区别的个体的组合。

d.由2个或2个以上的通过近亲交配,无性系或回交第一代（ F_1）杂种育成的繁殖原种(breedingstock)杂交而重新构成的第一代杂种的许多性状一致的个体。

e.任何显示了与其他亲本栽培品种（变种)十分不同的可给予一个适当名称的选择物认为是另一栽培品种(变种)。

《杨树命名法》规定:

由于实践的原因,杨树栽培品种可以同无性系（klon 或 Don）等同看待。但实际上一个栽培品种仅仅是这样一些植物所具有的无性系,可它们在遗传上是相同的、起源于同一植物的,并且是单独地由无性方式发育起来的群体。

由此可见,毛白杨品种是指其品种群内一些形态特性相同或特性相同的栽培群体。

二、毛白杨栽培品种的名称

发表栽培植物品种(变种)名称,除了发表符合植物法规的拉丁文的植物学加词,如后来该植物改为栽培品种(变种)时,除这个名称与现存的栽培品种(变种)名称相重复外,要保留这个加词作为栽培品种(变种)的名称。如栽培品种(变种)名称选自以前发表的2个或2个以上的拉丁文的植物学加词,必须选择其中最可用的一个,而不必考虑该加词的植物学类级或发表的先后外,要用品种即需和拉丁文的植物名称有所不同。如不能用拉丁文种名和试验号码或分区号码的栽培品和(变种)名称。

凡用拉丁文作栽培品种(变种)名称,字母的拼法必须依照植物法规的规则和建议。如果发表时没有依照这个规则和建议,必须给予改正,即在学名后加 cv. ,把栽培品种名称置于单引号内。如小叶毛白杨栽培品种为 Populus tomentosa Carr. cv. Microphylla 或 cv. ‘Microphylla’或‘Microphylla’。

不可采用以下形式发表新的栽培品种(变种)名称:①属名或种的普通名称;②由亲本种的部分拉丁文加词联合组成的杂交栽培品种(变种)名称;③名称中包含有变种 variety(或 var.)或变型 form 字样的;④改译的人名。

郑重建议新栽培品种(变种)名称。在可能范围内应尽避免采用以下形式:①含有数字或符号的名称;②名称前有一冠词,但语言学上的习惯除外;③名称开始用缩写字,但缩写‘Mrs’除外;④名称包括多种形式的称号,但民族习惯除外;⑤用太长的字或片语所组成的名称;⑥夸大栽培品种(变种)特性或由于引用该新栽培品种(变种)名称而导致错误者。

毛白杨品种命名,按《国际栽培植物命名法规》及《杨树命名法规》中规定,采用如下方式:

毛白杨 Populus tomentosa Carr. cv. ‘Truhcata’

Populus tomentosa Carr. (truncate group) ‘Truhcata’

Populus tomentosa Carr. cl. ‘Truhcata’

Pappele ‘truhcata’

截叶毛白杨的4种命名方式都是正确的。作者在进行毛白杨品种命名时采用如下方式:

毛白杨 Populus tomentosa Carr. cv. ‘Truhcata’

三、毛白杨次生亚种

Populus tomentosa Carr. subsp. siluaticus. T. B. Chao (T. B. Zhao),又称人工杂种。

该亚种是指目前毛白杨与其杨树杂交形成的天然杂种,是赵天榜1986年在河南南召县发现的一种极似毛白杨的天然杂交野生种。该种可能是响叶杨、山杨与毛白杨的混合天然杂种,其形态特征如下:短枝叶三角-宽卵圆形或近三角-卵圆形,先端短尖,基部心形,边部起伏,边缘波状粗齿、三角状齿或波状锯齿,背面被绒毛。长枝叶三角-圆形,大,有时具缺刻状齿牙缘,背面被白绒毛。

河南:南召县。1986年9月20日。赵天榜和李万成,No. 869201。模式标本,存河南农业大学。

四、窄冠白杨 6 号

窄冠白杨 6 号(Populus pylamidalis 6,以下简称 L_6)系山东农业大学庞金宣等人选育出的品种。据郝兰春调查,该品种具有树冠狭窄、花序短(4.79 mm)等特征。

第五节　毛白杨种下分类单位的发表

毛白杨种下分类单位的发表,必须遵照《国际植物命名法规》《国际栽培植物命名法规》及《杨树命名法》中的有关规定。其规定:①必须是公开交流的印刷品或类似的复制品方才有效;②必须清楚注明日期,至少注明年份;③附有描述或先已发表过的正式作为栽培品种(变种),或其他植物学类级的文献;④任何语言的发表都是合法的。

第四章 毛白杨及杂种杨在杨属分类 系统中的位置

第一节 毛白杨杂交育种

毛白杨杂交育种通常采用室外杂交。其方法步骤如下。

一、母树选择

杂交母树要选择光照充足、生长健壮、树干通直、无病虫害的中龄小叶毛白杨作母树。该种具有结籽率高等特性。

二、授粉枝选择与处理

选择生长健壮、无病虫害的花枝,剪去花枝上的无芽幼枝、徒长枝,留下直径 2.0 cm 粗、花芽集中的一段长 20.0~30.0 cm。在雌花序开花前 2~3 日进行套袋隔离,以防同种之间授粉,但是,也不宜太早,以免影响花序的正常发育。

用作隔离袋的纸,必须是透明、防水,又要坚固不易破碎的纸。纸袋长 40.0 cm、宽 25.0 cm 为宜。每个纸袋内可套 10~12 个花。纸袋固定在花枝基部 2 年生枝上,以防纸袋脱落。

三、搭架

由于杂交工作是在室外进行的,因此必须搭架。架的高度,以达到树冠雌花最多的部位为宜。架搭好后,在花枝密集的部位下方铺平板,便于在上面进行套袋、授粉等工作。

四、授粉

花粉收集工作是在室内进行的。需要确定授粉的雄株花枝采集后放在室内水培,也可采集在自然界的雄株花枝,放在室内待雄花散粉后收集花粉,装入瓶内,放入 0~5 ℃的温度下储藏。雌花序开花后,用收藏的雄花粉储藏瓶打开,用毛笔贴花粉撒在雌花序上 2~3 次,也可用喷粉器进行授粉。授粉后,将纸袋重新套上。

五、蒴果管理

套袋后经常进行检查,以防袋破,其他花粉入内。当袋内小花花柱干缩时,及时去袋,防治病虫等为害。当蒴果变为绿色时,重新套上纸袋,以免蒴果开裂,杂种种子飞掉。当蒴果有少数开裂时,及时采集果序,放在室内纸上,待多数蒴果开裂后,用揉搓法将种子取出,放入干燥器内储藏,以备播种之用。

六、杂种育苗

杂种种子,一般常用盆播。盆播常用中型瓦盆。瓦盆直径 30.0 cm 左右。事先将瓦盆放入清水中。盆内装满充分腐熟的马粪末,并用石硫合剂、敌锈钠等处理盆播土壤,预防立枯病等发生与为害。待幼苗高 10.0 cm 左右,基部木质化后,带土移入苗圃内,加强苗木抚育管理,严防病虫等为害。

此外,毛新山杨等杂交方法与毛白杨杂交育种方法相同。

第二节 无性杂种

健杨+毛白杨杂种杨属杨属属间无性杂交种,即健杨属黑杨亚属内欧美杨一品种与杨属毛白杨亚属内毛白杨采用无性杂交方法,获得一杂种。

该杂种是采用米丘林的蒙导原理和技术获得的。蒙导原理和技术是:健杨作砧木,把毛白杨嫁接在健杨上,待接芽萌发抽枝后,及时摘除毛白杨叶,其生长全部由健杨叶制造的营养物质供给,长期以来毛白杨接条上、叶形态方面发生了新的变异。这些新的变异就固定不变成为健杨+毛白杨杂种杨。

第三节 三倍体毛白杨品种

一、三倍体毛白杨品种简介

三倍体毛白杨品种是朱之悌教授等选育的,是针对毛白杨树种特性,采用染色体部分替换和染色体加倍技术,将传统 38 根染色体的二倍体老毛白杨,改造为 57 根染色体的三倍体毛白杨,实现了毛白杨染色体(基因)的质量和数量的改造,最终产生一个自然界中不曾存在的人工杂交三倍体毛白杨品种。

该品种的优点中,最突出的是短周期(5 年采伐)。5 年采伐时,胸径达 10.0~20.0 cm,单株材积 0.1~0.2 m³,每公顷蓄积 150~300 m³,是老毛白杨生长量的 2~3 倍,而且木材白、纤维长,是造纸的极好原料。

二、三倍体毛白杨品种主要优良特性

三倍体毛白杨染色体数由原二倍体的 38 根增至 57 根,成为基数 19 根的 3 倍,故名三倍体。三倍体毛白杨品种主要优良特性如下:

(1)栽培周期短,5 年轮伐。5 年生每公顷蓄积量可达 150~300 m³,有的地区可达到每公顷 450 多 m³,超过二倍体毛白杨品种生长量的 2~3 倍,适于作短周期工业用材林,尤其适于作纸浆林建设。

(2)前期速生。一般二倍体毛白杨前期生长缓慢,4~5 年后才进入速生期,而三倍体毛白杨新品种前期速生,造林后基本不蹲苗,像黑杨一样,当年造林,当年抽梢 1.0~1.5 m,胸径增长 2.0~3.0 cm,胸径达 5.0 cm 以上,1 年成树。

（3）当年育苗，当年出圃，缩短育苗周期1年。一般二倍体毛白杨育苗需要2~3年才能达到地径3.0 cm，苗高3.5 m，而三倍体新品种只要1年即可达到以上水平。春插秋收，当年出圃，缩短育苗周期1年，同样的土地和时间，产量却增加1倍。

（4）三倍体毛白杨品种对杨树叶锈病、褐斑病和煤污病基本免疫，对天牛有较强的抗性。

（5）三倍体毛白杨品种木材力学性质比同期对照的二倍体毛白杨好。5年生时三倍体毛白杨品种的材性，无论是抗弯、抗拉能力，还是抗压、抗剪能力，均比同期对照的二倍体毛白杨好；纤维素含量高、长度长，5年生时纤维长度平均为1.28 mm以上，分布集中，0.5~1.5 mm的纤维占总纤维的99 %，长宽比40以上，壁腔比0.4以下，说明纤维柔软，适于造纸。

（6）三倍体毛白杨品种木浆符合新闻纸、胶印书刊纸造纸要求。经造纸测定，三倍体毛白杨品种纸张物理性能良好。其抗张指数、撕裂指数、耐破指数、耐折度等指标均与对比二倍体毛白杨原种相当，没有因速生而降低纸张的物理性能，能承受较大的张力，具有较强的韧性和往返折叠的能力。

（7）三倍体毛白杨品种木材白度高、不空心、不黑心，这是三倍体毛白杨比一般黑杨优越之处。三倍体毛白杨木材从边材到心材色度洁白、质地细密，木材本色浆白度就达53%，稍加漂白可达70%，可满足新闻纸造纸要求，能大大降低造纸的环境污染和漂白费用。

（8）木浆得率高。在CTMP（化学热磨机械浆）工艺下，三倍体毛白杨新品种木浆得率为91%~93%，化学浆得率为48%。

（9）三倍体毛白杨品种生长到8~10年，胸径可达30.0 cm以上，是造胶合板材的好材料，木质细密，与椴木性能相似，故是纸浆材与胶合板材的兼用品种。

（10）三倍体毛白杨叶片大而浓绿，落叶期晚，比二倍体毛白杨落叶推迟2~3周，增强了我国北方深秋初冬季节的景观效益。同时，这些三倍体毛白杨品种尤其适于生长在黄河中下游地区，这对黄河河滩的绿化、防止荒漠化、改善环境都具有重要的生态意义。

三、三倍体毛白杨新品种的经济效益、生态效益和社会效益

三倍体毛白杨品种育苗当年出圃，1年成树，3年成林，5年成材，具有很高的生态效益，大量节省营造农田防护林的人力和物力。每株三倍体毛白杨从育苗到造林（5年生），生产综合成本为8元，5年采伐时每株材积至少可达0.1 m³，按1997年的市场价格为40元。投入产出比为1:5。建立三倍体毛白杨纸浆林基地，具有十分可观的经济效益，同时也会相应地带来生态效益和社会效益。生产1 t CTMP纸浆一般需要3 m³木材，5年生三倍体毛白杨单株材积最少为0.1 m³。30株5年生的三倍体毛白杨即可提供生产1 t纸浆原料。年产50万t木浆，即需要5年生三倍体毛白杨1 500万株；营造农田防护林网，以每亩平均栽5株三倍体毛白杨计算，50万t木浆，5年轮伐需栽种100万hm²农田，在黄淮海农业综合开发区，每个县都有条件建立这样规模的基地。农业综合开发区营造三倍体毛白杨的农田防护林能很快发挥生态防护效益，又能定期采伐，提供大量的纸浆用材，可以减少国家每年用几十亿美元进口纸和纸浆的外汇支出，迅速振兴我国造纸工业，为农

民增加经济收入,为社会提供更多的就业机会。

第四节　杨属分类系统

根据赵天榜和陈志秀 2019 年收集的文献与材料,遵照《国际植物命名法规》中关于属间杂种间的规定,即属间杂种应成立新属的规定,经过认真研究,依据其种的形态特征和起源(杂交亲本)确认杨属分类系统如下:

杨属 * Populus Linn.

一、白杨亚属 Populus Subgen. Populus

(一)白杨组 Populus Sect. Populus

(二)银毛杂种杨组 Populus Sect. Albi-tomentosae T. B. Zhao et Z. X. Chen

(三)银山毛杂种杨组 Populus Sect. Albi-davidiani-tomentosae T. B. Zhao et Z. X. Chen

(四)南林杂种杨组 Populus Sect. × nanlinhybrida T. B. Zhao

(五)河北杨×毛白杨 Populus Sect. × Hopei-tomentosa T. B. Zhao et Z. X. Chen

二、毛白杨亚属 Populua Subgen. Tomentosae T. B. Zhao et Z. X. Chen

(一)毛白杨组 Populus Subsect. Tomentosae T. Hong et J. Zhang) T. B. Zhao et Z. X. Chen

(二)毛白杨三倍体杨组 Populus Sect. Tomentosa T. B. Zhao et Z. X. Chen

(三)毛新山杨组 Populus Sect. Tomentosi-bolleani-davodianaea T. B. Zhao et Z. X. Chen

三、青毛杂种杨亚属 Populus Subgen. Cathayani-tomentosae T. B. Zhao et Z. X. Chen

四、健杨+毛杂种杨亚属 Populus Subgen. Robusta + P. tomemtosa Carr.

五、箭胡毛杨亚属间杂种亚属 Populus Subgen. × Nigri-turangi-tomentosae T. B. Zhao et Z. X. Chen

注 * :与毛白杨无关的亚属、组、亚组、系、种从略。

一、白杨亚属

(一)银毛杨杂种杨组　杂交杨组

Populus Sect. × Albi-tometosa T. B. Zhao et Z. X. Chen,赵天榜等主编. 中国杨属植物志:34. 2020。

本杂交组主要形态特征:叶形多变,密被白色绒毛,边缘波状缺刻;长壮枝叶三角形,具 3~5 个大缺刻,两面被绒毛,边缘粗锯齿,齿端有腺点。

产地:南京等。

本杂交组有 1 杂交种。

1. 银毛杨 1 号　别名:天毛杨　图 4-1

Populus alba Linn. × P. tomentosa Carr. (天水),牛春山主编. 陕西杨树:21~23. 图 5. 1980;山西省林学会杨树委员会. 山西省杨树图谱:123.1985;赵天榜等主编. 中国杨属植物志:34~35.图6. 2020。

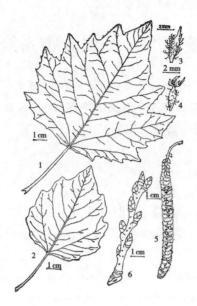

1.长枝上的叶;2.短枝上的叶;3.苞片;4.雌花;5.雌花序;6.短枝及花芽。

图4-1　银毛杨1号 Populus alba × P. tomentosa(天水)

乔木,树冠较狭,长椭圆体状;树干端直,树皮暗灰色或灰白色,较光滑;侧枝较细而疏,与主干成30°~45°角,下部者偶有达90°者。当年生小枝紫黑色(干标本),被白绒毛,老枝灰绿色,皮孔稀疏,几圆形。顶芽卵球状,腋芽球状,鳞片8~9枚,红褐色,被绒毛。叶卵圆形、宽卵圆形或长卵圆形,先端短尖或短渐尖,基部圆形或近截形,具三主脉,长4.5~8.0 cm,宽3~7 cm,面绿色,初被绒毛,脉上较密,后变光滑,背灰绿,被薄绒毛,缘具粗钝齿;叶柄几圆形,长2~4.5 cm,被绒毛。雌株!雌花序长4~9.5 cm,径约8 mm(初开放时)花序轴被绒毛;苞片淡褐色,披针形,基部和边缘具长疏柔毛,子房倒圆锥状,光滑,柱头2,每个又2裂,状如鹿角;花盘具显明不整齐裂片。果序长9~10 cm,径约8 mm。蒴果2瓣开裂,长约2 mm。果熟期5月上旬。

2.银毛杨2号　别名:南毛杨　图4-2

Populus alba Linn. × P. tomentosa Carr. var. albi-tomentosa T. B. Zhao,Populus alba Linn. × P. tomentosa Carr. (南京),牛春山主编. 陕西杨树:23~25.图6. 1980;山西省林学会杨树委员会. 山西省杨树图谱:123. 1985;赵天榜等主编. 中国杨属植物志:35.图7. 2020。

根据叶培忠等原始描述:干形弯曲较多。叶子形态差异较大,老叶长椭圆形,先端渐尖,叶表深绿色,叶背灰绿色,覆有很多白绒毛,叶基截形或近似心形,叶缘波状缺刻,先端有时出现腺点;叶柄扁圆柱状,有绒毛。新叶三角-卵圆形,具3~5个大缺刻,叶表深绿色有绒毛,叶背银白色绒毛多,叶基心脏形,有二个腺点或无,叶缘粗锯齿,齿端有腺点;叶柄近圆柱状。

本种系南京林产工业学院育成,西北林学院1963年引进。

附记:本种叶形变化颇大。在幼树或萌条上常呈掌状不整齐开裂,各裂边缘具粗钝齿。

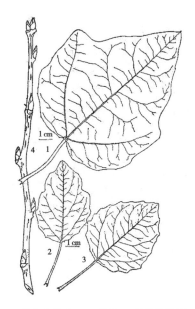

1.长枝上的叶;2、3.苞片;4.长枝及花芽。

图 4-2　银毛杨 2 号 Populus alba × P. tomentosa(南京)

此外,本组合另一株其性状有所不同:树冠为长椭圆体状,干形通直。枝条向上伸展。叶一般较小,近圆形或卵圆形,老叶表面色绿,较光滑,叶背有稀毛,叶缘具浅波状缺刻或有的近乎全缘;叶柄扁,绿色,有毛。新叶较大,色浅,叶背覆浓厚的银白色绒毛,基部近心形,有 2 腺点,叶缘波状缺刻,先端亦有腺点;叶柄绿色,略圆,有毛:托叶黄褐色,一般较小。

3. 银毛杨 3 号　图 4-3

Populus alba Linn. × P. tomentosa Carr. var. albi-tomentosa T. B. Zhao,Populus alba Linn. × P. tomentosa Carr. (南京),牛春山主编. 陕西杨树:23~25. 图 6.1980;山西省林学会杨树委员会. 山西省杨树图谱:123.1985;赵天榜等主编. 中国杨属植物志:35. 图 7. 2020。

乔木,树冠开展,近卵球状,上部侧枝约呈 45°角开展,下部侧枝约呈 90°或大于 90°角开展;树干端直,密被圆形皮孔,常由中间呈线状开裂,呈粉红色;树皮青色,(幼时)平滑。当年生枝圆柱状,淡褐绿色,被灰白色薄绒毛,后渐脱落。短枝萌发的当年生新枝微具棱,淡红褐色,绒毛极薄;老枝灰色,光滑。腋芽圆锥状,(4~6) mm × (2~3) mm,红褐色,被灰白色绒毛,离生,与枝约成 30°角,顶芽在长枝上者粗大,圆锥状,6 mm × 4 mm,在短枝上者顶芽卵球状,(3~4) mm × (2~3) mm。腋芽卵球状或几球状,1.5 mm × 1 mm,仅顶端离生。叶在长枝上者卵圆形或宽卵圆形,先端急尖或钝,基部圆形或近心形,具 1~2 枚紫黑色腺,长 5.0~13.0 cm,宽 4.0~11.0 cm,表面暗绿色,初微被薄绒毛,后渐脱落,但脉上常残存,基部具 3~5 主脉,背被灰白色浓绒毛,直至 8 月中旬仍未脱落,缘具不整齐波状锯齿,齿端具紫腺,有时具 3~5 浅裂,裂片具紫色腺点,状似锯齿,缘毛极少（8 月中旬）;叶柄扁平,紫红色,被灰白色绒毛,长 2.0~4.5 cm。短枝上叶较小,圆形、宽卵圆形或卵圆形,先端急尖或钝,基部圆形或近心形,常具 3 主脉,长 3.5~6.5 cm,宽 2.7~6.0 cm,

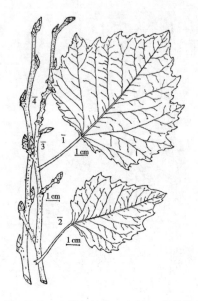

1.长枝上的叶;2.短枝上的叶;3.短枝;4.长枝及花芽。

图4-3　银毛杨3号 Populus alba × P. tomentosa(天水)

表面暗绿,几光滑,仅叶基被短柔毛,背面被极薄灰白色绒毛,上部多已脱落(8月中旬),边缘具波状钝齿,齿端具细小紫腺,缘毛极少;叶柄上部微扁,下部近圆柱,染有红色晕,被薄绒毛,长2.2~4.0 cm(苗木时期苗干和叶柄均呈红色,这是本种的特点)。雄株!雄花序长5.0~6.0 cm,径约1.0 cm。花序轴被长柔毛;苞片淡紫褐色,近菱形光滑,边缘不整齐条裂,具白长缘毛;花盘斜杯状,边缘波状,淡黄绿色;雄蕊5~7枚。花期3月下旬。

本种系南京林产工业学院育成,西北林学院1963年引进。

注:萌条上叶常具不整齐浅裂。

附录:银毛杨原始描述:干形弯曲较多;叶形态差异较大,老叶长椭圆形,先端渐尖,叶表深绿色,叶背灰绿色,覆有很多白绒毛,叶基部截形或近似心形;叶柄扁圆体状,有绒毛,叶缘波状缺刻,先端有时出现腺点;新叶三角形,具3~5个大缺刻,叶表面深绿色有绒毛,叶背银白色绒毛多,叶基截心脏形,有2个腺点,或无;叶柄近圆柱状,叶缘粗锯齿,齿端有腺点。

(二)银山毛杨杂种杨组　杂种杨组

Populus Sect. × Yinshanmaoyang T. B. Zhao et Z. X. Chen;赵天榜等主编.中国杨属植物志:40. 2020。

主要形态特征:皮孔菱形,紫褐色、褐色、红褐色,散生,少数2~3个横向连生。短枝叶三角–卵圆形、卵圆形,似毛白杨与新疆杨,背面绒毛多,边缘具不规则浅缺刻。

本新杂种组模式种:银山毛杂种杨。

产地:河北。本杂交组系银白杨、山杨与毛白杨之间之间杂种。

本组有1新组合杂交种、2品种。

1.银山毛杂种杨　组合杂交种

Populus × yinshanmaoyang T. B. Zhao et Z. X. Chen;赵天榜等主编. 中国杨属植物

志:40～41. 2020。

本杂种形态特征与银山毛杨杂种组相同。皮孔菱形,红褐色,散生。叶三角-卵圆形,似毛白杨,背面绒毛多。

产地:河北。

品种:

1.1　银山毛白杨-741　山银毛白杨-741　品种

Populus × 'Shanyinmaobaiyang-741', 赵天榜等主编. 中国杨属植物志:41. 2020。

落叶乔木。树冠卵球状;侧枝稀,分布均匀。树干通直;树皮青绿色,光滑;皮孔菱形,紫褐色,中等,较多,散生。短枝叶三角-卵圆形、卵圆形,似毛白杨,边缘具不规则浅缺刻。

本杂种系河北林学院姜惠明从(银白杨 Populus alba Linn. × 山杨 Populus davidiana Dode)× 毛白杨 Populus tomentosa Carr. 杂种实生苗中选育的一个栽培杂种。

1.2　银山毛白杨 303　山银毛白杨 303　品种

Populus × 'Shanyinmaobaiyang-303', 赵天榜等主编. 中国杨属植物志:41. 2020。

树冠卵球状。树干通直;树皮青绿色;皮孔菱形,红褐色,散生。长、萌枝叶三角-卵圆形,似毛白杨,背面绒毛多。

本杂种系河北林学院姜惠明从(银白杨 Populus alba Linn. × 山杨 Populus davidiana Dode)× 毛白杨 Populus tomentosa Carr. 杂种实生苗中选育的一个栽培杂种。

(三)南林杂种杨组　河北毛响杂种杨组　杂种杨组

Populus Sect. × Nanlinhybrida　T. B. Zhao, 山西省林学会杨树委员会. 山西省杨树图谱:57～58. 123. 图 26. 照片 17. 1985;赵天榜等主编. 中国杨属植物志:67. 2020。

本组 1 种。

1. 南林杨　河北杨、毛白杨与响叶杨杂种杨　杂交种

Populus × nanlinyang P. Z. Ye, 赵天榜等主编. 中国杨属植物志:67～68. 2020;(Populus hepeiensis Hu et Chow × Populus tomentosa Carr.)× Populus adenopoda Maxim. , 山西省林学会杨树委员会. 山西省杨树图谱:57～58. 123. 图 26. 照片 17. 1985。

落叶乔木。侧枝开展。树干通直;树皮灰绿色,较光滑;皮孔菱形,黄褐色。小枝灰褐色、黄褐色;幼枝绿褐色,疏被短柔毛。顶叶芽椭圆体-锥状,黄褐色。短枝叶圆形、卵圆形,长 9.5～15.5 cm,宽 9.5～12.5 cm,先端渐尖,基部浅心形,表面深绿色,具光泽,无毛,背面淡绿色,疏被绒毛,边缘具波状缺刻;叶柄侧扁,绿色,顶端具腺体或无;长、萌枝叶大,黄绿色,先端短尖,基部心形,边缘具亮密细锯齿,齿端具腺体;叶柄扁圆柱状,绿色,疏被毛,顶端具 2 枚腺体;托叶披针形。雄花花药红色;雌花柱头淡粉红色、粉红色、深粉红色、青绿色;苞片菱-卵圆形,先端黄褐色,边缘具白色缘毛。蒴果卵球状、长卵球状。花期 3 月上旬。

本杂种系南京林产工业学院树木育种教研室从(河北杨 Populus hopeiensis Hu et Chow × 毛白杨 Populus tomentosa Carr.)× 响叶杨 Populus adenopoda Maxim. 杂种实生苗中选育的一个栽培杂种。

南林杨喜温暖、湿润气候,生长较快,抗叶部病害强。据调查,6 年生平均树高

8.73 m,平均胸径 8.32 cm。其喜光,根系发达,抗叶部病害能力强,天牛危害严重,且枝条扦插困难。抗烟性及抗污能力强。木材是优良的造纸用材和胶合板用材。

(四) 河北杨 × 毛白杨杂种杨组　杂种杨组

Populus Sect. × Hopei-tomentosa T. B. Zhao et Z. X. Chen,赵天榜等主编. 中国杨属植物志:68. 2020。

1. 河北杨 × 毛白杨(阔叶树优良无性系图谱)

Populus hopeiensis Hu et Chow × P. tomentosa Carr., 阔叶树优良无性系图谱:63~65. 182. 图 27. 1991;山西省林学会杨树委员会. 山西省杨树图谱:123. 1985;赵天榜等主编. 中国杨属植物志:68. 2020。

落叶乔木。树冠卵球状。树干通直;树皮灰绿色,光滑,基部浅纵裂;皮孔菱形,散生;枝痕明显,横窄椭圆形。小枝淡褐色,微有棱脊,嫩时被毛,后渐脱落。芽卵球状、球状,紫褐色。短枝叶三角-卵圆形、扁圆形,长 12.0~15.0 cm,宽 5.5~9.5 cm,先端短渐尖,基部宽截形、圆形或宽楔形;叶柄上部侧扁,下部圆柱状黄绿色,微被绒毛,顶端无腺体。雌株!雄花序长 4.0~7.0 cm,花序轴被绒毛;雌株! 花序长 3.0~5.0 cm;苞片匙-卵圆形,淡褐色,边缘具白色长缘毛;子房卵球状,柱头 2 裂,每裂 2 叉,裂片淡黄绿色。蒴果成熟后 3 瓣裂。花期 3 月中下旬,果熟期 4 月中下旬至 5 月初。

本杂种系西北林学院林木遗传育种研究室从河北杨 Populus hopeiensis Hu et Chow × 毛白杨 Populus tomentosa Carr. 杂种实生苗中选育的一个栽培杂种。

附记:过去芮德尔(Rehder,1934 年)曾认为,河北杨是毛白杨和山杨的天然杂交种,然而中国林业科学研究院遗传选种研究室曾进行了播种,以及毛白杨和山杨的正交与反交,证明并非如此(《杨树》92,1959)。因此,我们也就不把它做杂种看待。但是,它与山杨的亲缘关系极为相近,特别是它的叶几圆形、苞片深裂、花序轴被短柔毛等完全与山杨相似,所不同者仅在叶缘的齿牙较少和树皮较白而已。

二、毛白杨亚属

Populus Linn. Subgen. Tomentosae(T. Hong et J. Zhang) T. B. Zhao et Z. X. Chen,Populus Linn. Subsect. Tomentosae T. Hong et J. Zhang,林业科学研究,1(1):73. 1988;杨树遗传改良:262. 1991;河南农学院园林系杨树研究组(赵天榜). 毛白杨起源与分类的初步研究. 河南农学院科技通讯,1978,2:1~24. 图 1~14;赵天榜,李瑞符,陈志秀,等. 毛白杨系统分类的研究. 南阳教育学院学报,1990,5:1~7;赵天榜等主编. 中国杨属植物志:77~78. 2020。

本亚属形态特征:树形、树皮、皮孔、叶形、花及蒴果,以及毛白杨实生苗均有银白杨、新疆杨、山杨、响叶杨及毛白杨的形态特征。根据《国际植物命名法规》有关规定,故创建毛白杨新亚属。

亚属模式:毛白杨亚组 Populus Linn. Subsect. Tomentosae T. Hong et J. Zhang。

产地:中国。

本亚属在中国共有:5 组、10 种(1 组合种)、14 变种、3 变型、20 品种群、121 品种。

（一）毛白杨组　新组合组　毛白杨亚组（林业科学研究）

Populus Linn. Sect. Tomentosae（T. Hong et J. Zhang）T. B. Zhao et Z. X. Chen, Sect. comb. nov.，Populus Linn. Subsect. Tomentosae T. Hong et J. Zhang，林业科学研究，1(1)：73. 1988；杨树遗传改良：262. 1991；赵天榜等主编. 中国杨属植物志：81. 2020。

小枝及芽被毛或无毛。幼叶拱包、内摺卷、席卷或内卷，背面被绒毛，稀密被丝毛；托叶条状或粗丝状。短枝叶叶边缘波状凹缺或具锯齿；长、萌枝叶 3~5 掌状分裂或具粗齿，背面被绒毛或近无毛。花序苞片顶部不规则浅裂、深裂或流苏状；柱头裂片窄细长条状或蝴蝶状，黄白色、淡红色或紫红色。

本组模式种：毛白杨 Populus tomentosa Carr.。

本亚组在河南共有 3 种、14 变种、3 变型、16 品种群、125 品种。

（二）毛白杨异源三倍体杂种杨组　杂交组

Populus sect. × Tomentoi-pyramidali-tomentosa T. B. Zhao et Z. X. Chen；郑世锴主编. 杨树丰产栽培：52. 2006；赵天榜等主编. 中国杨属植物志：127. 2020。

本杂交组主要形态特征：长、萌枝初被灰白色绒毛，后渐脱落。短枝叶卵圆形，边缘具波状锯齿。长、萌枝叶近似于新疆杨长、萌枝叶形态特征。

产地：北京。

本组有 1 种。

1. 毛白杨异源三倍体（北京林业大学学报）　三倍体毛白杨　杂种

Populua × tomentoi-pyramidali-tomentosa T. B. Zhao et Z. X. Chen，毛新杨 × 毛白杨［（Populua tomentosa Carr. × Populus alba Linn. var. pyramidalis Bunge）× Populus tomensa Carr.］，北京林业大学学报，21(1)：1~5. 1999；林业科学，1998，34(4)：22~31；三倍体毛白杨（Populus tomensa［3n］）. 王胜东，杨志岩主编. 辽宁杨树. 25. 2006；赵天榜等主编. 中国杨属植物志：127~128. 2020。

落叶乔木。树冠卵球状或宽卵球状；侧枝开展，上部侧枝呈 45°角或略大于开展 40°角开展。树干通直，稀少弯曲；树皮幼时灰绿色，后渐为浅褐色或灰白色；皮孔菱形，多 2 个以上横向连生。长、萌枝初被灰白色绒毛，后渐脱落。叶芽长卵球状，褐色；雄花芽卵球状，长 1.5~2.5 cm，径 0.8~1.5 cm；雌花芽较小。短枝叶卵圆形，长、宽同一般毛白杨，先端短尖或基部截形或微心形，边缘具波状锯齿，表面暗绿色，背面疏被绒毛。长、萌枝叶三角-卵圆形，较大，长约 20.0 cm，宽约 23.0 cm，先端渐尖，基部截形或微心形，边缘掌状深裂，背面密被白色绒毛，近似于新疆杨长、萌枝叶形态特征。雄花序长 10.0~20.0 cm，具雄花 180~230 朵；雄蕊 15~20 枚，花药黄红色或红色；苞片褐色或灰褐色，边缘具不整齐条袭和白色长缘毛；雌花序长 3.0~6.0 cm，具雌花 140~200 朵；雌蕊子房椭圆体状，柱头 2 裂，每裂又分 2 叉，粉红色；苞片灰褐色或黄褐色，边缘具不整齐尖裂和白色长缘毛；花盘斜杯状或杯状，绿色，边缘缺刻。果序长 6.0~14.0 cm，严重败育。

毛白杨异源三倍体无性系综合形态特征为偏毛白杨，部分近于新疆杨（如长枝叶），只有长枝叶、雄花序等表现出了较明显的巨大性。

此外，毛白杨异源三倍体 B302 和 B308 无性系的染色体中还有二价体、单价体及四价体、五价体出现。

产地:北京。

(三)毛新山杨组

Populus × Maoxinshanyang T. B. Zhao et Z. X. Chen;赵天榜等主编.中国杨属植物志:128. 2020。

本杂种组形态特征与毛新山杨-106 形态特征相同。

本杂种组模式种:毛新山杨。

产地:河北。

本杂种组仅 1 杂种杨、1 品种。

1.毛新山杨

Populus × maoxinshanyang T. B. Zhao et Z. X. Chen;赵天榜等主编.中国杨属植物志:125. 2020。

本杂种形态特征与毛新山杨-106 形态特征相同。

产地:河北。

品种:

1.1 毛新山杨-106 品种

Populus × 'Maoxinshanyang-106',赵天榜等主编.中国杨属植物志:128. 2020。

树冠卵球状,侧枝稀少。树皮灰褐色;皮孔菱形,褐色,多散生,少数 2~3 个横向连生。短枝叶似新疆杨。

本杂种系河北林学院姜惠明从(毛白杨 Populus tomentosa Carr. × 新疆杨 Populus tomentosa Carr. var. pyramidalis Bunge)× 山杨 Populus davidiana Dode 杂种实生苗中选育的一个栽培杂种。

三、青毛杂种杨亚属　杂种杨亚属

Populus subgen. × shanxiensis(C. Wang et Tung)T. B. Zhao et Z. X. Chen,赵天榜等主编.中国杨属植物志:128. 2020。

形态特征与米林杨形态特征相同。

本新杂种杨亚属模式种:青毛杨 Populus shanxiensis C. Wang et Tung。

产地:山西。

本新杂种杨亚属 1 种。

1.青毛杨(植物研究)

Populus shanxiensis C. Wang et Tung,植物研究,2(2):105. 1982;中国植物志 20(2):47. 49. 1984;山西省林业科学研究院编著.山西树木志:73~75. 图 29. 2001;徐纬英主编.杨树:62~63. 1988;赵天榜等主编.中国杨属植物志:180. 2020。

落叶乔木,树高 15.0 m。树皮灰褐色、纵裂。小枝圆柱状,赤褐色、被柔毛,具棱。叶芽圆锥状,芽鳞暗赤褐色,被黄褐色黏质,边缘具缘毛。短枝叶卵圆形至宽卵圆形,革质,长 5.0~10.0 cm,先端短渐尖,基部心形,边缘具圆锯齿及缘毛,表面暗绿色,背面苍白色;叶柄圆柱状,长 3.0~6.0 cm,被短柔毛,顶端具 2 个腺体,腺体表面凹下。

产地:山西。

本种系青杨 Populus cathayana Rehd. 与毛白杨 Populus tomentosa Carr. 的天然杂交种。本种分布在中国山西西部。模式标本,采自吕梁山区黑茶山附近。

四、健杨 + 毛白杨杂种亚属　杂种杨亚属

Populus Subgen. + Populus × euramericana(Dode)Guinier cv. 'Robusta' + P. tomentosa Carr. T. B. Zhao et Z. X. Chen,赵天榜等主编. 中国杨属植物志:210. 2020。

形态特征与健杨 + 毛白杨形态特征相同。

本杂种亚属模式种:健杨 + 毛白杨。

产地:山东。

1. 健杨 + 毛白杨(山东林业科技)　杂交种

Populus × euramericana(Dode)Guinier cv. 'Robusta' + P. tomentosa Carr. ,山东林业科技,4:1983;植物研究,10(2):91~107. 1990;赵天榜等主编. 中国杨属植物志:210. 2020。

健杨+毛白杨枝、芽、叶、花序轴及苞片被绒毛,与毛白杨相似;萌枝具棱。叶芽圆锥状;花芽卵球–锥状。短枝叶三角形或三角–卵圆形、卵圆形,边缘具近整齐锯齿、波状齿牙。花盘碗形,似健杨;花药紫红色,似健杨;苞片匙–宽卵圆形,裂片披针形,介于健杨与毛白杨之间。

产地:山东。据李兴文等试验结果:毛白杨扦插成活率29.5%,5年生树高9.23 m,胸径7.25 cm;木纤维平均长 876 µm,平均宽 21.7 µm,长宽比 77.4。健杨扦插成活率96.0%,5 年生树高15.15 m,胸径18.02 cm;木纤维平均长 933.6 µm,平均宽 24.9 µm,长宽比 80.6。健杨 + 毛白杨扦插成活率95.7%,5 年生树高 12.67 m,胸径 14.54 cm;木纤维平均长 924.0 µm,平均宽 24.8 µm,长宽比 77.4。

五、箭小毛杨杂种杨亚属　杂种杨亚属

Populus Subgen. × Thevesteni–simodi–tomentosa T. B. Zhao et Z. X. Chen,赵天榜等主编. 中国杨属植物志:267~268. 2020。

形态特征与箭小毛杨相似。

产地:河北。

1. 箭小毛杨(杨树)　箭杆杨 × 小叶杨 + 毛白杨(陕西杨树)　品种

Populus× 'Jianhexiaomao'[Populus nigra Linn. var. thevestena(Dode)Bean ×(Populus hopeiensis Hu et Chaow + Populus simonii Carr.),山西省杨树图谱:117~118. 图50. 照片40. 1985;Populus thevestina (Dode) Bean × Populus simonii Carr. + Populus tomentosa Carr. ,牛春山主编. 陕西杨树:111~112. 图48. 1980;赵天榜等主编. 中国杨属植物志:268~269. 图117. 2020。

落叶乔木。树冠狭卵球状;侧枝呈45°~50°角开展。树干通直;树皮灰绿色,上部光滑,下部浅纵裂。1 年生小枝灰色、褐色或紫褐色。芽紫褐色。短枝叶卵圆形、菱–长卵圆形,长 4.0~6.0 cm,宽 3.0~5.0 cm,先端短渐尖,基部宽楔形或圆形,边缘具细小圆钝紫色腺锯齿和脱落性缘毛,基部边缘波状,表面绿色,背面淡绿色;叶柄微侧扁,长 2.0~3.5

cm。雄株！雄花序长约 4.0 cm;苞片褐色,边缘呈 2~3 回不整齐条裂。雌花序长约 3.5 cm;花盘斜杯状,边缘全缘;苞片深褐色,边缘具几整齐条裂;花盘短杯状,边缘截形或微波状;雄蕊花丝超出花盘。花期 4 月。

产地:河北。

本杂种系用箭杆杨 ×(小叶杨、毛白杨混合花粉)杂种苗中选出超级苗培育而成。

六、箭胡毛杂种杨亚属 杂种亚属

Populus Subgen. × Thevesteni-euphratici-tomentosa T. B. Zhao et Z. X. Chen,赵天榜等主编. 中国杨属植物志:269. 2020。

形态特征与箭胡毛杨相似。

本亚属模式种:箭胡毛杨。

产地:甘肃。

1. 箭胡毛杨(杨树)

Populus× jianhumao R. Liu,赵天锡,陈章水主编. 中国杨树集约栽培:710. 1994;Populus × 'jianhumao' [Populus thevestena(Dode) Bean ×(Populus euphralica Oliv. + Populus tomentosa Carr. cv. 'Jianhumao')],徐纬英主编. 杨树:399 (照片 11~25). 1988;赵天榜等主编. 中国杨属植物志:269. 2020。

落叶乔木。树冠卵球状;侧枝呈 30°角开展。树干通直;树皮灰绿色,光滑;皮孔明显而少,基部浅纵裂。萌枝红褐色,具棱;芽短圆球状,黄褐色,紧贴小枝。小枝光滑,黄绿色;长枝红褐色,具棱。叶芽圆锥体形,紧贴,黄褐色,先端钝尖。短枝叶卵圆形、菱-卵圆形,先端长尖,边缘具整齐细钝锯齿;叶柄扁柱状,黄色带微红色晕,长 2.5~3.0 cm。

产地:甘肃。本杂交品种系刘榕等用箭杆杨×[胡杨、毛白杨混合花粉(毛白杨花粉用辐射量 5000 r)]杂种苗中选出超级苗培育而成。

第五章　毛白杨良种选育理论与技术

第一节　毛白杨优良特性

一、适应性强

毛白杨适应性强,分布广。分布在北起辽宁的南部、南达浙江,在河北、山西、陕西、河南、山东、安徽等省,均能生长,其中以黄河中下游为栽培中心。河南省各地都有毛白杨的栽植,但以北部和中部平原地区的"四旁"植树最多。除特别干旱或过于瘠薄、重盐碱地方不适宜生长外,其他各种土壤都可生长。但以土层深厚、肥沃湿润的地方生长最好。

二、生物学特性

本种喜光,要求凉爽、湿润气候,较耐寒冷;在年平均气温 7~16.0 ℃、年平均降水量 600~1 300 mm 的地区范围内均有毛白杨栽培。耐寒性差,我国北方地区毛白杨常遭冻害,是造成毛白杨破腹病的主要原因;在高温、多雨地区,病虫害严重,生长也差。深根性树种,对土壤要求不严,但以中性、肥沃、沙壤土、壤土地上生长最好。据调查,21 年生树高 23.8 m,胸径 50.8 cm,单株材积 1.807 48 m^3,而在特别干旱、瘠薄、低洼积水地、盐碱地、茅草丛生地、沙地上毛白杨生长不良、病虫害严重,常形成"小老树"。抗烟性及抗污能力强。生长快。寿命可达 200 年,但一般 40 年左右就开始衰退。

毛白杨为温带树种,要求凉爽湿润气候。在年平均气温 7~16 ℃、绝对最低温度 −32.8 ℃、年降水量 300~1 300 mm 的范围内均可生长,但以年平均气温 11~15.5 ℃、年降水量 500~800 mm 的地区生长为好。耐寒性较差,在早春昼夜温差悬殊的地方,树皮常发生冻裂,产生"破腹病"。在高温、多雨的气候条件下,易受病虫危害,生长较差。

毛白杨对水、肥条件非常敏感。生长期间,旬平均气温 24~26 ℃时,水分是决定速生的主导因子。在深厚、肥沃、湿润的壤土或沙壤土上,生长很快。如河南毛白杨 20 年生树高 23.8 m,胸径 50.8 cm,单株材积 1.807 48 m^3。在特别干旱、瘠薄或低洼积水的盐碱地、茅草丛生的沙荒地上,毛白杨造林后,根系发育不良,生长很差,病虫害严重,易形成"小老树"。

三、喜光树种

毛白杨在林分密度较大条件下,林木自然整枝良好,能形成高干、通直、无节的良材,但林木分化显著,生长不快;过于密植的行道树,容易形成偏干和偏冠,影响生长,降低材质。

稍耐盐碱,在土壤 pH8~8.5 时,能够生长;pH 8.5 以上时,生长不良。大树耐水湿,在积水达 2 月之久的地方,生长正常。抗烟性和抗污染能力强。

四、生长发育过程

毛白杨的年生长发育随着年龄、分枝特性、立地条件和抚育管理措施等不同而有差异。如长枝中上部的芽,萌发后多形成长枝;中部以下的芽,多形成短枝;基部的芽,则形成休眠芽,一般不萌发抽枝。短枝上的芽,多形成花芽;顶芽萌发后,再形成短枝。芽萌发抽枝,在一定条件下,可以转化。如果加强水、肥管理,防治病虫危害,适当修剪或重剪,可以改变芽萌发生长,促使基部芽、短枝顶芽萌发,长成壮枝和萌枝,加速林木生长。

据裴保华教授研究,毛白杨的物候变化和枝条生长具有明显阶段性的特点,它在年生长发育过程中可分为芽膨大及树液流动开始期、萌发期、春季营养生长期、春季封顶期、夏季营养生长期、越冬准备期、冬季休眠期。

毛白杨胸径、树高生长和叶面积生长的关系是:胸径生长比树高和叶面积生长开始晚一周左右。春季营养生长期间,树高生长较快,这时叶未充分增大,所以胸径生长缓慢。春季封顶期,叶片已长成,总叶面积已达春季生长期的最大值,而树高生长暂时缓慢;胸径生长出现第一次高峰(4 月下旬至 5 月下旬),高峰持续的时间和封顶期间相吻合。夏季营养生长的初期,由于树高生长加强,第二批叶片尚未充分长大,所以胸径长势有些降低,中期虽然第二批叶片已长大,但由于气候条件和植株生长特性的变化,胸径和树高生长同时降低,形成第二次缓慢生长期,以后正是全年高温多雨季节,胸径和树高生长同时再次加强,形成第二次高峰,后者生长高于前者。由于持续时间较长,所以总生长量大。毛白杨胸径生长到越冬准备期显著下降。

毛白杨短枝在年生育周期中只有 1 次生长;长枝有 2 次生长,即春季和夏季营养生长期。

在毛白杨胸径生长 2 次高峰之前,或速生期间,加强水、肥管理,防治病虫害,能促进毛白杨的迅速生长。

五、生长过程

毛白杨在不同立地条件下,生长进程差异很大。在土壤肥沃条件下,树高生长:4 年前连年生长量 1.0~1.12 m,4~16 年为 0.9~2.0 m,16 年后降为 0.4~0.5 m;胸径生长:4 年前生长较慢,连年生长量 0.3~0.7 cm,4~20 年为 1.98~2.82 cm,20 年后有所下降;材积生长:一般是 6 年前生长较慢,6~10 年生长开始加快,连年生长量 0.006 68~0.078 34 m³,10~20 年生长较快,连年生长量 0.110 80~0.158 07 m³。在土壤瘠薄的盐碱地上,树高生长:4 年前生长较慢,4~16 年生长较快,树高连年生长量 0.61~0.72 m,16 年后开始下降,24 后保持在 0.32 m 以下;胸径生长:4 年前生长缓慢,4~24 年连年生长量 0.55~1.28 cm:24~30 年有所下降,30 年后,连年生长量一般在 0.3 cm 以下。同时,出现焦梢现象,呈现出衰老的象征,有时干枯死亡。

六、生长迅速

毛白杨生长快,寿命长,能成大材。如河南农学院园林试验站栽的毛白杨,17 年生树高达 15.3 m,胸径 55.3 cm,单株材积为 2.65 m³。郑州市有 60 年生左右的毛白杨大树,树高达 27.6 m,胸径达 87.8 cm,单株材积为 8.0 m³。另据《中国主要树种造林技术》记载,21 年生毛白杨树高 23.8 m,胸径 50.80 cm,单株材积 1.807 48 m³。其生长进程如表 5-1 所示。

表 5-1 毛白杨生长进程

年龄/a		2	4	6	8	10	12	14	16	18	20	21	带皮
树高/m	总生长量	2.0	4.3	8.3	12.0	16.00	18.00	20.00	21.80	22.80	23.60	23.8	
	平均生长量	1.00	1.08	1.38	1.50	1.60	1.50	1.43	1.36	1.27	1.18	1.16	
	连年生长量		0.58	2.00	1.86	2.00	1.00	1.00	0.90	0.50	0.40	0.20	
胸径/cm	总生长量	1.10	2.50	6.45	14.10	22.10	27.36	32.40	37.60	42.30	47.50	49.00	50.80
	平均生长量	0.55	0.63	1.08	1.77	2.21	2.28	2.31	2.38	2.35	2.37	2.33	
	连年生长量		0.70	1.98	2.82	4.00	2.65	2.50	2.60	2.45	2.60	1.50	
材积/m³	总生长量	0.000 23	0.001 37	0.014 74	0.092 55	0.249 23	0.406 56	0.628 32	0.913 24	1.222 74	1.538 88	1.673 45	1.807 48
	平均生长量	0.000 12	0.000 34	0.002 46	0.011 56	0.024 92	0.033 88	0.044 88	0.057 70	0.069 04	0.076 94	0.079 68	
	连年生长量		0.000 57	0.006 68	0.039 81	0.078 34	0.078 67	0.110 88	0.142 41	0.154 75	0.158 07	0.134 57	

注:摘自《中国主要树种造林技术》。

根据 1972~1973 年在郑州市对 15 株毛白杨进行树干解析的材料,在土壤肥沃条件下,有 10 株 10 年生的毛白杨胸径生长超过 20.0 cm,如表 5-2 所示。

表 5-2 10 株毛白杨 10 年生长情况

株号	1	2	3	4	5	6	7	8	9	10
树高/m	19.3	14.4	19.4	15.0	15.3	15.2	16.0	12.5	14.4	17.3
胸径/cm	29.6	20.9	23.1	28.0	20.9	22.5	22.1	24.8	20.6	21.5

七、材质优良

毛白杨不仅生长快,而且材质好,是河南省杨树中材质最好的 1 种。据测定,毛白杨木材容重为 0.509 g/cm³,干缩系数为 0.1%~0.315%,顺纹压力 436.0 kg/cm²。木材纤维长度为 1 027 μm,宽度为 18.9 μm,长宽比为 54.4。毛白杨木材既能作大型建筑用材,又是火柴、造纸、人造纤维等工业的好原料。同时,纹理细致,色泽洁白,易于加工,是盖房屋、做家具的好材料。所以,毛白杨是我国华北地区广大群众喜爱的速生用材树种之一。

本种木材白色,纹理细,易加工,油漆及粘胶性能好,用途广泛,是优良的胶合板用材;木纤维好,是优良的造纸用材。树姿雄伟,材质优良,是营造用材林、防护林、城乡"四旁"绿化的重要树种之一。

第二节　毛白杨良种、栽培群与栽培品种

一、良种

毛白杨良种是指从毛白杨实生群体、栽培群体或杂交群体中,选出的优良植株培育的栽培群体,称栽培品种(品种)或杂交种(品种)。毛白杨良种(品种)必须具备的条件是:①优良的特性,指适应性强、生长快、材质好、寿命长、抗病虫与自然灾害能力强;②树姿壮观,枝态多变;③用途多。

栽培植物根据《国际栽培植物命名法规》中规定,可分栽培品种(cultivar)、栽培群(Group)和杂交群(grex)3类。

二、栽培群　品种群

栽培群是指:"根据限定的基于性状的相似性,可包含若干栽培品种、若干单株植物或它们的组合的正或阶元是栽培群Group"。

三、栽培品种　品种

栽培品种定义有如下几种:

(1)《国际植物命名法规》(1980)中规定:"栽培品种(cultivar)这一国际性术语是指具有明显区别特征(形态学、生理学、细胞学、化学和其他),并且在繁殖(有性或无性)后这些特征仍能保持下来的一个栽培植物群体。"

(2)《国际栽培植物命名法规》(第8版,2009)中规定:"栽培品种一个组合,由栽培品种所归属的《植物法规》下的属的正确名称或更低分类群的正确名称或其含义明确的普通名称,加上一个栽培品种加词构成。"

例:栽培品种Galanthus 'John Gray'也可叫作snowdrop 'John Gray'。还要求:①栽培品种加词第一个字要大写;②栽培品种加词前的属、种加词是准确无误的;③栽培品种加词可以用拉丁词,也可以采用其他语言词。

总之,栽培品种是指具有明显区别特征、特性(形态学、生理学、细胞学、化学和其他),并且在繁殖(有性,或无性)后这些特征仍能保持下来的一个栽培植物群体,均可以形成品种。此外,芽变也是选育新品种的有效方法之一。

(3)新栽培品种。新品种,是指经过人工培育的或者对发现的野生植物加以开发,具备新颖性、特异性、一致性和稳定性,并有适当命名的品种。

新栽培品种(新品种、新杂交品种),一律采用' '符号,如箭杆毛白杨品种Populus tomentosa Carr. cv. 'Borealo-sinensis'。

注:新品种命名,请参考《国际植物命名法规》《国际栽培植物命名法规》《中华人民共和国植物新品种保护条例》中有关规定。

第三节　良种选择标准与技术

一、良种标准

良种标准与树种、要求不同而有明显区别。毛白杨良种标准是:适应性强、生长快、抗病虫和自然灾害能力强、材质好。

二、良种选择技术

良种选择通常有表型选择、抗性选择和芽变选择。其选择技术有以下几种。

(一)自然选择

该选择是根据毛白杨单株或类群在自然条件下,能保存下来与否,即"适者生存,不适者被淘汰",这是一种自然法规。毛白杨的变种就是经过自然选择而保留下来的。青毛杨 Populus shanxiensis C. Wang et Tung 也是经过自然选择而保留下来的。

(二)种源选择

种源是指从同一分布区或栽培区域内收集的种实、苗木或其他繁殖材料。其实质是进行不同地区来源的林木群体测定。

种源试验是研究毛白杨群体表型的变异模式与环境变量之间的变化关系。其目的是了解不同地区的苗木生长情况及其他性状表现,为不同造林地提供最佳的栽培种源。同时,收集种质资源,为建立基因库,给今后进行育种工作提供最佳原始材料。

1.种源试验方法

种源试验,必须首先明确试验目的。在明确试验目的的基础上,进行规划设计,确定试验内容。其次,确定进行种源试验所采用的材料及其生物学特性及其经济价值等方面的调查。再次,进行规划计,确定试验内容。试验内容有苗期试验和造林试验。

2.种源试验结果

中国林业科学研究院、陕西省林业科学研究所、河南农业大学、河南省林业科学研究所、河南安阳地区林业科学研究所等均进行过毛白杨种源试验。现将河南安阳地区林业科学研究所等进行的毛白杨种源试验结果列于表5-3。

表5-3　毛白杨种源试验林5年生林木生长调查

种源产地	名称	平均树高/m	平均胸径/cm	单株材积/m³	说明
河北易县	河北毛白杨	7.0	8.7	0.025 0	
山东夏津县	塔形毛白杨	6.8	7.3	0.019 10	
陕西周至县	截叶毛白杨	6.7	7.4	0.017 30	
河南郑州	箭杆毛白杨-72	6.9	7.4	0.014 5	
河南郑州	长柄毛白杨	6.4	7.5	0.013 1	
河南郑州	密孔毛白杨	6.0	8.8	0.023 90	

种源产地	名称	平均树高/m	平均胸径/cm	单株材积/m³	说明
河南郑州	小叶毛白杨	7.9	8.1	0.024 42	
河南郑州	河南毛白杨	6.1	8.2	0.020 90	
河南郑州	箭杆毛白杨	8.0	8.0	0.024 10	
河南安阳	毛白杨	6.5	7.5	0.017 20	对照

从表 5-3 中看出,小叶毛白杨、河南毛白杨、箭杆毛白杨及河北毛白杨具有早期速生特性。

（三）优良类型选择

该选择是根据人们的要求和形态特征,选择出来的单株(品种)或类群(品种群)。如箭杆毛白杨-115 Populus tomentosa Carr. cv.‘Borealo-sinensis-115’、小叶毛白杨-4 Populus tomentosa Carr. cv.‘Microphylla-4’及小叶毛白杨品种群 Populus tomentosa Carr. Microphylla group 等。

优良类型选择方法如下:

(1)查文献,掌握该种植物发表过的种、亚种、变种、变型,以及品种的原始文献。认真掌握该种不同类群的形态特征、特性。将作者发现或选出的新类群进行比较研究。凡是不同的单株或类群,按照种、亚种、变种、变型,以及品种的标准进行形态特征、特性的记载,进行发表。原先发表植物分类单位的,如种、亚种、变种、变型要有拉丁文记述。现存也可用英文记述,否则为无效发表。

(2)全面地研究掌握毛白杨的形态特征及其要点,提出该种群体中明显的、稳定的形态特征要点,作为种下分类的标准。

(3)根据毛白杨模式描述,提出毛白杨种下分类群的划分依据和《国际植物命名法规》中有关规定,进行标准毛白杨种下分类,即亚种、变种、变型的记载与发表。

(4)根据《国际植物命名法规》中有关规定,进行标准毛白杨种栽培品种群(品种群)与栽培品种(品种)的记载与发表。

（四）优树选择

优树选择是在类型选择的基础上,选出该类型中生长最大的单株,即优树。

优树选择方法与类型选择方法相同。同时,确定优树标准,即适应性强、生长快、树干直、材质好、抗性强等特性。选择结果,根据《国际植物命名法规》和《国际栽培植物命名法规》规定,给予发表。

（五）实生选择

毛白杨系杂种起源,实生苗具有显著分离的现象,是实生选种的最佳资源,也是研究毛白杨起源的重要证据。现将河南农业大学刘君惠副教授进行毛白杨播种育苗试验结果介绍如下。

1. 毛白杨实生苗叶形变异

1959 年,从小叶毛白杨植株上进行采种,进行播种育苗,从中对 139 株 1 年生实生苗叶形进行观察,其叶形变化很大。根据其叶形主要形态特征,归纳为6类。

2. 毛白杨实生苗分枝主要特征

毛白杨实生苗分枝特征,变化极大,主要可归纳为3类:1类,苗干通直,无分枝;2类,苗干有分枝,分枝平展;3类,苗干有分枝,分枝呈45°角斜展。

3. 毛白杨超级苗选择

该作者从毛白杨实生苗139株进行扦插试验。

从试验结果看出,毛白杨实生扦插苗生长非常悬殊,有的高不足1.0 m,高的近4.0 m。由此表明进行毛白杨超级苗选择具有重要的意义。

第四节 杂交育种技术

一、杂交育种技术分类

(一) 有性杂交

有性杂交可分4种:

(1)属间杂交,即不同属与不同属植物进行的杂交,称杂交属。

(2)亚属间杂交,即不同亚属与不同亚属植物进行的杂交,称杂交亚属。如:青大杂种杨亚属 Populus Subgen. × Tiacamahacae(Spach)T. B. Zhao et Z. X. Chen。该亚属系青杨亚属与大叶杨亚属。

(3)组间杂交,即不同亚组与不同亚组植物进行的杂交,称杂交组。如:银山毛杨杂种杨组 Populus Sect. × Yinshanmaoyang T. B. Zhao et Z. X. Chen。该组系银白杨、山杨与毛白杨之间之间杂种。又如银毛杨组,系银白杨 Populus alba Linn. × 毛白杨 P. tomentosa Carr.。其杂种称银毛杨。

(4)组内杂交,即同一组内种与种植物进行的杂交,称组内杂交组。如:银白杨 Populus alba Linn. 与新疆杨 Populus bolleana Lauche 杂交,称银新杨。

(二) 无性杂交

无性杂交指两亲本通过嫁接,采用蒙导方法培育的无性杂种。如:健杨 + 毛杂种杨亚属 Populus Subgen. Robusta + P. tomentosa Carr.。该亚属系黑杨亚属与毛白杨亚属之间的无性杂种亚属。

无性杂交种:健杨 + 毛无性杂交种,属无性杂种。

无性杂交技术:是把毛白杨嫁接在健杨上,待接芽萌发抽枝、刚展叶时,不断地将幼叶去掉,由砧木上叶制造养分,供毛白杨幼枝生长需要,逐渐使毛白杨幼枝、叶形特征发生新变异。最后这些新的变异特征固定下来,即成为无性杂种。这种培育新杂种的方法称蒙导法。

二、毛白杨过氧化物同工酶测定

赵翠花、赵天榜等用聚丙烯酰胺凝胶垂直板电泳测定了毛白杨55个无性系的过氧化物同工酶酶谱,现将其测定与鉴定结果介绍如下:

随着近代分子生物科学的迅速发展,人们发现:可以从同工酶酶谱分析中来识别基因的存在和表达。这是从分子水平上认识遗传基因存在的精确指标,是了解和认识基因表达的生化指标,是用来研究林木群体遗传的变异、进行形态分类等研究的重要手段之一。目前,这一技术不仅在生物科学中得到广泛应用,而且在农林科学实践中倍受重视,并肯定了同工酶技术在植物种质特性,系统分类,亲缘关系,遗传变异,种、变种及无性系鉴定等研究领域中具有特别重要的意义。

本研究旨在探讨毛白杨无性系过氧化物同工酶的变化特点与规律,试图从分子水平上为进行毛白杨起源研究及鉴定其无性系提供酶学依据。

(一)材料与方法

1. 供试材料

供试材料采用河南许昌市魏都区毛白杨良种圃内毛白杨 55 个无性系植株及响毛杨等植株的短枝上成形叶片。供试杨树名录如表 5-4 所示。

表 5-4　毛白杨等名录

名称	学名
银白杨	Populus alba Linn.
新疆杨	var. pyramidalis Bge.
新乡杨	P. sinxiangensis T. B. Chao
毛白杨	P. tomentosa Carr.
响叶杨	P. adenopoda Maim.
山杨	P. davidiana Dode
响毛杨	P. pseuo-tomentosa C. Wang et Tung

2. 酶液制备

分别称取新鲜、干净、剪碎的成形叶 5 g,置预冷研钵中,加少许细石英沙和 10 mL 的 Tris-HCl,研成匀浆,用 4 层细纱布过滤。滤液在 0~4 ℃ 冰箱中,经 10 000 r/min,离心 1 h,取上清液,置冰箱中备用。

3. 试验方法

用聚丙烯酰胺凝胶垂直板电泳系统。浓缩胶浓度 3.1%,pH 6.7;离胶浓度 7.5%,pH 8.9。电泳缓冲液在 20~23 ℃ 条件下进行,电压 300 V,电泳 15 mA/板。分离胶和浓缩胶采用光聚合。电泳后,用 0.16% 改良醋酸-联苯胺法染色,酶谱呈现褐色、黄褐色或黄棕色后,倾去染色液,蒸馏水漂洗后,固定,即测酶谱距离(Rf.),记其活性强弱,作为研究分析依据,并拍片保存。

(二)结果与分析

测定结果如表 5-5~表 5-7 所示。由测定结果可得出如下结论。

表 5-5 毛白杨各品种群及其无性系过氧化物同工酶酶谱 Rf 值

名称	Rf												
	1	2	3	4	5	6	7	8	9	10	11	12	13
毛白杨品种群													
毛白杨				0.20			0.32		0.42		0.52		0.62
箭杆毛白杨				0.20			0.32		0.42				0.61
细枝箭杆毛白杨				0.22			0.32		0.42				0.63
大皮孔箭杆毛白杨				0.20		0.30					0.51		
两性箭杆毛白杨				0.21			0.32		0.42			0.56	
小皮孔箭杆毛白杨			0.16		0.26						0.51	0.66	
序枝箭杆毛白杨			0.19			0.31					0.51	0.56	0.64
大叶箭杆毛白杨			0.18			0.29					0.52		0.60
细序箭杆毛白杨				0.21								0.54	0.63
晚落叶箭杆毛白杨			0.18								0.50	0.55	0.63
河南毛白杨品种群													
河南毛白杨	0.004	0.13		0.22						0.48			
粗皮河南毛白杨					0.25		0.35			0.49			0.61
光皮河南毛白杨				0.21						0.46	0.50		0.63
厚叶河南毛白杨		0.13		0.22					0.43				0.60
白皮河南毛白杨				0.22				0.38			0.55		0.63
青皮河南毛白杨				0.22					0.43				0.61
圆叶河南毛白杨				0.21				0.39					
密孔毛白杨品种群													
密孔毛白杨					0.25					0.46	0.53		0.61
小密孔毛白杨					0.25						0.50		0.63
密枝毛白杨					0.25				0.48			0.58	0.64
银白毛白杨				0.21				0.40	0.48		0.54		0.62
宽叶密枝毛白杨								0.41	0.48		0.55		
密疣枝毛白杨						0.29		0.44		0.53			0.63
小叶毛白杨品种群													

名称	Rf												
	1	2	3	4	5	6	7	8	9	10	11	12	13
小叶毛白杨				0.24			0.42					0.57	
大皮孔小叶毛白杨										0.53		0.58	
小皮孔小叶毛白杨				0.25			0.40						0.60
豫农小叶毛白杨					0.28					0.52			0.60
箭杆小叶毛白杨				0.24		0.38							0.61
粗枝小叶毛白杨				0.26					0.47	0.51		0.57	
光皮小叶毛白杨	0.18					0.31	0.41						0.60
河北毛白杨品种群					0.32				0.47				0.60
三角叶毛白杨品种群			0.21			0.37			0.47				0.60
皱叶毛白杨品种群				0.24		0.36			0.48			0.59	
截叶毛白杨品种群				0.25		0.38				0.51			0.61
塔形毛白杨品种群					0.30					0.53			
梨叶毛白杨品种群					0.28					0.51	0.56		
长柄毛白杨品种群								0.47			0.58		
光皮毛白杨品质群				0.24						0.52			0.63
泰安毛白杨品种群	0.19				0.31					0.50	0.56		
响毛白杨品种群		0.20			0.31			0.47					0.60

表 5-6　毛白杨实生株过氧化物同工酶酶谱 Rf 值

名称		Rf												
		1	2	3	4	5	6	7	8	9	10	11	12	13
毛白杨实生株	1		0.15		0.20	0.24			0.38		0.47		0.57	0.60
	2	0.04				0.25		0.32		0.42		0.51		0.62
	3			0.15								0.51		
	4			0.17			0.29				0.46	0.54	0.59	
	5			0.19				0.32				0.53		0.63

表 5-7　毛白杨等过氧化物同工酶 Rf 值

名称	Rf																			
	1	2	3	4	5	6	7	8	9	10	11	12	13	14	15	16	17	18	19	20
银白杨	0.04	0.15		0.30						0.51	0.55	0.59		0.65						1.00
新疆杨	0.05	0.17								0.50		0.60		0.65				0.88		1.00
新乡杨		0.16			0.26				0.47	0.51										
毛白杨			0.20			0.32		0.42		0.51		0.62			0.73	0.84	0.88	0.95		1.00
响毛杨	0.06		0.20			0.31			0.47			0.60		0.69	0.75	0.84	0.87			1.00
响叶杨	0.07		0.19			0.31				0.50	0.57			0.66	0.74	0.83				1.00
山杨			0.20				0.36		0.46		0.55	0.61					0.82			

1. 响毛白杨不宜作种

表 5-5 材料表明,毛白杨与响毛杨有 3 条相同酶谱(Rf:0.20,0.84,1.00)、3 条相近酶谱(Rf:0.32 与 0.31,0.60 与 0.62,0.73 与 0.75)。从酶学观点,不支持响毛杨作为种的见解,宜作为毛白杨的一个类群。

2. 毛白杨过氧化物同工酶的多态特性

根据毛白杨种群的变种、变型和无性系的过氧化物同工酶酶谱的测定结果,毛白杨种群内的酶谱具有多态特性,但无明显的特征或主导酶谱。从表 5-5 中看出毛白杨酶谱的多态性。根据其酶谱,初步将毛白杨分为 16 个品种群。各品种群均有一定酶谱,可以彼此分开。品种群内的无性系酶谱均有明显差异。毛白杨 16 个品种群是:

(1)毛白杨品种群(Populus tomentosa Carr. Tomentosa groups)。本品种群供试品种 10 个,其主导酶谱 Rf:0.18~0.22,0.29 ~0.32,0.71~ 0.75。其无性系均有相区别的酶。

(2)河南毛白杨品种群(Populus tomentosa Carr. Honanica groups)。本品种群供试品种 7 个,主导酶谱 Rf 为 0.21~0.25。河南毛白杨以 Rf:0.04,0.66,0.86 为特有酶谱;粗皮河南毛白杨以 Rf: 0.25,0.35 为特有酶谱;光皮河南毛白杨以 Rf:0.46,0.50 与本群其他无性系相区别。

(3)密孔毛白杨品种群(Populus tomentosa Carr. Multilenticella groups)。本品种群供试品种 2 个,其主导酶谱 Rf:0.25,0.83;密孔毛白杨与小密孔毛白杨以 Rf:0.46,0.61,0.53 与 0.50,0.63 和 1.00 相区别。

(4)密枝毛白杨品种群(Populus tomentosa Carr. Ramosissima groups)。本品种群供试品种 4 个,没有明显特征或主导酶谱。各品种均可以从酶谱上区分。

（5）小叶毛白杨品种群（P. tomentosa Carr. Microphylla groups）。本品种群供试品种7个，没有特征和主导酶谱。各品种间均有相区别的酶谱。

（6）河北毛白杨品种群（Populus tomentosa Carr. Hopeienica group）。仅1个品种。

（7）三角叶毛白杨品种群（Populus tomentosa Carr. Triangustifolia group）。1个品种。

（8）皱叶毛白杨品种群（Populus tomentosa Carr. Rugosiflioa group）。1个品种。

（9）截叶毛白杨品种群（Populus tomentosa Carr. Truncata groups）。供试3个品种。

（10）塔形毛白杨品种群（Populus tomentosa Carr. Pyramidalis group）。1个品种。

（11）长柄毛白杨品种群（Populus tomentosa Carr. Longipetiola group）。1个品种。

（12）梨叶毛白杨品种群（Populus tomentosa Carr. pynifolia groups）。供试3个品种。

（13）光皮毛白杨品种群（Populus tomentosa Carr. Lerigata group）。供试1个品种。

（14）泰安毛白杨品种群（Populus tomentosa Carr. Taianensis groups）。供试2个品种。

（15）响毛杨品种群（Populus tomentosa Carr. pseudo-tomentosa group）。供试1个品种。

（16）锦茂毛白杨品种群 新品种群 Populus tomentosa Carr. Jinmao, group nov.。供试4个品种。

此外，还可以从表5-6明显看出，毛白杨实生植株的酶谱也具有多态特性，且表明是毛白杨产生多态特性的主要原因之一，在于其实生植株经过人们长期选择和培育所形成。

据上述材料，我们可以看出：毛白杨酶谱的多态性与其种群的形态变异广泛性、复杂性、多型性并不平行，很难从酶谱多态性解释清楚。同时，证实同工酶技术可以用来进行毛白杨无性系的鉴定。

3.毛白杨起源及其亲缘关系

据报道，应用同工酶技术，鉴定植物种起源与进化以及其亲缘关系有其优越性。胡志昂研究员认为，杨属种酶谱的遗传比较简单，一般是呈显性单孟德尔因子控制，所以杂种的酶谱一般是亲本酶谱的叠加。如"小青杨酶谱是小叶杨和青杨的酶谱叠加"。杨自湘等用过氧化物同工酶测定群众杨、小叶杨×（钻天杨＋旱柳）与合作杨（小叶杨×钻天杨），发现小叶杨所特有的C区酶带，合作杨有，而群众杨不具有，并表明群众杨的酶谱，不是"亲本酶谱的叠加"。我们用同工酶技术测定表明毛白杨酶谱具有多性，很难看出它们的酶谱是双亲酶谱的叠加，如表5-6所示。

4.毛白杨多亲本起源

表5-7表明，毛白杨是银白杨、响叶杨、山杨、新疆杨以及毛白杨反复参与杂交所形成的多种性、多型性复合杂种，且经过长期的人工选择和培育的结果构成现代复杂的栽培杂种种群。如毛白杨与银白杨有 Rf:0.20 与 0.23，0.52 与 0.51，0.59 与 0.62，1.00，4 条相似或相同的酶谱。且与响叶杨有 Rf:0.20 与 0.19，0.32 与 0.31，0.52 与 0.50，0.73 与 0.74，0.84 与 0.83，1.00，6 条相似或相同的酶谱；与山杨有 Rf:0.20，0.52 与 0.55，0.62 与 0.61，0.84 与 0.82，4 条相同或相似酶谱。

第六章　毛白杨变种、变型资源

第一节　毛白杨变种资源

1. 毛白杨(中国树木分类学)　响杨(中国高等植物图鉴)　原变种　图 6-1

Populus tomentosa Carr. in Rev. Hort. 1867:340. 1867;Schneid. in Sarg. Pl. Wils. Ⅲ: 37. 1916;Man. Cult. Trees & Shrubs, ed. 2:73. 1940;Haoin Contr. Inst. Bot. Nat. Acad. Peiping,3(5):227.1935;陈嵘著. 中国树木分类学:113~ 114. 图 84. 1937;中国高等植物图鉴 1:351. 图 702. 1982;秦岭植物志 1(2):17~18. 图 6. 1974;徐纬英主编. 杨树:32~33. 图 2-2-3(1~6). 1988;丁宝章等主编. 河南植物志 Ⅰ:173~176. 图 202. 1981;中国植物志 20 (2):17~18. 图 3:1~6. 1984;中国主要树种造林技术: 314~329. 图 41. 1978;牛春山主编. 陕西杨树:19~21. 图 4. 1980;南京林学院树木学教研组主编. 树木学 上 册:324~325. 图 228:3. 1961;山西省林学会杨树委员会. 山西省杨树图谱:13~16. 图 1、2. 照片 1. 1985;中国树木 志　第 2 卷;1966~1968. 图 998:1~6. 1985;裴鉴等主编.

1. 枝叶;2. 雄蕊;3. 苞片。

图 6-1　毛白杨

江苏南部种子植物手册:190~191. 图 293. 1959;河南农 学院园林系编. 杨树:2~11. 图一~图五. 1974;中国林业 科学,1:14~15. 图 1.1978;河南农学院科技通讯,2:20~41. 图 5.1978;中国科学院植物研 究所主编. 中国高等植物图鉴 补编第一册:1983,15;李淑玲,戴丰瑞主编. 林木良种繁育 学:1996,278~279. 图 3-1-20;Populus pekinensis Henry in Rev. Hort. 1903:335. f. 142. 1903;Populus glabrata Dode in Men. Soc. Nat. Autun. 18:185(Extr. Monogr. Ined. Popu- lus,27). 1905;赵天锡,陈章水主编. 中国杨树集约栽培:16. 图 1-3-3. 311~324. 1994;《四 川植物志》编辑委员会. 四川植物志 3:42. 1985;新疆植物志 1:134~135. 1992;刘慎谔主 编. 东北木本植物图志:112. 图 113. 1955;赵天榜等主编. 河南主要树种栽培技术:1994, 96~113. 图 13;青海木本植物志:63~64. 图 39. 1987;王胜东,杨志岩主编. 辽宁杨树:25. 2006;赵毓棠主编. 吉林树木志:102~103. 图 36. 2009;孙立元等主编. 河北树木志 1:63~ 64. 图 42. 1997;山西省林业科学研究院编著. 山西树木志:68~69. 图 25. 2001;辽宁植物 志(上册):190~192. 图版 731-6. 1988;北京植物志 上册:76. 图 92. 1984;河北植物志 第 一卷:227~229. 图 168. 1986;山东植物志 上卷:869. 图 570. 1990;赵天榜等. 毛白杨起源

与分类的初步研究. 河南农学院科技通讯,1978,2:26. 图 5。

　　落叶乔木, 树高达 30.0 m, 胸径可达 2.0 m。树冠卵球状;侧枝开展。树干常高大, 通直;树皮幼时灰绿色至灰白色;皮孔菱形, 明显, 散生或横向连生;老龄时深灰色、黑灰色, 纵裂、粗糙。幼枝被灰白色绒毛, 后渐脱落。叶芽卵球状, 被疏绒毛;花芽近球状, 被疏绒毛, 先端尖, 芽鳞淡绿色, 边缘红棕色, 具光泽, 微被短毛。长、萌枝上叶三角-卵圆形或宽卵圆形, 长 10.0~18.0 cm, 宽 13.0~23.0 cm, 先端短尖, 基部心形或截形, 边缘具不规则的齿牙或波状齿牙, 表面深绿色, 有光泽, 背面灰绿色, 密被灰白色绒毛, 后渐脱落;叶柄上部侧扁, 长 5.0~7.0 cm, 顶端通常具 2 枚腺体, 稀 3 枚或 4 枚腺体。短枝叶较小, 三角-卵圆形或卵圆形, 长 7.0~11.0 cm, 宽 6.5~10.5(~18.0)cm, 先端长渐尖、渐尖、短尖, 基部心形或截形, 边缘具不规则的深波状齿牙或波状齿牙, 表面深绿色, 具金属光泽, 背面绿色, 幼时被灰白色绒毛, 后渐脱落;叶柄长 5.0~7.0 cm, 侧扁, 顶端无腺点。雌雄异株! 雄花序粗大, 长 10.0~20.0 cm;雄蕊 6~9 枚, 花药深红色、淡红色、淡黄白色;雌花序长 5.0~7.0 cm;苞片深褐色、褐色、灰褐色, 先端尖裂, 边缘具白色长缘毛;子房长椭圆体状, 柱头 2 裂, 淡黄白色、粉红色。果序长 7.0~15.0 cm;蒴果长卵球状, 中部以上渐长尖, 成熟后 2 瓣裂。花期 3 月;果熟期 4 月。模式标本, 采自北京。

　　2. 箭杆毛白杨(杨树)　变种　图 6-2

Populus tomentosa Carr. var. borealo-sinensis Yü Nung(T. B. Zhao), 河南农学院园林系编(赵天榜). 杨树:5~7. 图二. 1974;中国林业科学,2:15~17. 图片:1~2. 1978;丁宝章等主编. 河南植物志 I:174. 1981;河南农学院科技通讯,2:26~30. 图 6. 1978;中国主要树种造林技术:314~315. 1981;Populus tomentosa Carr. cv. 'Borealo-Sinensis', 李淑玲, 戴丰瑞主编. 林木良种繁育学;1996,279;赵天锡, 陈章水主编. 中国杨树集约栽培:16. 图 1-3-4. 312. 1994;赵天榜等. 毛白杨类型的研究. 中国林业科学研究, 1978,1:15. 17. 图 1;赵天榜等. 毛白杨优良无性系. 河南科技,1990,8:24;赵天榜等. 毛白杨起源与分类的初步研究. 河南农学院科技通讯,1978,2:26~28. 30. 图 6;赵天榜等主编. 中国杨属植物志:87. 图 29. 2020。

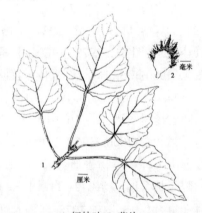

1. 短枝叶;2. 苞片。

图 6-2　箭杆毛白杨 Populus tomentosa Carr. var. borealo-sinensis Yü Nung (T. B. Zhao)

(摘自《河南农学院科技通讯》)

　　落叶乔木。树冠宽卵球状或圆锥状;侧枝少, 斜展。树干通直, 中央主干明显, 直达树顶;树皮灰绿色至灰白色, 较光滑;皮孔菱形, 中等, 明显, 多散生;老龄时深灰色、黑褐色, 深纵裂。小枝粗壮, 灰绿色, 具光泽, 初被灰白色绒毛, 后渐脱落。花芽近椭圆体状, 先端短尖, 芽鳞淡灰绿色, 边缘棕褐色, 具光泽, 微被短毛。短枝叶三角-近卵圆形或卵圆形, 长 9.0~16.0 cm, 宽 9.5~14.5 cm, 先端短尖, 基部心形或截形, 边缘具不规则的波状大齿牙, 表面深绿色, 有金属光泽, 背面淡绿色, 幼时被具灰白色绒毛, 后渐脱落;叶柄侧扁, 较宽,长 7.0~8.0 cm,有时顶端具 1~2 枚腺体。幼叶为紫红色,发叶较晚。雄株! 雄花序长 7.8~11.0 cm;雄蕊 6 枚,稀 7~8 枚,花药深红色;苞片匙–卵圆形,淡灰褐色,裂片边部及苞片中部以上有较深灰条纹,边缘具白色长缘毛;花盘三角–漏斗形,边缘齿状裂,基部突偏,不对称。花期 3 月上旬。

河南各地均有分布。1973 年 9 月 4 日,郑州市文化区,赵天榜 77(模式标本 Typus var.! 存河南农学院园林系杨树研究组);同年,郑州行政区,赵天榜 327 号;1974 年 3 月,同地,赵天榜无号(花);1975 年 3 月 29 日,同地,赵天榜 403(果)。

箭杆毛白杨主要林学特性如下:

(1)栽培广泛。箭杆毛白杨是毛白杨中分布最广的一个良种,北起河北北部,南达江苏、浙江,东起山东,西到甘肃东南部,都有栽培。

(2)适生条件。箭杆毛白杨在适生条件下,是生长较快的一种。据在郑州市粉沙壤土上调查的 384 株行道树材料,20 年生平均树高 22.7 m,胸径 35.5 cm,单株材积 3.0 m³。60 年生树高 27.6 m,平均胸径 87.8 cm,单株材积 8.0 m³。箭杆毛白杨对土、肥、水反应敏感,适生于土层深厚、湿润肥沃的粉壤土上,在适生条件下生长很快,生长初期无缓慢生长阶段。如毛白杨试验林中,5 年生箭杆毛白杨(株行距 2.0 m × 4.0 m)平均树高 10.3 m,胸径 9.3 cm;10 年生平均树高 16.4 m,胸径 24.1 cm,单株材积 0.351 39 m³。在低洼盐碱地上生长不良。如在 pH 8.5~9.0 的盐碱地上,10 年生平均树高 6.8 m,胸径 13.5 cm,单株材积 0.035 89 m³。在干旱瘠薄的沙地上生长很慢,10 年生平均树高仅 4.3 m,胸径 4.5 cm,单株材积 0.003 70 m³。基本成为"小老树"。

(3)造林技术中应注意的几个问题。箭杆毛白杨苗期的顶端嫩叶微呈紫红色,易与其他种区别,必须严格选择,建立采条区,供培育壮苗用。幼苗期间,无明显分化期和生长缓慢期,如加强水、肥管理,不仅能够减少病虫为害程度,而且当年可培育出高 3.0 m 以上、地径 3.0 cm 的壮苗。

箭杆毛白杨对土、肥、水条件要求较高。造林时,必须择选肥沃湿润的粉沙壤土、沙壤土或壤土,才能发挥早期速生特性;反之,选择瘠薄、干旱的沙地、低洼盐碱地或茅草丛生的地方,都会导致生长不良,形成"小老树"。

该种树冠小,干直,适宜密植。一般株行距为 3.0~4.0 m,即可培育中径级用材。行道树的株距 2.0~3.0 m,可长成胸径 40.0~50.0 cm 的大材。

(4)生长进程。箭杆毛白杨在土壤肥沃条件下,树高和胸径生长进程的阶段性很明显:快→稍慢→慢,即树高生长,10 年前生长很快,连年生长量 1.5~2.44 m,11~20 年生长变慢,连年生长量 0.2 m 左右;胸径生长,10 年前连年生长量 2.0~3.4 cm,11~20 年生长变慢,连年生长量 1.4~2.55 cm;21~35 年生连年生长量 1.0~1.52 cm;35 年后连年生长量通常在 1.0 cm 以下。一般在 35 年左右,材积平均生长量与连年生长量相交,即达工艺成熟龄,可采伐利用。20 年生箭杆毛白杨生长进程如表 6-1 所示。

表 6-1　箭杆毛白杨生长进程

年龄/a		2	4	6	8	10	12	14	16	18	20	带皮
树高/m	总生长量	3.62	7.57	10.80	13.93	16.40	18.37	20.00	21.50	22.15	22.86	
	平均生长量	1.81	1.89	1.80	1.74	1.64	1.53	1.43	1.34	1.25	1.14	
	连年生长量		1.98	1.62	1.57	1.24	0.99	0.82	0.75	0.33	0.33	
胸径/cm	总生长量	1.95	4.87	10.70	17.00	21.53	25.77	30.30	34.10	36.50	40.50	42.00
	平均生长量	0.98	1.22	1.78	2.12	2.15	2.15	2.16	2.02	2.03	2.03	2.10
	连年生长量		0.46	1.62	3.15	2.27	2.12	2.27	1.90	1.20	2.00	
材积/m³	总生长量	0.000 98	0.008 88	0.050 68	0.148 30	0.274 68	0.432 72	0.638 13	0.837 03	1.042 82	1.248 61	1.256 19
	平均生长量	0.000 49	0.002 22	0.008 47	0.018 54	0.027 47	0.036 06	0.045 58	0.052 31	0.579 90	0.062 43	
	连年生长量		0.003 90	0.020 90	0.048 81	0.063 19	0.078 03	0.102 71	0.099 45	0.102 89	0.102 90	

（5）木材性质。箭杆毛白杨木材纹理细直,结构紧密,白色,易干燥,易加工,不翘裂,材质好,适作各种用材。木材纤细,平均长 1 167 μm,长宽比 6:1,是造纸、胶合板等轻工业的优质原料。

此外,箭杆毛白杨树姿壮观、抗病虫害能力较强,是营造速生用材林、农田防护林及"四旁"绿化的良种。

（6）对病虫害抗性较强。根据在郑州多年的观察,箭杆毛白杨抗锈病能力较强,一般叶片感病率在20%以下,病斑少而小,发病时期晚,为害程度轻。叶斑病为害程度较重,叶片被害率常达80 %以上,病斑大而多,常连生成片,引起叶片干枯早落,影响生长。在土、水、肥较好条件下,为害程度较轻。在年平均气温高于 15 ℃以上、年降水量 800 mm以上的江苏、浙江及河南信阳地区以南,苗木和大树常因锈病、叶斑病为害,9月中下旬大部叶片脱落,影响生长。在年平均气温低于 12 ℃的河北北部地区,早春常因昼夜温差悬殊,而引起部分树干冻裂,招致破腹病为害。该变种因枝少、干皮光滑,天牛为害很轻。抗烟、抗污染能力较强,是厂矿、城市和铁路沿线绿化良种。

（7）材质优良,用途广。箭杆毛白杨木材纹理细直,结构紧密,白色,易干燥,易加工,不翘裂,是制造箱、柜、桌、椅、门、窗以及檩、梁、柱等大型建筑材。木材纤维长度,近似沙兰杨,但比加杨、大官杨、小叶杨等好,是人造纤维、造纸和火柴等轻工业的优良原料。毛白杨木材的物理力学性质是杨属中最好的一种,箭杆毛白杨的木材物理力学性质在毛白杨中属于中等,比河南毛白杨、密孔毛白杨等稍低,气干容重与小叶毛白杨相近(见表 6-2)。

表 6-2 毛白杨几个变种木材物理力学性质比较

树种名称	木纤维 长度/μm	木纤维 宽度/μm	木纤维 长宽比	气干容重/(g·cm⁻¹)	干缩系数/% 径向	干缩系数/% 弦向	干缩系数/% 端面	顺纹压力极限强度/(kg·cm⁻²)	静曲(弦向) 极限强度/(kg·cm⁻²)	静曲(弦向) 弹性模量/(kg·cm⁻²)	顺纹剪力极限强度/(kg·cm⁻²) 径向	顺纹剪力极限强度/(kg·cm⁻²) 弦向	横纹拉力极限强度/(kg·cm⁻²) 径向	横纹拉力极限强度/(kg·cm⁻²) 弦向	硬度/(kg·cm⁻²) 径向	硬度/(kg·cm⁻²) 弦向	硬度/(kg·cm⁻²) 端面
箭杆毛白杨	1 167	19	61	0.477	0.112	0.252	0.371	346	506	43	59	78	77	27	246	257	287
河南毛白杨（♂）	1 108	19	58.3	0.510	0.113	0.249	0.389	334	580	45	65	93	81	32	202	231	251
河南毛白杨（♀）				0.493				343			67	87	76	32	321	309	326
小叶毛白杨	1 154	19	61	0.478	0.097	0.234	0.367	309	537	38	65	81					
簇孔毛白杨				0.527				326			74	92	77	33	291	318	332
密枝毛白杨				0.528				325	521		65	98	86	34	247	254	271
小叶杨*	960	17.7	54	0.434		0.252	0.429	350	595	73	66	76	33	17	208	223	346

注：*木纤维测定引自朱惠方教授材料。
本表材料根据1974年7月河南农学院造林组、木材组《毛白杨不同类型材性试验研究》一文整理。

3. 河南毛白杨(圆叶毛白杨、粗枝毛白杨) 变种 图6-3

Populus tomentosa Carr. var. honanica Yü Nung(T. B. Zhao),河南农学院园林系编. 《杨树》:1974,7~10. 图三、五.;赵天榜等. 毛白杨类型的研究. 中国林业科学,2. 17~18. 图3. 1978;丁宝章等主编. 河南植物志1:174~175. 1981;河南农学院科技通讯,2:30~ 32. 图7. 1978;中国主要树种造林技术:316. 1981;Populus tomentosa Carr. cv.‘Honanica’,李淑玲、戴丰瑞主编. 林木良种繁育学:1996,280;赵天锡、陈章水主编. 中国杨树集约栽培:16. 图1-3-5. 313. 1994;赵天榜等. 毛白杨优良无性系. 河南科技,1990,增刊:24; 赵天榜等. 毛白杨起源与分类的初步研究. 河南农学院科技通讯,1978,30~32. 图7;赵天榜等主编. 中国杨属植物志:90~92. 图30. 2020。

落叶乔木。树冠宽大,近球状;侧枝粗大,开展。树干微弯,无中央主干;树皮灰褐色,基部黑褐色,深纵裂;皮孔菱形,中等,明显,多散生,兼有较多圆点状小皮孔,小而多,散生或横向连生为线状。小枝粗壮,灰绿色,初被灰白色绒毛,后渐脱落。花芽近卵球状,先端突尖,芽鳞灰绿色,边缘棕褐色,具光泽,微被短毛。短枝叶三角,宽圆形、圆形或卵圆形,长7.0~11.0 cm,宽8.5~10.0 cm,先端短尖,基部浅心形或截形,边缘具不规则的波状粗锯齿,表面深绿色,背面淡绿色,幼时被灰白色绒毛,后渐脱落;叶柄侧扁,长4.5~9.0 cm。雄株!雄花序粗大,长7.0~15.0 cm;雄蕊6枚,花药橙黄色,微有红晕,花粉极多;苞片匙–卵圆形,淡灰色、灰褐色,裂片灰褐色,边缘被白色长缘毛;花盘掌状盘形,边缘呈三角状缺刻。花期3月,比箭杆毛白杨早5~10 d。

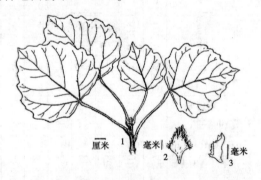

1. 短枝叶;2. 苞片;3. 花盘。

图6-3 河南毛白杨 Populus tomentosa Carr. var. honanica Yü Nung

(引自《河南农学院科技通讯》)

河南各地均有分布。模式标本,赵天榜,220。采于河南郑州,存河南农业大学。

产地:河南各地均有分布。1973年9月4日,郑州市文化区,赵天榜220(模式标本 Typus var.!);同年,郑州行政区,赵天榜327;1974年3月,同地,赵天榜无号(花)。1975年3月29日,同地,赵天榜403(果)。

河南毛白杨生长很快,是短期内解决木材自给的一个良种。苗木和大树,易受锈病和叶斑病为害。要求土、肥、水条件较高。造林时,选择土层深厚、土壤肥沃湿润的林地,加强抚育管理,及时防治病虫,则速生性更为突出。

河南毛白杨的主要林学特性如下:

(1)栽培范围小。多在河南、河北、山东等省有栽培。河南中部一带土、肥、水较好条件下生长。山东等省有零星分布,生长较差。

(2)适生环境。河南毛白杨对土、肥、水非常敏感。如同一植株,先生长在干旱瘠薄的粉沙壤土上,12年生树高仅8.3 m,胸径9.0 cm,单株材积0.026 70 m³。但将它刨出栽植在肥沃湿润条件下,24年生树高18.6 m,胸径40.2 cm,单株材积0.859 32 m³。后12年比前12年树高、胸径、材积生长量分别大1.24倍、2.47倍及31.6倍。雌株在干旱沙地上,生长不良;但在干旱黏土地上生长较快,比同龄箭杆毛白杨胸径、材积大10.2%及39.1%。雄株在株行距2 m×3 m的人工林内,常成被压木。

(3)速生。河南毛白杨在适生条件下,生长很快。据在郑州市调查,20年生平均树高23.8 m,胸径50.8 cm,单株材积1.807 45 m³,材积生长比同龄的箭杆毛白杨快0.5倍,比加杨快2倍。在一般条件下,河南毛白杨初期生长极为缓慢,4年后生长开始加快。根据树干解析材料,河南毛白杨的树高、胸径生长进程是:慢→快→慢,即树高生长,4年前连年生长量为0.5~1.11 m,5~10年为1.75~2.0 m,11~15年为1.0~2.0 m,16~21年为0.2~0.5 m;胸径生长,4年前连年生长量在0.7 cm以下,5~10年为1.98~4.0 cm,11~20年为2.5~2.65 cm,最高达6.5 cm,21~26年仍达1.0~2.5 cm。因该变种生长很快,15~20年生多采伐利用。

河南毛白杨生长进程如表6-3所示。

表6-3　河南毛白杨生长进程

	年龄/a	2	4	6	10	12	14	16	18	20	21	带皮
树高/m	总生长量	2.0	4.3	8.3	12.0	16.00	18.00	20.00	21.80	22.80	23.60	25.8
	平均生长量	1.00	1.08	1.38	1.50	1.60	1.50	1.43	1.36	1.30	1.18	1.13
	连年生长量		1.15	2.00	1.85	2.00	1.00	1.00	0.30	0.50	0.40	0.20
胸径/cm	总生长量	1.10	2.50	6.45	14.00	22.10	27.35	32.40	42.30	47.70	49.00	50.80
	平均生长量	0.55	0.63	1.08	1.76	2.21	2.37	2.31	2.35	2.35	2.37	2.33
	连年生长量		0.70	1.98	3.82	3.50	2.63	2.53	2.60	2.35	2.50	1.70
材积/m³	总生长量	0.000 23	0.001 39	0.014 74	0.093 55	0.224 923	0.406 56	0.628 32	0.913 24	1.222 74	1.538 8	1.807 45
	平均生长量	0.000 11	0.000 34	0.002 46	0.011 57	0.024 920	0.033 88	0.044 88	0.057 08	0.067 40	0.076 94	0.067 96
	连年生长量		0.000 57	0.006 18	0.038 90	0.078 34	0.078 67	0.110 88	0.142 46	0.154 75	0.158 07	0.134 57

河南毛白杨对土、肥、水反映敏感,适生于土层深厚、土壤肥沃、湿润的粉沙壤土上。如在适生条件下,生长很快。在干旱、瘠薄的沙地上,多成为"小老树"。

(4)抗性较差。河南毛白杨苗期不耐干旱。苗木和大树易遭锈病、叶斑病为害,常引起叶片早落,影响生长。抗烟、抗污染能力,不如箭杆毛白杨、密枝毛白杨等。

(5)材质及用途。河南毛白杨除木纤维长度、顺纹压力、硬度等低于箭杆毛白杨外,其余物理力学性质指标均高(见表6-2)。木材用途也与箭杆毛白杨相同。

(6)造林技术中应注意的问题。河南毛白杨苗木生长后期常严重感染锈病、叶斑病，要加强防治。该变种要求土、肥、水条件较高，不能选土壤瘠薄、干旱的沙地和低洼盐碱地造林。树冠大，喜光，不能与箭杆毛白杨混植，否则常成被压木。造林株距宜大，一般为 5 m 或者更大。造林后，加强抚育管理，尤其是水、肥管理和病虫防治，以加速初期生长，缩短生长缓慢期的时间。

河南毛白杨木材纹理细直，结构紧密，白色，易干燥，易加工，不翘裂，材质好，适作各种用材。木材是造纸、胶合板等轻工业的优质原料。

此外，河南毛白杨树姿壮观，是"四旁"绿化的良种。

4. 截叶毛白杨(植物分类学报)　变种　图 6-4

Populus tomentosa Carr. var. truncata Y. C. Fu et C. H. Wang, 植物分类学报, 13(3):95. 图版 13:1~4. 1975; 中国植物志 20(2):18. 1984; 丁宝章等主编. 河南植物志　I:174. 1981; 徐纬英主编. 杨树. 33. 1988; 中国林业科学, 1:18. 图:5. 1978; 河南农学院科技通讯, 2:32~33. 图 8. 1978; 中国主要树种造林技术:314. 1981; 中国树木志第二卷:1967. 1985; Populus tomentosa Carr.　cv. 'Truncata', 李淑玲, 戴丰瑞主编. 林木良种繁育学:1996, 280~281; 赵天锡, 陈章水主编. 中国杨树集约栽培:17. 图 1-3-7. 313. 1994; 赵天榜等. 毛白杨类型的研究. 中国林业科学研究, 1978, 1:18; 赵天榜等. 毛白杨优良无性系. 河南科技, 1990, 8:25; 赵天榜等. 毛白杨起源与分类的初步研究. 河南农学院科技通讯, 1978, 2:32. 图 8; 赵天榜等主编. 中国杨属植物志:84~85. 图 27. 2020。

本变种树冠浓密。树皮平滑，灰绿色或灰白色；皮孔菱形，小，多 2~4 个横向连生，呈线形。叶三角-卵圆形或卵圆形，基部通常截形或浅心形；幼叶表面绒毛较稀，仅脉上稍多。发叶较早。雄蕊 6~8 枚；苞片黄褐色；雌花序较细短。生长较快。模式标本，采于陕西周至县。

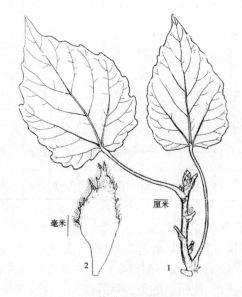

1. 枝叶；2. 苞片。

图 6-4　截叶毛白杨

产地:截叶毛白杨由陕西省林业科学研究所选出。陕西、河南。河南郑州市、焦作市等地有栽培。

截叶毛白杨是由陕西省林业科学研究所选出的一个优良类型,主要林学特性如下:

(1)速生。据陕西省林业研究所调查,11 年生平均树高 13.18 m,胸径 18.7 cm,而同龄的毛白杨平均树高 10.32 m,胸径 12.2 cm。河南修武县小文案大队营造的 10 年生毛白杨防护林带中的截叶毛白杨平均树高 12.4 m,胸径 16.3 cm,而箭杆毛白杨平均树高 13.7 m,胸径 13.7 cm。

(2)抗病。抗叶斑病和锈病能力较强。截叶毛白杨叶斑病感染指数 27.9%,毛白杨叶斑病感染指数 71.9%。

(3)截叶毛白杨木材纤维长 846 μm,宽 18 μm,长宽比 47。木材的物理性质和用途同箭杆毛白杨。

(4)截叶毛白杨在陕西省分布较多,河南新乡等地区也有分布,在黏土上生长也较快,是营造速生用材林、农田防护林和"四旁"绿化的优良类型。

5. 小叶毛白杨(杨树)   变种   图 6-5

Populus tomentosa Carr. var. microphylla Yü Nung(T. B. Zhao),河南农学院园林系编(赵天榜). 杨树:7~9.图四:1974;中国林业科学,2:18~19. 图 6. 1978;丁宝章等主编. 河南植物志 I:175. 1981;河南农学院科技通讯,2:34~35. 图 9. 1978;中国主要树种造林技术:316.1981;Populus Tomentosa Carr. cv. 'Mcrophylla',李淑玲、戴丰瑞主编. 林木良种繁育学:1996,280;赵天锡,陈章水主编. 中国杨树集约栽培:16~17. 图 1-3-6. 313. 1994;赵天榜等. 毛白杨类型的研究. 中国林业科学,1978,1:18~19.图 6;赵天榜等. 毛白杨优良无性系. 河南科技,1990,8:25;赵天榜等. 毛白杨起源与分类的初步研究. 河南农学院科技通讯,1978,2:34 ~ 35. 图 9;赵天榜等主编. 中国杨属植物志:85~87. 图 28. 2020。

落叶乔木。树冠宽卵球状,较密;侧枝较细,枝层明显,斜展。树干通直;树皮灰绿色至灰白色,较光滑;皮孔菱形,大小中等,较少,明显,多 2~4 个横向连生;老龄时深灰色,纵裂。小枝粗,淡灰绿色,初被灰白色绒毛,后渐脱落。花芽卵球状,先端突尖,芽鳞棕红色,具光泽。短枝叶三角-宽卵圆形或卵圆形、心形,长 3.5~8.0 cm,宽 5.0~7.5 cm,先端短尖,基部浅心形或近圆形,边缘具细锯齿,表面深绿色,具光泽,背面淡绿色,幼时被具灰白色绒毛,后渐脱落;叶柄侧扁,长 2.5~6.5 cm,有时顶端具 1~2 枚腺体。雌株! 雌花序长 2.9~4.3 cm;苞片匙-窄卵圆形,淡灰褐色,中部有灰褐色条纹,2~4 裂片灰褐色,边缘具白色长缘毛;花盘长锥-漏斗状,边缘齿状裂;子房长卵球状,淡绿色,柱头 2 裂,每裂 2 叉,淡红色。果序长 15.0~19.1 cm。蒴果圆锥状,中部以上渐长尖,成熟后 2 瓣裂。花期 3 月;果熟期 4 月。

产地:河南郑州、洛阳、开封等地。1973 年 8 月 10 日,郑州河南农学院内,赵天榜 110;1975 年 8 月 20 日,同地,赵天榜 320(模式 Typus var. !);1976 年 2 月 29 日,同地,赵天榜 160(雄花);1975 年 9 月 20 日,同地,赵天榜 75110;1975 年 3 月 22 日,同地,赵天榜 345(果)。

小叶毛白杨主要林学特性如下:

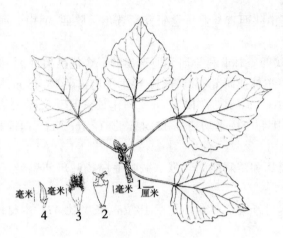

1.枝叶;2.苞片;3.雌蕊;4.蒴果。

图6-5 小叶毛白杨

（1）早期速生。小叶毛白杨是毛白杨中早期生长最快的一种。据在郑州原河南农学院院内调查,9年生小叶毛白杨树高15.0 m,胸径28.0 cm,单株材积0.353 61 m³。其生长进程,如表6-4所示。

表6-4 小叶毛白杨生长进程

年龄/a		2	4	6	8	10	12	13	带皮
树高/m	总生长量	5.3	7.3	11.3	15.3	19.3	21.3	21.6	
	平均生长量	2.65	1.83	1.88	1.93	1.93	1.78	1.66	
	连年生长量		1.00	2.00	2.00	2.00	1.00	0.30	
胸径/cm	总生长量	3.2	10.7	12.9	24.1	29.6	34.1	35.1	37.10
	平均生长量	1.6	2.7	3.0	3.0	3.0	2.8	2.9	
	连年生长量		3.8	3.6	3.1	2.8	2.3	1.0	
材积/m³	总生长量	0.002 40	0.031 555	0.104 42	0.244 61	0.453 12	0.715 32	0.796 37	0.880 65
	平均生长量	0.001 20	0.007 89	0.017 40	0.030 58	0.045 31	0.059 61	0.006 126	
	连年生长量		0.014 58	0.036 44	0.070 10	0.104 26	0.031 10	0.081 05	
	形数	0.566	0.481	0.367	0.350	0.341	0.366	0.381	0.377

根据树干解析材料,小叶毛白杨树高生长,4年前生长较慢,4~10年连年生长量2.0 m,10年生长下降;胸径生长,12年前连年生长量2.0~3.8 cm,12年后连年生长量下降;材积生长,4年前连年生长量0.014 58 m³,4~10年连年生长量通常在0.036 44~0.131 10 m³,尤其是8~12年连年生长量通常在0.104 26~0.131 10 m³,12年后生长较慢,可采伐利用。

（2）适生环境。小叶毛白杨和河南毛白杨一样,分布与栽培范围较小,要求土、肥、水条件较高,但在黏土和沙地上生长较正常。如河南睢县林场沙地人工林,13 年生平均树高 13.3 m,胸径 17.9 cm,单株材积 0.145 610 m^3,同龄箭杆毛白杨生长速度相近。

（3）抗病虫害能力较强。据调查,小叶毛白杨抗叶斑病和锈病能力均比河南毛白杨强,不如密枝毛白杨。抗烟、抗污染能力也较强。

（4）材质及用途。小叶毛白杨木材白色,木纹直,结构细,加工容易,不翘裂,物理力学性质较好,是毛白杨中制作箱、柜、桌、椅较好的一种。

（5）小叶毛白杨结籽率高,达 30.0% 左右,可进行实生选种,也是杂交育种的优良亲本。

（6）造林技术中应注意的问题。小叶毛白杨造林后,根系恢复快,早期速生。在土层深厚、土壤肥沃湿润条件下,最能发挥早期速生的特性,所以造林时,必须注意选择肥沃湿润土壤,进行细致整地,选用壮苗,采用大穴造林。株行距一般 4.0 m × 4.0 m。造林后,加强抚育管理,10~15 年便可采伐利用。

6. 河北毛白杨（易县毛白杨）   变种   图 6-6

Populus tomentosa Carr. var. hopeinica Yü Nung (T. B. Zhao)

本变种:树干微弯;侧枝平展。皮孔菱形,大,散生,稀连生。长枝叶大,近圆形,具紫红褐色晕,两面具浅黄绿色毛茸,后表面脱落;幼叶红褐色。雌蕊柱头粉红色或灰白色,2 裂,每裂 2~3 叉,裂片大,呈羽毛状。

1. 枝叶;2. 苞片;3. 雌蕊

图 6-6   河北毛白杨

产地:河北易县。河南郑州、许昌等地有引种。1975 年 3 月 21 日,赵天榜 3211（花）;1975 年 4 月 25 日）,郑州市河南农学院园林试验站,赵天榜 3651（果）。1975 年 8 月 15 日,同地,赵天榜 3303（枝与叶）（模式标本 Typus var.！存河南农学院园林系杨树研究组）。

河北毛白杨速生、抗寒、抗病、适应性强。所以,近年来,河南、山东、北京等省（市）大量引种栽培,生长普遍良好。

河北毛白杨的主要林学特性如下:

（1）速生。根据引种栽培试验,8年生平均树高15.3 m,胸径19.7 cm,比同龄箭杆毛白杨快20%以上,与小叶毛白杨生长速度相近。

（2）耐寒。河北毛白杨树皮具有较厚的一层蜡质,树干不易受冻害。山东、北京引种栽培者,无冻害发生。

（3）抗病。根据多年来在郑州观察,河北毛白杨是毛白杨中抗锈病、叶斑病、根癌病能力较强的一种,落叶也较箭杆毛白杨晚。在同一林内,河南毛白杨、箭杆毛白杨叶片感染叶斑病常达80%以上,而河北毛白杨叶片偶有发生。同时,抗烟、抗污染能力也强。

（4）适应性强。根据河南、山东、北京、陕西等省(市)引种栽培的经验,河北毛白杨在壤土、黏土、粉沙壤土、沙土和轻盐碱地上均表现良好。

7. 密孔毛白杨(杨树、中国林业科学)　变种　图6-7

Populus tomentosa Carr. var. multilenticellia Yü Nung(T. B. Zhao),中国林业科学,1:19~20. 1978;丁宝章等主编. 河南植物志1:175. 1981;中国主要树种造林技术:314~329. 图4. 1978;赵天榜. 毛白杨类型的研究. 中国林业科学,1978,1:19~29. 图8;赵天榜. 毛白杨起源与分类的初步研究. 河南农学院科技通讯,1978,2:37~38. 图11;赵天榜主编. 中国杨属植物志:94~95. 图32. 2020。

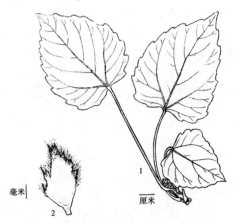

1. 枝叶;2. 苞片。

图6-7　密孔毛白杨

本变种:落叶乔木。树干较低。树冠宽球状;侧枝粗大,开展,无中央主干。树皮灰褐色,基部黑褐色,深纵裂;皮孔菱形,小而密,横向连生呈线状为显著特征。叶较小。长枝叶基部深心形,边缘具锯齿。雄花序粗大;花药浅黄色或橙黄色,花粉极多;苞片下部浅黄色,透明。

产地:河南郑州、新乡、洛阳、许昌等地。1973年7月21日。郑州市文化区,赵天榜210(模式标本Typusvar.!存河南农学院园林系杨树研究组)。

密孔毛白杨与河南毛白杨具有相似的特性,生长迅速。惟其干低(一般多在3.0 m以下),枝粗。据在洛阳市黏土地上调查,18年生平均树高21.3 m,胸径42.3 cm,单株材积1.116 50 m^3,比同龄箭杆毛白杨材积大43.0%,比河南毛白杨大13.7%。

密孔毛白杨造林后,及时进行修枝抚育,仍可培育出较高的树干。适于"四旁"栽植。

是短期内解决木材自给的一个良种。

本变种在河南、河北、山东等省有栽培。在土、肥、水适生条件下，生长快。据在郑州调查，20年生平均树高21.9 m，平均胸径42 cm，单株材积1.177 19 m³，材积生长比箭杆毛白杨大43.0%以上。

根据树干解析材料，在土壤肥沃条件下，"四旁"栽培后，加强抚育管理生长很快，是我国华北平原地区一个优良树种。在河南郑州、新乡、洛阳、许昌等地有广泛栽培。密孔毛白杨生长进程如表6-5所示。

表6-5 密孔毛白杨生长进程

年龄/a		2	4	6	8	10	12	14	16	18	20	带皮
树高/m	总生长量	2.30	8.30	10.60	14.00	15.20	16.70	18.60	21.80	22.80	23.00	
	平均生长量	1.15	2.08	1.77	1.75	1.52	1.40	1.33	1.36	1.26	1.18	
	连年生长量		3.0	1.16	3.30	0.60	1.00	0.75	1.60	0.50	0.35	
胸径/cm	总生长量	0.70	3.10	7.10	17.30	22.50	27.30	31.30	35.60	37.50	38.50	40.00
	平均生长量	0.35	1.55	1.20	1.76	2.16	2.25	2.36	2.24	2.23	2.20	
	连年生长量		1.20	2.00	5.10	2.60	2.40	2.00	2.15	0.95	0.50	
材积/m³	总生长量	0.000 49	0.003 21	0.021 67	0.119 30	0.250 89	0.396 75	0.553 15	0.771 15	0.939 18	1.054 61	1.145 98
	平均生长量	0.000 10	0.000 80	0.003 45	0.014 91	0.025 09	0.033 06	0.039 51	0.048 20	0.052 18	0.052 39	
	连年生长量		0.001 51	0.009 23	0.048 82	0.065 80	0.032 95	0.078 20	0.108 50	0.104 20	0.057 72	

密孔毛白杨叶锈病、叶斑病严重，常引起叶片早落，影响生长。其木材适作各种用材，是造纸、胶合板等轻工业的优质原料。

此外，密孔毛白杨树姿壮观，是"四旁"绿化的良种。

8. 塔形毛白杨(抱头白、抱头毛白杨) (河南农学院科技通讯) 变种

Populus tomentosa Carr. var. *pyramidalis* Shanling(T. B. Zhao)，河南农学院科技通讯，2:38～39. 图12. 1978；中国林业科学，1:20. 1978；丁宝章等主编. 河南植物志 I:176. 1981；中国植物志20(2):18. 1984；*Populus tomentosa* Carr. cv. 'Pyramidalis'，李淑玲、戴丰瑞主编. 林木良种繁育学:1996,281；徐纬英主编. 杨树:32～33. 1959；赵天锡、陈章水主编. 中国杨树集约栽培:18. 314. 1994；赵天榜等. 毛白杨类型的研究. 中国林业科学，1978,1:20. 图4；赵天榜等. 毛白杨优良无性系. 河南科技，1990,8:25；赵天榜. 毛白杨起源与分类的初步研究. 河南农学院科技通讯，1978,2:38～39. 图12；抱头毛白杨 *Populus tomentosa* Carr. var. *fastigiata* Y. H. Wang，植物研究，2(4):159. 1982；山东植物志 上卷:873. 1990；孙立元等主编. 河北树木志 1:64. 图42. 1997；抱头白:中国主要树种造林技术:316. 1981；赵天榜等主编:中国杨属植物志:89～90. 2020。

落叶乔木,树高 25.0 m。树冠塔形;侧枝与主干呈 20°~30°角着生。树干通直;树皮幼时灰绿色至灰白色,较光滑,皮孔菱形,中等,明显,散生;老龄时灰褐色,深纵裂。小枝粗,弯曲,直立生长,灰褐色或棕褐色,具光泽,初被灰白色绒毛,后渐脱落。花芽近卵球状,先端短尖,芽鳞淡绿色,边缘棕红色,具光泽。短枝叶三角形、三角-卵圆形,长 9.5~15.5 cm,宽 8.0~13.0 cm,先端短尖或渐尖,基部心形、近圆形或截形,且偏斜,边缘具波状粗锯齿,表面深绿色,有光泽,背面淡绿色,幼时被具灰白色绒毛,后渐脱落;叶柄侧扁,长 6.7~8.5 cm。幼龄植株花单性或两性,有雌雄花同株!雄花序长 15.0~20 cm;雄蕊4~6 枚,花药紫红色;苞片匙-卵圆形,淡灰褐色,裂片边部及苞片中部以上有较深灰条纹,边缘被白色长缘毛;花盘三角-漏斗形,边缘齿状裂,基部突偏。花期 3 月。

产地:河北清河县,山东夏津、武城、苍山县及河北清河县有栽培。1977 年 6 月 8 日,山东夏津县苏留庄公社中学院内,赵天榜,77051(模式 Typusvar.!)、77052,存河南农业大学;1977 年 3 月 5 日,山东夏津北铺店大队林场,赵天榜,77005、77006(花)。

塔形毛白杨生长速度中等。据在郑州调查,生长在粉沙土地上的 8 年生树高 14.5 m,胸径 16.6 cm,单株材积 0.955 9 m³。根据树干解析材料,塔形毛白杨生长进程如表 6-6 所示。

表 6-6 塔形毛白杨生长进程

年龄/a		5	10	15	20	25	30	33	带皮
树高/m	总生长量	3.60	5.30	9.60	13.60	16.10	17.60	17.90	
	平均生长量	0.72	0.30	0.86	0.80	0.50	0.30	1.34	
	连年生长量		3.40	0.86	0.80	0.45	0.30	0.05	
胸径/cm	总生长量	3.10	5.90	8.10	11.10	16.90	21.60	23.40	24.60
	平均生长量	0.62	0.56	0.44	0.60	1.10	0.94	1.10	
	连年生长量		0.56	0.44	0.60	1.16	0.54	0.36	
材积/m³	总生长量	0.001 95	0.012 86	0.028 48	0.071 76	0.195 08	0.368 03	0.449 13	0.499 04
	平均生长量	0.000 39	0.001 29	0.001 90	0.007 80	0.122 70	0.013 61		
	连年生长量		0.003 90	0.002 18	0.003 12	0.008 66	0.024 65	0.034 60	0.027 03
	形数	0.72	0.95	0.58	0.55	0.54	0.57	0.58	0.59
	材积生长率/%			29.6	15.1	17.2	18.5	12.3	10.1

塔形毛白杨是山东省林业研究所和夏津县农林局首先报道的一个优良类型。仅在山东夏津、平原县及河北清河县的较小范围内有分布。树冠小,干直,树形美观,是个绿化良种,同时耐旱、抗风,可选作沙区和农田防护林的造林树种。

塔形毛白杨冠小、根深、胁地轻,且具有耐干旱、耐瘠薄、抗风力强等特性,适于农田林网及"四旁"绿化栽培。干材不圆满,木纹弯曲,不宜作板材用。

该变种生长中庸。据在山东夏津县苏留庄调查,院内沙壤土上 18 年生平均树高 16.7 m,胸径 24.3 cm,而同龄箭杆毛白杨平均树高 15.1 m,胸径 26.7 cm。沙丘上生长良好,无偏冠现象,18 年生树高 16.8 m,胸径 28.6 cm,比同龄毛白杨生长快 30 % 以上。

塔形毛白杨具有树干随分枝起棱、棱间具沟的特性,干材不圆满,木纹弯曲,不宜作板材用。

9. 长苞毛白杨(西北植物学报) 变种

Populus tomentosa Carr. var. *longibracteata* Z. Y. Yu et T. Z. Zhao,西北植物学报,7(4):252. 图 1. 图 6-1. 1987;赵天榜等主编:中国杨属植物志:93. 2020。

本变种苞片长椭圆形,较大,长 8~9 mm,边缘缺刻浅。

产地:陕西西安。模式标本,采自陕西户县,存西北农学院。

10. 圆苞毛白杨(西北植物学报) 变种

Populus tomentosa Carr. var. *orbiculata* Z. Y. Yu et T. Z. Zhao,西北植物学报,7(4):252~253. 图 2. 图 6-2. 1987;赵天榜等主编:中国杨属植物志:93. 2020。

本变种苞片圆形,较小,长 6~6.5 mm。树皮平滑;皮孔小,径 4~6 mm,横向连生呈线状。短枝叶较小。

产地:陕西西安。模式标本,采自陕西户县,存西北农学院。

11. 锈毛毛白杨(西北植物学报) 变种

Populus tomentosa Carr. var. *ferraginea* Z. Y. Yu et T. Z. Zhao,西北植物学报,7(4):254. 图 3. 图 6-3. 1987;赵天榜等主编:中国杨属植物志:93. 2020。

本变种苞片较小,长 4.5~5.5 mm,顶端具锈色缘毛。萌枝叶脱落最迟。

产地:陕西。模式标本,采自陕西岐山县,存西北农学院。

12. 星苞毛白杨(西北植物学报) 变种

Populus tomentosa Carr. var. *stellaribracteta* Z. Y. Yu et T. Z. Zhao,西北植物学报,7(4):255~256. 图 4. 图 6-4. 1987;赵天榜等主编:中国杨属植物志:93. 2020。

本变种苞片黑褐色,深裂呈星状。树皮灰绿色,被厚层白粉。短枝叶近圆形,先端钝尖,基部近心形、平截、圆形。

产地:陕西。模式标本,采自陕西杨陵,存西北农学院。

13. 掌苞毛白杨(西北植物学报) 变种

Populus tomentosa Carr. var. *palmatibracteata* Z. Y. Yu et T. Z. Zhao,7(4):252~257. 1987;赵天榜等主编:中国杨属植物志:93. 2020。

本变种苞片深裂呈掌状,暗褐色,长 6.17 mm,宽 4.78 mm。短枝叶宽卵圆形或宽三角形,先端钝尖,基部近心形、平截。

产地:陕西。模式标本,采自陕西杨陵,存西北农学院。

14. 银白毛白杨 变种

Populus tomentosa Carr. var. *alba* T. B. Chao (T. B. Zhao) et Z. X. Chen;赵天榜等主编:中国杨属植物志:93~94. 2020。

本变种枝密被白色绒毛。叶卵圆形、近圆形,先端短尖,基部浅心形,边缘具不规则的大牙齿锯齿,表面沿主脉及侧脉密被白色绒毛,背面密被灰白色绒毛;叶柄圆柱状,密被灰白色绒毛,顶端1~2枚圆腺体。雌株! 苞片匙-菱形,中、上部浅灰色,中间具灰色条纹。蒴果扁卵圆球状,长约3 mm,密被灰白色绒毛。花期3月,果成熟期4月中下旬。

产地:河南。1975年3月29日。模式标本,赵天榜,225。采于河南郑州,存河南农业大学。

本变种栽培范围小,河南郑州有栽培。生长较慢。据在郑州调查,25年生平均树高16.3 m,平均胸径31.2 cm,单株材积0.491 59 m³。此外,银白毛白杨具有抗叶部病害能力强、落叶晚等特性,是"四旁"绿化的良种。

15. 密枝毛白杨(河南农学院科技通讯、杨树、中国林业科学) 变种 图6-8

Populus ramosissima(Yü Nung)C. Wang et T. B. Zhao,Populus tomentosa Carr. var. ramosissima Yü Nung(T. B. Zhao),河南农学院科技通讯,2:40~42.图14.1978;密枝毛白杨. 中国林业科学,1978,1:19~20;丁宝章等主编. 河南植物志(杨柳科,赵天榜)I:175~176,1981;河南农学院科技通讯,2:40~42、1978;赵天榜等. 毛白杨系统分类的研究. 河南科技:林业论文集:4.1991;赵天榜等.毛白杨系统分类的研究. 南阳教育学院学报理科版1990,(总第6期):5~6;赵天榜等主编:中国杨属植物志:95~96.图33. 2020。

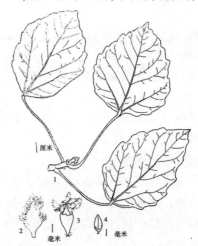

1. 短枝、叶;2. 苞片;3. 雌花;4. 蒴果。

图6-8 密枝毛白杨 Populus ramosissima(Yü Nung)C. Wang et T. B. Zhao

(摘自《河南农学院科技通讯》)

落叶乔木。树冠卵球状,浓密;侧枝粗大而多,斜展。树干微弯,无中央主干;树皮灰绿色或黑褐色,粗糙;皮孔菱形,大,明显,多散生或2~4个横向连生,深纵裂。小枝细,成枝力强,密被绒毛。顶叶芽圆锥状,密被白色绒毛;花芽近卵球状,小,芽鳞红棕色,具光泽。短枝叶三角-卵圆形或三角-圆形,长7.0~11.0 cm,宽5.0~9.0 cm,先端短尖,基部浅心形,边缘具波状粗锯齿,表面深绿色,具光泽,背面淡绿色,被绒毛,后渐脱落或宿存;叶柄侧扁,长5.0~9.0 cm,先端有时具1~2个腺体。雌株! 花序长3.0~5.0 cm;苞片匙-菱形,裂片短小,黄棕白色,边缘被灰白色长缘毛;花盘三角-杯状,边缘波状;子房圆锥状,花柱长,与子房等片长,2裂,每裂2~4叉,裂片淡黄绿色,少数紫色。果序长10.0~13.7 cm。蒴果扁卵球状,被绒毛,成熟后2瓣裂。花期3月,果熟期4月。

产地:河南郑州、许昌等地。1973年7月29日,郑州市行政区,赵天榜204。模式标本,采于河南郑州,存河南农业大学。1974年8月10日,同地,赵天榜330、331、332;1975年3月21日,同地,赵天榜329(果)(模式标本Typus var.!存河南农学院园林系)。

本变种树冠浓密;侧枝多而细,枝层明显,分枝角度小。叶较小,卵圆形,先端短尖,基部宽楔形,稀圆形。苞片密生白色长缘毛,遮盖柱头。蒴果扁卵球状。雌株!

本变种为优良的育种材料。因树冠浓密、枝多、叶稠,叶部病害极轻,抗烟、抗污染,落叶最晚,适宜庭园绿化用。因生长较慢,干材不圆满,节疤多,木纹弯曲,加工较难;干、枝、根易遭根瘤病为害,形成大"木瘤",不宜选作用材林和农田防护林树种。

第二节　毛白杨变型资源

一、密枝毛白杨　原变型

Populous ramosissima(Yü Nung)C. Wang et T. B. Zhao f. ramosissima

二、银白密枝毛白杨　变型

Populous ramosissima(Yü Nung)C. Wang et T. B. Zhao f. argentata T. B. Chao（T. B. Zhao）et Z. X. Chen;中国杨属植物志:96. 2020。

本变型与密枝白杨原变型Populus ramosissima(Yü Nung)C. Wang et T. B. Zha var. ramosissima区别:幼枝和幼叶密被白色绒毛。短枝叶三角-卵圆形、宽卵圆形、圆状卵圆形或近圆形,先端短尖,基部近心形、圆形、宽楔形;叶柄密被白色绒毛。

河南:郑州。1980年5月10日,赵天榜,No.37。模式标本,采于河南郑州,存河南农业大学。

本新变型河南各地有栽培,抗病害能力极强,是抗病育种的优良亲本。

三、长柄毛白杨　变型

Populous tomentosa Carr. f. longipetiola T. B. Zhao et J. W. Liu,植物研究,11(1):59~60. 图1(照片). 1991;赵天锡等. 中国杨树集约栽培:314. 1994;赵天榜等. 毛白杨优良无性系. 河南科技,8:25. 1990。

本变型与原变型的区别:树冠帚状;侧枝斜展。树皮灰白色,被白色蜡质层,光滑;皮孔菱形,很小,径4~6 mm,边缘平滑。小枝稀少,呈长枝状枝,通常下垂。短枝叶圆形、近圆形,革质,先端突短尖,基部浅心形;叶柄长10.0~13.0 cm,通常等于或长于叶片。雌株!

河南:郑州。1987年8月9日,赵天榜等,No.878960。模式标本,存河南农业大学。

四、三角叶毛白杨　变型

Populous tomentosa Carr. f. deltatifolia T. B. Chao（T. B. Zhao）et Z. X. Chen;赵天

榜等.毛白杨的四个新类型.植物研究,11(1):50~60.1991;杨谦等.河南杨属白杨组植物分布新记录.安徽农业科学,36(15):6295.2008;赵天榜等主编.中国杨属植物志:123.2020。

本变型与原变型的区别:短枝叶三角形,先端长渐尖,基部截形,边缘具整齐的圆腺齿;幼叶被绒毛。晚秋枝及萌枝叶圆形或三角-卵圆形,密被柔毛,边缘具整齐的密圆腺齿;叶柄近圆柱状,密被柔毛。

河南:南召县。1978年9月11日,赵天榜等,No.78911-100。模式标本,存河南农业大学。

五、光皮毛白杨　变型

Populus tomentosa Carr. f. lerigata T. B. Chao（T. B. Zhao）et Z. X. Chen;赵天榜等.毛白杨的四个新类型.植物研究,11(1):60.图3(照片).1991;杨谦等.河南杨属白杨组植物分布新记录.安徽农业科学,36(15):6295.2008;赵天榜等.毛白杨优良无性系.河南科技:林业论文集,7.1991;赵天锡、陈章水主编.中国杨树集约栽培:313~314.1994;赵天榜等主编.中国杨属植物志:117~118.2020。

本变型与原变型的区别:树冠近球状;侧枝粗壮,开展。树皮灰绿色,很光滑;皮孔菱形,小,多2~4个或4个以上横向连生。短枝叶宽三角形、三角-近圆形,先端短尖,基部深心形;近叶柄处为楔形,边缘具波状粗锯齿或细锯齿,表面深绿色,具光泽;叶柄侧扁,先端通常具1~2枚腺体。雄株！花序粗大;雄蕊6枚,淡黄色,花粉多。

河南:鲁山县。赵天榜、黄桂生、李欣志。模式标本:113,存河南农业大学。

本变型生长快,在河南郑州、新乡、洛阳、许昌等地广泛栽培。据在郑州调查,20年生平均树高20.6 m,平均胸径60.0 cm,单株材积2.321 3 m³,而同龄的箭杆毛白杨平均树高19.5 m,平均胸径26.9 cm,单株材积0.487 9 m³。在土壤肥沃条件下,"四旁"栽培后,加强抚育管理生长很快,是我国华北平原地区一个优良树种。

六、心楔叶毛白杨　变型

Populus tomentosa Carr. f. cordiconeifolia T. B. Zhao et J. W. Liu,赵天榜等.毛白杨四个新变型.植物研究,1991.11(1):50~60。

本变型与原变型的区别:短枝叶宽三角-近圆形或近圆形,先端短尖或突短尖,基部深心-楔形,边缘波状粗锯齿,齿端内曲,具腺点,边部波状起伏,叶面皱褶。雌株！苞片狭匙-卵圆形,上端黑色;花被杯状,边缘尖裂,柱头淡粉红色。

河南:南召县。1987年9月5日,赵天榜等,No.879510。模式标本,存河南农业大学。

为进一步检验长柄毛白杨等四个新变型的差异性,1989年6月,采用聚丙烯酰胺凝胶垂直板电泳系统,测定了毛白杨种群内长柄毛白杨、塔形毛白杨等变型的过氧化物同工酶酶谱。测定结果表明,毛白杨的酶谱具有多态特性,每变型均有足以与其他变型相区别的特征酶谱及其Rf值,如图5-9、表5-7所示。

(a) 三角叶毛白杨   (b)光皮毛白杨

(c)心楔叶毛白杨

图 6-9 长柄毛白杨

表 6-7 毛白杨的长柄毛白杨等变型的过氧化物同工酶 Rf 值

名称	酶谱带																	
	1	2	3	4	5	6	7	8	9	10	11	12	13	14	15	16	17	18
梨叶毛白杨	0.02										0.38				0.64		0.72	
长柄毛白杨	0.02										0.38	0.42				0.66	0.72	
圆叶毛白杨	0.02					0.22	0.28					0.44				0.66	0.72	
小叶毛白杨	0.02											0.44				0.66	0.72	
河北毛白杨		0.04	0.09				0.25	0.30	0.32			0.42	0.53		0.64			

名称	酶谱带																	
	1	2	3	4	5	6	7	8	9	10	11	12	13	14	15	16	17	18
光皮毛白杨	0.02		0.09		0.18	0.23		0.30				0.42	0.53	0.61				
心叶毛白杨		0.04	0.11			0.21			0.32	0.35		0.44	0.53	0.61				
三角叶毛白杨		0.04		0.16			0.26		0.32	0.35		0.44	0.53	0.61				
心楔叶毛白杨		0.04		0.14			0.26		0.33			0.44	0.53	0.60				
毛白杨		0.04	0.11				0.26		0.33		0.39	0.44	0.53	0.60				
塔形毛白杨		0.05	0.12	0.16				0.30	0.33			0.42	0.53	0.60				
河南毛白杨		0.05	0.12						0.32			0.43	0.54		0.63			0.79
密枝毛白杨		0.05			0.18				0.32	0.36		0.43	0.54		0.63			
银白毛白杨		0.05		0.14				0.30		0.36		0.43	0.54		0.63			
密孔毛白杨		0.04		0.14			0.26				0.40							

第三节　银山毛杨杂种杨组　杂种杨组

Populus Sect. × Yinshanmaoyang T. B. Zhao et Z. X. Chen, 赵天榜等主编. 中国杨属植物志: 40. 2020.

本杂种杨组主要形态特征: 皮孔菱形, 紫褐色、褐色、红褐色, 散生, 少数 2~3 个横向连生。短枝叶三角-卵圆形、卵圆形, 似毛白杨与新疆杨, 背面绒毛多, 边缘具不规则浅缺刻。

本杂种杨组模式种: 银山毛杨杂种杨。

产地: 河北。本杂种杨组系银白杨、山杨与毛白杨之间杂种。

本组有 1 新组合杂交种、2 品种。

1. 银山毛杂种杨 组合杂交种

Populus× Yinshanmaoyang T. B. Zhao et Z. X. Chen,赵天榜等主编. 中国杨属植物志:40. 2020.

本杂种杨形态特征与银山毛杨杂种组相同。皮孔菱形,红褐色,散生。叶三角-卵圆形,似毛白杨,背面绒毛多。

产地:河北。

品种:

1.1 银山毛白杨-741 山银毛白杨-741 品种

Populus ×'Shanyinmaobaiyang-741',国家林木良种平台. 2019 年 4 月 1 日;赵天榜等主编. 中国杨属植物志:41. 2020。

落叶乔木。树冠卵球状;侧枝稀,分布均匀。树干通直;树皮青绿色,光滑;皮孔菱形,紫褐色,中等,较多,散生。短枝叶三角-卵圆形、卵圆形,似毛白杨,边缘具不规则浅缺刻。

本杂种系河北林学院姜惠明从(银白杨 Populus alba Linn. × 山杨 Populus davidiana Dode) × 毛白杨 Populus tomentosa Carr. 杂种实生苗中选育的一个栽培杂种。

1.2 银山毛白杨-303 品种

Populus×'Shanyinmaobaiyang -303',赵天榜等主编. 中国杨属植物志:41. 2020。

树冠卵球状。树干通直;树皮青绿色;皮孔菱形,红褐色,散生。长、萌枝叶三角-卵圆形,似毛白杨,背面绒毛多。

本杂种系河北林学院姜惠明从(银白杨 Populus alba Linn. × 山杨 Populus davidiana Dode) × 毛白杨 Populus tomentosa Carr. 杂种实生苗中选育的一个栽培杂种。

第七章　毛白杨品种群与品种资源

作者根据对毛白杨的研究,将毛白杨划分为,20 品种群、125 品种。现介绍如下。

第一节　毛白杨品种群　箭杆毛白杨品种群　原品种群

Populus tomentosa Carr.　Tomentosa group

品种:

1.毛白杨　原品种

Populus tomentosa Carr.　cv. 'Tomentosa',赵天榜等主编. 中国杨属植物志:97. 2020。

该品种形态特征与毛白杨形态特征相同。

2.箭杆毛白杨　品种

Populus tomentosa Carr.　cv. 'Borealo-sinensis',赵天榜等主编. 中国杨属植物志: 97. 2020。

Populus tomentosa Carr. in Rev. Hort. 1867. 340. 1867；Populus pekinensis Henry in Rev. Hort. 1930. 355. f. 142. 1903；陈嵘著:中国树木分类学:113～114. 图 84. 1937；中国高等植物图鉴 Ⅰ:351. 图 702. 1972；中国植物志 20(2):17～18. 图版 3:1～6. 1984；中国树木志 2:1966～1968. 图 998. 1～6. 1985；中国林业科学,1:14～20. 图 1、2. 1978；河南植物志 I:171. 1981；河南农学院科技通讯,2:26～30. 图 6. 1978；中国主要树种造林技术:314～329. 1981；赵天榜等. 毛白杨系统分类的研究. 河南科技:林业论文集:2～3. 1991。

乔木,高达 30 m;树干直,中央主干明显,直达树顶。树冠窄圆锥状或卵球状;侧枝少、细,与中央主干呈 40°～45°角着生,枝层明显,分布均匀,老时开展,有时下垂;树皮幼时灰绿色;皮孔菱形、散生多纵裂;壮时树皮渐变为灰白色,老时灰色、灰褐色,基部纵裂,粗糙。幼枝初被灰白色绒毛,后光滑,灰红褐色,具光泽。叶芽卵球状;花芽近球状,先端短尖;芽鳞浅绿色,边缘红棕色,具光泽,微被短毛。短枝叶三角-卵圆形或卵圆形,长 7.0～11.0 cm,宽 6.5～10.5 cm,有时长达 18.0 cm,宽 15.0 cm,先端长渐尖,有时短尖或渐尖,基部浅心形,有时截形;表面深绿色,具金属光泽,背面绿色,有时被灰白色绒毛,边缘具深波状齿牙缘或波状牙齿缘;叶柄长 5.0～7.0 cm,侧扁,先端通常无腺点。长枝叶三角-卵圆形或宽卵圆形,有时三角-近圆形,较大,长 10.0～18.0 cm,宽 13.0～23.0 cm,先端短尖,基部心形,稀截形,表面暗绿色、光滑、具光泽,背面灰绿色,密生灰白色短绒毛,后渐脱落,边缘深齿牙缘或波状齿牙缘;叶柄长 3.0～7.0 cm,上部侧扁,基部近圆形,被稀白绒毛,先端通常具腺点 2 枚,稀 3 枚或 4 枚。雄株花序粗大,长 10.0～13.5～20.0 cm;苞片大、卵圆-匙形,上部边缘三角状缺刻,棕褐色,密生白色长缘毛;雄蕊 6～9 枚,花药初紫红色或淡红色;花粉少;花被三角-盘状,具短柄。花期 3 月。

地点:北京市圆明园附近。植株编号:86。

本品种群有 41 品种。

该品种群主要林学特性如下:

(1)生长快,成大材。据调查,19 年生的行道树单株材积 0.669 3 m³,是毛白杨混合品种单株材积的 151%;颐和园附近栽培的毛白杨行道树,株距 3.0 m,16 年生平均树高 16.0 m,胸径 26.17 cm。

(2)适生环境。适生于土层深厚、湿润、肥沃的粉沙壤上。在适生条件下,初期生片无缓慢生长阶段。5 年生株行距 2 m × 4 m,平均树高 10.3 m,胸径 9.3 cm;10 年生平均树高 16.4 m,胸径 24.1 cm,单株材积 0.351 39 m³。但在干旱、瘠薄沙地、低凹盐碱地、茅草丛生沙地生长不良。

(3)栽培广泛。栽培最广,北起河北北部,南达江苏、浙江,东起山东,西到甘肃东南部,都有栽培。

(4)抗性较强。据观察,该种一般感锈病率在 20% 以下,病斑小而少,发病期晚,为害程度轻。叶斑病稍重。同时,因枝少,干皮光滑,桑天牛为害很轻。抗烟、抗污染能力强。

(5)材质优良,用途广。木材纹理细直、结构紧密、白色、易干燥、易加工、不翘裂,适于制造箱、柜、窗、门、椅和用于檩、梁、柱等大型建筑用材。木纤维优良,是人造纤维、造纸和火柴等轻工业的优良原料。

栽培广泛,材质优良,是营造速生用材林、农田防护林和"四旁"绿化的优良品种群。

3. 箭杆毛白杨-77 品种

Populus tomentosa Carr. cv. 'Borealo-sinensis-77',赵天榜等. 毛白杨优良无性的研究. 河南科技:林业论文集:5. 1991;赵天榜等主编. 中国杨属植物志:97. 2020。

该品种树冠卵锥状;侧枝少,斜展;树干直,中央主干明显,直达树顶。树皮孔菱形,中等大小,多散生。小枝粗,灰绿色,具光泽。短叶枝三角-近圆形,表面深绿色,具光泽,先端短尖,基部心形,边缘波状大粗齿。叶柄侧扁,较宽。雄株!花序细长;苞片卵圆-匙形,淡灰褐色,裂片边部及苞片中、上部有较深的灰条纹;边缘被白缘毛;花被三角-斜漏斗状,边缘齿状裂,基部不对称;雄蕊 6 枚。花期 3 月上旬。

形态特征补充记述:该品种树冠卵圆-锥状;侧枝少,斜展;树干直,中央主干明显,直达树顶。树皮灰绿色,光滑,皮孔菱形,中等大小,多散生。小枝粗,灰绿色,具光泽,叶痕半圆形,突起。花芽椭圆体状,先端短尖;芽鳞灰绿色,边部棕褐色,具光泽。短叶枝三角-近圆形,长 9.0~16.0 cm,宽 9.5~14.5 cm,表面深绿色,具光泽,背面淡绿色,先端短尖,基部心形,边缘波状大粗齿;叶柄侧扁,较宽,长 7.0~8.0 cm,有时先端具 1~2 枚腺点。雄株花序长 7.8~11.0 cm;苞片卵圆-匙形,淡灰褐色,裂片边部及苞片中、上部有较深的灰条纹;边缘被白缘毛;花被三角-斜漏斗状,边缘齿状裂,基部突偏;雄蕊 6 枚,有时 7~8 枚,与花被近等长。

地点:河南郑州,河南农业大学院内。选育者:赵天榜和陈志秀。1975 年,植株编号:No. 77。

该品种主要林学特性如下:

(1)栽培广泛。栽培最广,北起河北北部,南达江苏、浙江,东起山东,西到甘肃东南部,都有栽培。

(2)生长较快。该品种在适生条件下,20 年生平均树高 22.7 m,胸径 35.5 cm。单株材积 0.915 59 m³;60 年生的大树高 27.6 m,胸径 87.8 cm,单株材积达 8 m³。

根据树干解析材料,该品种在土壤湿润、肥沃条件下。树高和胸径生长进程的阶段性很明显:快—稍慢—慢,即树高生长,10 年前生长很快,连年生长量为 1.5~2.44 m,11~20 年生长变慢,连年生长量多在 0.2 m 以下;胸径生长,前 10 年前连年生长量为 2.0~3.4 cm,11~20 年为 1.4~2.55 cm,21~35 年为 1.0~1.52 cm,35 年后通常在 1.0 cm 以下;一般在 35 年生左右材积平均生长量与连年生长量曲线相交,即达工艺成熟,此时采伐最为经济。

(3)适生环境。该品种对土、肥、水反应敏感,适生于土层深厚、湿润、肥沃的粉沙壤土上。在土层深厚、湿润、肥沃条件下,生长很快,初期无缓慢生长阶段。如河南农业大学营造的毛白杨试验林中,5 年生箭杆毛白杨(株行距 2 m × 4 m),平均树高 10.3 m,胸径 9.3 cm;10 年生平均树高 16.4 m,胸径 24.1 cm,单株材积 0.351 39 m³;在低洼盐碱地上,生长不良,如在 pH 8.5~9.0 的盐碱地上,10 年生平均树高 6.8 m,胸径 13.5 cm;在干旱、瘠薄沙地、低凹盐碱地、茅草丛生沙地生长不良,10 年平均树高仅 4.3 m,胸径 4.5 cm,基本上成为"小老树"。

(4)抗性较强。据观察,该种一般感锈病率在 20% 以下,病斑小而少,发病期晚,为害程度轻。叶斑病稍重。同时,因枝少,干皮光滑,桑天牛为害很轻。抗烟、扰污染能力强。

(5)材质优良,用途广。木材纹理细直、结构紧密、白色,易干燥,易加工,不翘裂,适于制造箱、柜、窗、门、椅和用于檩、梁、柱等大型建筑用材。木纤维优良,是人造纤维、造纸和火柴等轻工业的优良原料。该品种栽培广泛,材质优良,是营造速生用材林、农田防护林和"四旁"绿化的优良品种群。

(6)造林时注意问题。苗期顶端嫩叶微呈紫红色,易与其他品种区别。必须严格选择、建立采条圃,供培育壮苗用。幼苗期间,无明显分化期和生长缓慢期。如加强水、肥管理,不仅能减少病虫危害程度,而且当年可培育出高 3 m 以上、地径 3.0 cm 的壮苗。

该品种要求土、肥、水条件较高。选林时,必须选择肥沃、湿润的粉沙壤土、沙壤土或壤土,才能发挥早期速生特性;反之,选择干旱、瘠薄的沙地或低洼盐碱地或茅草丛生地方,都会导致生长不良,形成"小老树"。同时,树冠小,干直,适宜密植,一般株行距为 3~4 m,即可培育中径级用材。行道树的株距 2~3 m 可长成胸径 40.0~50.0 cm 的大树。

4. 箭杆毛白杨-118 品种

Populus tomentosa Carr. cv. 'Borealo-sinensis-118',赵天榜等主编. 中国杨属植物志:98. 2020。

该品种树冠卵球状;侧枝较粗壮,斜展;树皮灰白色,较光滑;皮孔菱形,较小,孔缘突起较高,多 2~6 个横向连生。短枝叶三角-圆心形,先端短尖,基部心形,先端短尖,基部心形,边缘基部全缘,中、上部波状粗锯齿。雄株! 苞片棕褐色,边缘尖裂,具白色长缘毛。

形态特征补充描述:该品种树冠宽卵球状;树干直,无中央主干;侧枝较粗壮,斜展,部侧枝开展;树皮灰白色,较光滑,基部灰褐色;皮孔菱形较小,径 7~8 mm,孔缘突起很高,多 2~6 个横向速生,稀散生。短枝叶宽三角-圆心形,长 7.5~12.0 cm,宽 5.5~11.0 cm,

先端短尖,基部心形,边缘基部全缘,中上部波状粗锯齿,表面暗绿色,具光泽,背面淡绿色,主脉与第 2 对侧脉呈 40°~46°角,第 1 对侧脉呈弧形斜伸或近平伸;叶柄侧扁,长 8.0~10.0 cm,宽 2~2.5 mm。雄株! 花序细长,长 7.8~11.5 cm;苞片卵圆-匙形,棕褐色,边缘尖裂,且具长白色缘毛;花被斜漏斗状,边缘齿状缺刻。花期 3 月上旬。

产地:河南鲁山县。选育者:赵天榜和黄桂生。1975 年,植株编号:No. 118。

该品种主要林学特性如下:

(1)生长迅速。据调查,15 年生平均树高 22.5 m,胸径 40.9 cm,单株材积 1.172 09 m³。冠幅 10.3 m。

(2)抗叶斑病能力强。

5. 箭杆毛白杨-115　品种

Populus tomentosa Carr. cv. 'Borealo-sinensis-115',赵天榜等主编. 中国杨属植物志:98. 2020。

该品种树冠卵球状;侧枝较粗壮,斜展;树干微弯,中央主干不明显。树皮灰白色,光滑,被灰白色蜡质层;枝痕三角状突起,叶痕横线状突起;皮孔菱形,散生,中等大小,较多,纵裂,中间褐色。短枝叶卵圆形或近圆形,先端短尖或尖,基部截形或心形,边缘具浅三角牙点缘或波状齿。雄株! 雄蕊 7~9 枚;花梗被白色柔毛。

产地:河南鲁山县。选育者:赵天榜和黄桂生。1975 年,植株编号:No. 115。

该品种主要林学特性如下:

(1)生长迅速。据调查,13 年生平均树高 17.3 m,胸径 31.8 cm,单株材积 0.413 30 m³。

(2)抗叶斑病能力强。

6. 箭杆毛白杨-120　品种

Populus tomentosa Carr. cv. 'Borealo-sinensis-120',赵天榜等主编. 中国杨属植物志:98~99. 2020。

该品种树冠卵球状;侧枝稀,较开展;树干直,中央主干明显。树皮皮孔菱形,大者 3.0~4.5 cm,中等 2.0~3.0 cm,小者 1.0~2.0 cm。短枝叶三角形、三角-卵圆形,先端长渐尖或尖,基部浅心形、截形或偏斜,边缘具波状粗齿。雄株! 雄蕊 6~8 枚。

产地:河南郑州。选育者:赵天榜和陈志秀。植株编号:No. 120。

7. 箭杆毛白杨-106 序枝毛白杨　品种

Populus tomentosa Carr. cv. 'Borealo-sinensis-106';赵天榜等主编. 中国杨属植物志:99. 2020。

该品种树冠卵球状;侧枝较粗,斜展;树干直,中央主干明显。树皮灰绿色,较光滑;皮孔菱形,多散生,中等大小。短枝叶宽三角形,先端渐尖,基部浅心形,边缘具波状粗齿或三角形牙齿。雄株! 花序长 7.0~13.0 cm,通常多分枝,最多达 11 小花序;雄蕊 6~8 枚。

产地:河南郑州。选育者:赵天榜和陈志秀。植株编号:No. 106。

8. 箭杆毛白杨-12　品种

Populus tomentosa Carr. cv. 'Borealo-sinensis-12';赵天榜等主编. 中国杨属植物志:99. 2020。

该品种树冠卵球状;侧枝较粗、较长,下部侧枝开展,中、上部侧枝斜生;树干直,中央主干明显。树皮灰褐色,基部浅纵裂;皮孔菱形,较多,散生,兼有小点状皮孔。短枝叶宽三角形,先端短渐尖,基部心形或截形,边缘具波状粗齿。雄株! 花序长 8.0~9.5 cm;苞片边缘尖裂,裂片淡棕色,中、下部淡黄色。

产地:河南郑州。选育者:赵天榜和陈志秀。植株编号:No. 12。

该品种生长迅速。15 年生平均树高 15.8 m,胸径 30.1 cm,单株材积 0.426 6 m³。

9. 黑苞箭杆毛白杨　黑苞毛白杨　品种

Populus tomentosa Carr. cv. 'Borealo-sinensis-105', 赵天榜等主编. 中国杨属植物志:99. 2020。

该品种树冠近球状;侧枝开展;树干直,中央主干不明显。树皮灰褐色,较光滑;皮孔菱形,中等,散生。短枝叶宽三角形,先端短尖,基部浅心形,边缘具波状粗齿。雄株! 花序长 5.0~7.0 cm;苞片边缘尖裂,裂片尖而长宽,黑褐色为显著特征;雄蕊 6~8 枚,被紫红色斑点。

该品种生长慢,抗旱、抗干热风能力差。

产地:河南郑州。选育者:赵天榜。植株编号:No. 105。

10. 箭杆毛白杨-34　品种

Populus tomentosa Carr. cv. 'Borealo-sinensis-34'; 赵天榜等主编. 中国杨属植物志:99. 2020。

该品种树冠近球状;侧枝粗大,开展,梢部稍下垂;树干直,中央主干较明显。树皮灰白色,较光滑,基部灰褐色,浅纵裂;皮孔菱形,较多,散生。短枝叶三角形,先端渐短尖,基部心形,边缘具波状粗齿。雄株! 花序长 6.0~8.5 cm;苞片灰褐色。

产地:河南郑州。选育者:赵天榜和陈志秀。植株编号:No. 34。

该品种 25 年生树高 18.7 m,胸径 58.3 cm,单株材积 1.892 m³。

11. 箭杆毛白杨-83　品种

Populus tomentosa Carr. cv. 'Borealo-sinensis-83', 赵天榜等主编. 中国杨属植物志:99~100. 2020。

该品种树干弯,中央主干不明显。树皮皮孔菱形,中等,边缘突起。短枝叶三角-卵圆形、三角形。雄株! 花序长 8.5~11.2 cm;苞片上部灰褐色,被褐色细条纹,中、下部淡灰色。

产地:河南郑州。选育者:赵天榜、陈志秀。植株编号:No. 83。

该品种生长慢、干形差,天牛为害严重。

12. 箭杆毛白杨-69　品种

Populus tomentosa Carr. cv. 'Borealo-sinensis-69'; 赵天榜等主编. 中国杨属植物志:109. 2020。

该品种树冠卵球状;侧枝较粗、较开展,分布均匀;树干微弯,中央主干不明显。树皮灰褐色,基部稍粗糙;皮孔菱形或方菱形,中等,较多,散生或 2~4 个横向连生。芽鳞绿色,边部棕红色,具光泽。短枝叶三角-卵圆形或三角-近圆形,先端短尖,基部心形,边缘具较均匀的锯齿。雄株! 花序长 11.0~12.3 cm;苞片灰色,上、中部交接处具一带形细褐色条纹。

产地:河南郑州。选育者:赵天榜、陈志秀、宋留高。植株编号:No.69。

该品种20年生树高20.5 m,胸径35.4 cm,单株材积0.760 44 m³。

13.箭杆毛白杨-63 品种

Populus tomentosa Carr. cv. 'Borealo-sinensis-63;赵天榜等主编.中国杨属植物志:100. 2020。

该品种树冠圆锥状;侧枝较细、少、短,分布均匀;树干通直,中央主干明显,直达树顶。树皮灰褐色,光滑,皮孔菱形,中等,散生,兼有散生圆点状皮孔。芽鳞绿色,边部棕红色,具光泽。短枝叶三角-卵圆形或宽三角-近圆形,先端尖或渐短尖,基部浅心形,边缘具大小不等的钝锯齿,上部齿端具腺体。雄株! 花序长3.1~8.5 cm;苞片灰褐色,中部以上及边部有褐色长条纹。

形态特征补充描述:该品种树冠卵球状;侧枝斜展,枝层明显;树干通直,中央主干明显,直达树顶。树皮浅灰绿色,光滑;皮孔菱形或纵菱形,两边微凸,中等大小,较多,散生或4~12个横向连生,还有少数小皮孔及菱形大皮孔。芽鳞绿色,边部紫褐色,具光泽。短枝叶近圆形或三角-宽卵圆形,先端短尖、窄尖,基部心形或偏斜,边缘具锯齿或牙齿状缺刻。雄株! 花序长6.5~9.5 cm;苞片灰褐色,被褐色细条纹。

产地:河南郑州。选育者:赵天榜、陈志秀、姚朝阳。植株编号:No.63。

该品种20年生树高22.5 m,胸径48.9 cm,单株材积1.875 0 m³。

14.箭杆毛白杨-65 品种

Populus tomentosa Carr. cv. 'Borealo-sinensis-65;赵天榜等主编.中国杨属植物志:100. 2020。

该品种树冠卵球状;侧枝粗度斜展,枝层明显。树干通直,中央主干明显,直达树顶。树皮浅灰绿色,光滑;皮孔菱形或纵菱形,两边微凸,中等大小、较多、散生或4~12个横向连生,还有少数小皮孔和极少的散生、菱形大皮孔。芽鳞绿色,边缘紫褐色,具光泽。短枝叶近圆形或三角-宽卵圆形,先端短尖,窄尖,基部心形或偏斜,边缘具锯齿或牙齿状缺刻。雄株! 苞片灰褐色,被褐色细条纹。

形态特征补充描述:该品种树冠卵球状,中央主干明显;侧枝粗度中等,较斜展,枝层明显。树干通直,圆满,尖削度小。树皮浅灰绿色,光滑;皮孔菱形或纵菱形,两边微凸,中等大小、较多、散生或4~12个横向连生,还有少数小皮孔和极少的散生、菱形大皮孔。小枝淡黄灰色;叶痕明显半圆形,托叶痕微弯上翘。顶芽圆锥状,长8.0~10.0 cm,鳞片边缘紫褐色,具光泽。短枝叶近圆形或三角-宽卵圆形,长7.0~9.5 cm,宽6.5~8.5 cm,表面暗绿色,具光泽,背面淡绿色,主脉与第2对侧脉呈30°~39°角,第一对侧脉近平展,边缘锯齿缘或牙齿状缺刻,先端短尖,突尖,基部心形或偏斜;叶柄长7.0~8.0 cm,侧扁,先端有时具1~2个腺点。雄株! 花序长6.5~9.5 cm,径1.5 cm;苞片宽卵圆-匙形,灰褐色,裂片尖,被褐色细条纹;花被斜杯状,边部波状。花期3月上旬。

地点:河南郑州,河南农业大学院内。选出者:赵天榜、陈志秀、姚朝阳。模式植株编号:65。

该品种20年生树高22.5 m,胸径48.9 cm,单株材积1.875 0 m³。

15. 箭杆毛白杨-64　品种

Populus tomentosa Carr. cv. 'Borealo-sinensis-64'；赵天榜等主编. 中国杨属植物志：100. 2020。

该品种树冠卵球状；侧枝较粗,下部枝开展；树干通直,圆满,中央主干明显。树皮灰褐色,较光滑,基部浅纵裂,较粗糙；皮孔菱形,大,多,多数径 1.5~2.0 cm,多散生或 4~12 个横向连生。短枝叶三角-卵圆形、宽三角形,稀心形,先端尖或短尖,基部心形、截形或偏心形。雄株！花序长 10.4~13.5 cm；苞片灰褐色,边部及中部被褐色细条纹。

形态特征补充描述：短枝叶三角-卵圆形、宽三角形,稀心形,长 9.0~11.5 cm,宽 7.5~10.5 cm,表面暗绿色,具光泽,背面淡绿色,主脉与第 2 对侧脉呈 28°~37° 角,稀达 45° 角,第 1 对侧脉平展,先端尖或短尖,基部心形、截形或偏心形；叶柄侧扁长 7.0~9.0 cm,雄株！苞片卵圆-匙形,灰褐色,边部及中部具褐色条纹；花被浅斜盘状,边部齿状。花期 3 月。

地点：河南郑州,河南农业大学院内。选出者：赵天榜、陈志秀。模式植株编号：64。

该品种 20 年生树高 23.4 m,胸径 53.1 cm,单株材积 2.794 5 m³。

16. 箭杆毛白杨-66　圪泡毛白杨　品种

Populus tomentosa Carr. cv. 'Borealo-sinensis-66',赵天榜等主编. 中国杨属植物志：101. 2020。

该品种树冠卵球状；侧枝较细,较稀；树干微弯,圆满,中央主干不明显。树皮灰褐色；皮孔菱形,较多,裂纹较深,边部上翘。短枝叶三角-卵圆形、宽三角形,稀心形,先端突尖或短尾尖,基部浅心形,稀圆形、截形,边部波状起伏,边缘具锯齿或不整齐粗齿。雄株！花序长 7.0~12.0 cm；苞片灰褐色,边部及中部被淡黄白色细条纹,具白色缘毛。

形态特征补充描述：该品种树冠卵球状,中央主干不明显；侧枝较细、软稀、斜展,分布均匀。树干微弯；树皮灰褐色；皮孔菱形,较多、裂纹较深,中等大小,个体大小差异明显,皮孔边部上翘,散生或横向连生呈线状。1 年生枝细小,灰绿色；托叶痕平展。顶芽圆锥状,长 9~10 mm；花芽近球状,长 11~13 mm,径 5.7 mm,芽鳞绿色,被柔毛,边部棕红色。短枝叶三角-卵圆形、宽三角形,长 5.5~12.0 cm,宽 4.5~11.0 cm,表面暗绿色,具光泽,背面淡黄绿色,主脉基部被绒毛,主脉与第 2 对侧脉呈 33°~35° 角,第 2 对侧脉斜伸,先端尖突或短尾尖,基部浅心形,稀圆形,截形,边部波状起伏,边缘具锯齿或不整齐粗齿；叶柄侧扁,长 6.0~7.0 cm。雄株！花序长 7.0~12.0 cm,径 1.1~1.5 cm；苞片宽卵圆-匙形,淡黄白色,有短窄细条纹,边部尖裂,裂片有时灰褐色,有白色缘毛；花被斜杯状,边缘波状全缘；雄蕊 6~8 枚。花期 3 月上旬。

地点：河南郑州,河南农业大学院内。选出者：赵天榜、姚朝阳。模式植株编号：66。

该品种 20 年生树高 19.5 m,胸径 38.9 cm,单株材积 0.926 7 m³。

17. 箭杆毛白杨-72　品种

Populus tomentosa Carr. cv. 'Borealo-sinensis-72',赵天榜等主编. 中国杨属植物志：101. 2020。

该品种树冠窄圆锥状；侧枝较细,斜生；树干直,中央主干明显,直达树顶。树皮淡灰褐色,较光滑；皮孔菱形,大小中等,散生。小枝灰棕色,皮孔棕红色。短枝叶三角形、宽三角形,先端尖或短尖,基部截形或浅心形,边缘波状锯齿;叶柄先端具腺点 1~2 枚。雄株!

形态特征补充描述:该品种小枝粗,灰棕色,光滑,有时被绒毛;皮孔棕红色,明显突起;叶痕半圆形,突起明显;枝痕横椭圆形。花芽椭圆体,先端突尖,长 1.0~1.4 cm,径约 0.7 cm;芽鳞灰绿色,微被柔毛,边部棕红色具光泽。短枝叶三角形、宽三角形,长 7.5~12.5 cm,宽 8.5~11.5 cm,表面暗绿色,具光泽,背面淡绿色,被柔毛,后变光滑,先端尖或短尖,基部截形或浅心形,边缘波状锯齿;叶柄侧扁,淡黄绿色,长 8.0~9.0 cm,先端有时具 12 枚腺点。

地点:河南郑州,河南农业大学院内。选出者:赵天榜、陈志秀、宋留高。模式植株编号:72。

18. 箭杆毛白杨-68　品种

Populus tomentosa Carr. cv. 'Borealo-sinensis-68',赵天榜等主编. 中国杨属植物志:101. 2020。

该品种树冠窄卵球状;侧枝细,较多,斜生;树干通直,中央主干明显,直达树顶。树皮淡灰绿色,光滑,皮孔菱形,较小,较少,有圆点状皮孔,散生,少 2~4 个横向连生。短枝叶三角-卵圆形或卵圆形,先端渐尖或短渐尖,基部浅心形、截形或偏斜,边缘波状锯齿。雄株!

形态特征补充描述:该品种树冠卵球状,中央主干明显,直达树顶,侧枝细,较多,斜生分布均匀。树干通直,圆满,尖削度小。枝痕椭圆形,明显突起。叶痕横线形,明显。树皮淡灰绿色,光滑;皮孔菱形,较小、较少,兼小形,点状皮孔,散生,少 2~4 个横向连生。小枝短细,灰褐色。顶芽长 9~11 mm。短枝叶三角-卵圆形或卵圆形,长 6.0~9.0 cm,宽 5.0~7.5 cm,表面暗绿色,具光泽,背面淡绿色,主脉与第 2 对侧脉呈 33°~44°角,第 2 对侧脉斜伸,先端渐尖或短渐尖,基部浅心形、截形或偏斜;叶柄侧扁,长 5.0~8.0 cm,有时具腺点。雄株!花序长 11.0~13.5 cm,径 1.3 cm;苞片匙-卵圆形,先端尖裂片长又宽,中、上部具褐色细条纹;花被掌状盘状,边缘齿状裂;雄蕊 6~8 枚。花期 3 月上旬。

地点:河南郑州,河南农业大学院内。选出者:赵天榜。模式植株编号:68。

该品种 20 年生树高 20.5 m,胸径 42.6 cm,单株材积 1.130 62 m^3。

19. 粗枝箭杆毛白杨-57　品种

Populus tomentosa Carr. cv. 'Borealo-sinensis-57',赵天榜等主编. 中国杨属植物志:101. 2020。

该品种树冠近球状;侧枝特别粗大,较多,斜展;树干低。树皮灰褐色,基部纵裂、粗糙;皮孔菱形,较大,较多,多散生,少 2~4 个横向连生。短枝叶三角-卵圆形或宽三角形,先端短尖或突尖,基部心形或偏斜,稀圆形,边缘具波状粗锯齿或牙齿缘。雄株!

形态特征补充描述:该品种树冠近球状、宽大。中央主干不明显;侧枝特别粗大,较多斜展,着生均匀。树干低。树皮灰褐色,基部纵裂,粗糙;皮孔菱形,较大,较多,多散生,2~4 个横向连生。短枝叶三角-卵圆形或宽三角形,长 11.0~14.0 cm,宽 10.0~13.0 cm,革质,表面浓绿色,具光泽,主脉与第 2 对侧脉呈 40°~49°角,第 1 对侧脉呈凹弧线形伸展,先端短尖或突尖,基部心形或偏斜,稀圆形,边缘粗波状齿或牙齿或牙齿缘;叶柄长 7.0~9.0 cm。雄株!花序长 10.5~17.0 cm,平均长 15.2 cm,径 1.3~1.7 cm;苞片宽卵圆-匙形,灰褐色,有褐色细条纹或小斑块;花被掌状三角状,基部渐呈狭长柄状,边缘波状,有时齿裂;花丝长于花药1~1.5倍。花期3月上旬。

地点:河南郑州,河南农业大学院内。选出者:赵天榜、陈志秀。模式植株编号:57。

该品种20年生树高23.5 m,胸径67.5 cm。单株材积2.536 11 m³。

20. 粗枝箭杆毛白杨-62　小皮孔箭杆毛白杨　品种

Populus tomentosa Carr. cv. 'Borealo-sinensis-62',赵天榜等. 毛白杨优良无性的研究.河南科技:林业论文集:6.1991,赵天榜等主编. 中国杨属植物志:101. 2020。

该品种树冠卵球状,或近球状;侧枝较细,斜展,枝层明显;树干通直,中央主干明显。树皮灰绿色或灰白色,较光滑;皮孔菱形,较大,较多,深纵裂,散生,个体差异明显。短枝叶三角-卵圆形,先端短尖或短渐尖,基部近圆形、浅心形或偏斜,边缘具波状粗锯齿。雄株!

形态特征补充描述:该品种树冠宽卵球状或近球状,中央主干明显;侧枝较细,斜生,枝层明显。树干通直;树皮灰绿色或灰白色,较光滑;皮孔菱形,较大,纵裂深,较多,散生,个体差异明显。小枝粗短,斜生,灰褐色,被绒毛;皮孔棕黄色,明显;叶痕半圆形,下部突起;花芽痕横椭圆形。花芽椭圆体状,先端突尖,长0.9~1.3 cm,芽鳞绿褐色,边部深棕色。短枝叶三角卵圆形,长7.5~11.5 cm,宽7.5~11.0 cm,表面浓绿色,具光泽,背面淡绿色,先端短尖或短渐尖,基部近圆形、浅心形、偏斜,边缘波状粗齿;叶柄侧扁,较窄,长6.0~7.5 cm,有时先端具1~2个腺点。雄株!花序长10.0~11.2 cm,径1.4 cm;苞片宽卵圆-匙形,上部灰褐色,被褐色细条纹,中、下部淡灰褐色;花被掌状盘状,基部突渐尖,呈柄状。

地点:河南郑州,河南农业大学院内。选出者;赵天榜、姚朝阳。模式植株编号:62。

该品种20年生树高21.5 m,胸径47.3 cm,单株材积1.427 06 m³。

21. 晚落叶箭杆毛白杨-70　品种

Populus tomentosa Carr. cv. 'Borealo-sinensis-70',赵天榜等主编. 中国杨属植物志:102. 2020。

该品种树冠卵球状;侧枝较粗、较多,斜展,枝层明显;中央主干不明显。树皮灰褐色,基部纵裂,裂纹深;皮孔菱形或纵菱形,较大,较多,个体差异明显,深纵裂,散生。短枝叶三角-宽卵圆形,或三角-卵圆形,先端尖或短尖,基部心形或偏斜,边部波状起伏,边缘具不规则粗锯齿或齿牙状缺刻。雄株!

形态特征补充描述:该品种树冠卵球状,中央主干不明显;侧枝较粗,较多、斜生,枝层明显。树皮灰褐色,基部纵裂,裂纹深;皮孔菱形或纵菱形,较多,较大,个体差异明显,孔缘微翘,散生。顶芽长8.0~10.0 cm;花芽大,长0.4~1.6 cm,径11.0~13.0 cm,宽卵球状。短枝叶三角-宽卵圆形或三角-卵圆形,长10.0~12.0 cm,宽9.0~11.0 cm,表面深绿色,背面淡绿色,主脉与第2对侧脉呈30°~40°角,第一对侧脉平展或斜伸,先端尖或短尖,基部心形或微斜,边部波状起伏,边缘具不规则粗锯齿或齿牙状缺刻;叶柄侧扁,长7.0~8.0 cm。雄株!花序长13.3~15.6 cm,径1.3~1.6 cm;苞片宽卵圆-匙形,灰褐色,尖裂片及中间有深褐色细条纹;花被斜杯状,边缘波状或齿裂:花丝长于花药1倍。花期3月上旬。

地点:河南郑州,河南农业大学院内。选出者:赵天榜、陈志秀。模式植株编号:70。

22. 箭杆毛白杨-78 曲叶毛白杨 品种

Populus tomentosa Carr. cv. 'Borealo-sinensis-78',赵天榜等主编. 中国杨属植物志:102. 2020。

该品种树冠宽卵球状;侧枝粗大、较多,斜展,枝层明显;树干直,中央主干不明显。树皮灰褐色,深纵裂;皮孔菱形,较大,多散生。短枝叶三角-卵圆形,先端短尖,基部浅心形,边缘具粗锯齿。雄株!

形态特征补充描述:该品种树冠宽卵球状。树干直,中央主干不明显;侧枝粗大,较多,斜生,枝层明显,分节均匀。树皮灰褐色;皮孔菱形,纵裂深,较多,较大,多散生,基部粗糙。短枝叶三角-卵圆形,长 7.0~9.5 cm,宽 5.0~7.5 cm,表面深绿色,具光泽,背面淡绿色,先端短尖,基部浅心形,边缘粗锯齿;叶柄长 4.5~7.5 cm。长壮枝叶近三角-宽圆形,边部起伏呈波状,称"曲叶毛白杨"。雄株!花序长 8.0~10.1 cm,径 1.5 cm;苞片宽卵圆形,淡灰色,上、中部被褐色细条纹,基部灰褐色;花被盘漏斗状,基部渐狭呈柄;花药淡黄色至橙黄色;雄蕊 7~9 枚。花期 3 月。

产地:河南郑州。选育者:赵天榜、李荣幸。植株编号:No.70。

该品种 20 年生树高 20.8 m,胸径 40.3 cm,单株材积 1.045 38 m³。

该品种物候期介于箭杆毛白杨和河南毛白杨之间,锈病、煤病严重,叶斑病轻。

23. 抗病箭杆毛白杨-79 品种

Populus tomentosa Carr. cv. 'Borealo-sinensis-79',赵天榜等主编. 中国杨属植物志:102. 2020。

该品种树冠卵球状;侧枝粗细中等,较开展。树皮灰绿色,较光滑;皮孔菱形,中等,多散生。短枝叶三角形,先端短尖,基部浅心形或截形,边缘具波状粗锯齿。雄株!

形态特征补充描述:该品种树冠卵球状;侧枝粗细中等,较开展。树皮灰绿色,较光滑;皮孔菱形,中等,多散生。小枝较粗,灰绿色,有光泽;叶痕半圆形,突起。花芽椭圆体状,较大;芽鳞深绿色,边部棕红色,具光泽。短枝叶三角形,较大,长 10.5~13.0 cm,宽 9.5~11.0 cm,表面浓绿色,具光泽,背面淡绿色,有时脉腋被绒毛,先端短尖,基部浅心形、截形,边缘波状粗齿;叶柄侧扁,长 6.5~9.2 cm,有时先端具有 1~2 枚腺点。

地点:河南郑州,河南农业大学院内。选出者:赵天榜、陈志秀。模式植株编号:79。

该品种生长中等。但抗叶部病害较强,是箭杆毛白杨品种群所有品种中抗叶部病害最强、落叶最晚的一个抗病品种。

24. 箭杆毛白杨-35 品种

Populus tomentosa Carr. cv. 'Borealo-sinensis-35',赵天榜等主编. 中国杨属植物志:102. 2020。

该品种树冠近球状;侧枝粗大,开展;树干直,中央主干不明显。树皮灰褐色,基部深纵裂;皮孔菱形,中等大小,散生。短枝叶宽三角形,先端短尖,基部浅心形,边缘具波状粗锯齿。雄株!

形态特征补充描述:该品种树皮灰褐色,较光滑,基部纵裂。小枝粗壮,深绿色,具光泽;皮孔明显。花芽卵球状,较大,长 1.2~1.5 cm,先端钝圆。芽鳞褐绿色,边部棕褐色,具光泽。短枝叶宽三角形。长 9.0~15.0 cm,宽 9.0~4.5 cm,表面深绿色,背面淡绿色,先端短尖,基部心形,边缘波状粗齿;叶柄侧扁,较宽,长 7.0~10.5 cm,有时先端具 1~2 枚腺点。

地点:河南郑州,河南农业大学院内。选出者:赵天榜、姚朝阳。模式植株编号:35。

25. 光皮箭杆毛白杨-44 品种

Populus tomentosa Carr. cv. 'Borealo-sinensis-44',赵天榜等主编. 中国杨属植物志:102. 2020。

该品种树冠窄圆锥状;侧枝粗度中等、较短,枝层明显,分布均匀;树干直,中央主干明显,直达树顶。树皮青绿色,光滑;皮孔菱形,较小,多散生。短枝叶长卵圆形、窄三角-卵圆形、椭圆形、卵圆形,先端窄渐尖或突尖,基部圆形,边缘具锯齿。雄株!

形态特征补充描述:该品种树冠窄圆锥状。侧枝粗度中等、较短,枝层明显,分布均匀。树干直,中央主干明显,直达树顶。树皮光滑,青绿色;叶痕呈线状凸起;枝痕横椭圆形,明显;皮孔菱形,较小,稀疏散生。小枝成枝力弱,细短,斜生。短枝叶长卵圆形、窄三角-卵圆形、椭圆形或卵圆形,长 8.0~11.0 cm,宽 6.0~9.0 cm,表面亮绿色,背面淡绿色,主脉与第 2 对侧脉呈 20°~29°角,第 1 对侧脉斜展,先端窄渐尖或突尖,基部圆形、宽圆形,边缘具锯齿;叶柄长 5.0~7.0 cm。雄株!花序长 8.0~12.0 cm,平均长 10.5 cm,径 1.5~2.0 cm。每序有花 258~294 枚;苞片卵圆-匙形,上部灰褐色,中部浅灰色,基部黑褐色;花被边缘波状或齿裂;雄蕊 7~10 枚。花期 3 月上旬。

地点:河南郑州,东风渠南岸。选出者:赵天榜、宋留高。模式植株,编号 44。

该品种 20 年生树高 20.8 m,胸径 29.5 cm,单株材积 0.567 0 m³。

26. 箭杆毛白杨-49 品种

Populus tomentosa Carr. cv. 'Borealo-sinensis-49',赵天榜等主编. 中国杨属植物志:102~103. 2020。

该品种树冠宽卵球状;侧枝粗度中等,较长,斜展;树干低,中央主干不明显。树皮灰绿色,较光滑;皮孔菱形,较多,中等大小,散生。短枝叶三角-卵圆形,先端突尖或渐尖,基部浅心形或偏斜。雄株!

形态特征补充描述:该品种树冠卵球状,中央主干不明显;侧枝粗度中等,较长、上部侧枝斜生。树干低;树皮灰绿色,软光滑;皮孔菱形,较多,中等大小,散生。短枝叶三角-卵圆形,长 10.0~12.0 cm,宽 7.0~9.0 cm,近革质,表面暗绿色,具光泽,背面淡绿色,主脉与第 2 对侧脉呈 27°~39°角,第 1 对侧脉近平伸或斜展,先端突尖或渐尖,基部浅心形或偏斜;叶柄长 7.0~8.0 cm。雄株!花序长 9.0~12.3 cm。径 1.5~1.9 cm;苞片菱-匙形,黄棕色,边部尖裂小,被长白缘毛;花盘杯状,边部波状疏齿;雄蕊 6~8 枚。花期 3 月上旬。

地点:河南郑州,河南农业科学院农场。选出者:赵天榜、姚朝阳。模式植株编号:49。

该品种 20 年生树高 10.7 m,胸径 26.3 cm,单株积 0.241 00 m³。

27. 箭杆毛白杨-52 品种

Populus tomentosa Carr. cv. 'Borealo-sinensis-52',赵天榜等主编. 中国杨属植物志:102~103. 2020。

该品种树冠卵球状;侧枝开展,梢端稍下垂;树干直。树皮灰褐色,基部稍纵裂;皮孔菱形,中等,散生。短枝叶三角-卵圆形,先端短尖,基部浅心截形或微心形,边缘具波状齿或粗锯齿。雄株!

形态特征补充描述:该品种小枝短,较粗。花芽椭圆体状,先端短尖。芽鳞淡黄绿色,边部棕色,具光泽。短枝叶三角-卵圆形,较小,长5.0~9.0 cm,宽5.5~9.0 cm,表面深绿色,具光泽,背面淡绿色,先端短尖,基部截形或微心形,边缘波状齿或粗锯齿;叶柄侧扁,软细,长6.0~7.0 cm,有时先端有1枚腺点。雄株!花序长7.3~9.5 cm,径1.6 cm;苞片宽匙形,灰褐色,被褐色条纹;花被斜杯状,边缘波状或有齿裂;雄蕊6~8枚。花期3月上旬。

地点:河南郑州,河南农业大学院内。选出者:赵天榜、陈志秀。模式植株编号:52。

该品种20年生树高17.5 m,胸径31.4 cm,单株材积0.517 63 m^3。

28. 箭杆毛白杨-51　品种

Populus tomentosa Carr. cv. 'Borealo-sinensis-51', 赵天榜等主编. 中国杨属植物志:103. 2020。

该品种树冠宽卵球状或卵球-圆锥体状;侧枝粗度中等、较长,近开展,枝层明显,分布均匀;树干直,中央主干明显。树皮灰白色,较光滑;皮孔菱形,较小,较多,散生或2~4个横向连生。短枝叶卵圆形、三角-卵圆形,先端短尖、渐尖,基部心形,稀圆形或偏斜,边缘具波状锯齿。雄株!

形态特征补充描述:该品种卵球卵状或圆锥状;侧枝粗度中等较长,近开展,枝层明显,分布均匀。树干直,中央主干明显。树皮灰白色,较光滑;皮孔菱形,软小、较多,散生或2~4个横向连生。小枝成枝力弱,稀疏。短枝叶卵圆形、三角-卵圆形,长10.0~12.0 cm,宽10.0~12.0 cm,表面暗绿色,具光泽,背面淡绿色,主脉与第2对侧脉呈33°~43°角,第1对侧脉近平展或斜伸,先端短尖或渐尖,基部心形,稀圆形或偏斜,边缘波状锯齿;叶柄侧扁。雄株!花序长6.7~9.3 cm,径1.2 cm;苞片长卵圆-匙形,灰褐色,先端尖裂片长,被白缘毛;花被掌-盘状,边缘波状或有齿裂,基部突缩成长柄状;雄蕊6~8枚,花丝长于花药1倍。花期3月上旬。

地点:河南郑州,河南农业大学院内。选出者:赵天榜、陈志秀。模式植株编号:51。

该品种为20年生树高19.0 m,胸径34.1 cm,单株材积0.658 92 m^3。

29. 箭杆毛白杨-54　品种

Populus tomentosa Carr. cv. 'Borealo-sinensis-54', 赵天榜等主编. 中国杨属植物志:103. 2020。

该品种树冠宽卵球状;侧枝较开展;树干直,中央主干不明显。树皮灰褐色或灰白色;皮孔菱形,大小中等,较多,散生。短枝叶三角-卵圆形、三角-宽心形,先端短渐尖,基部近截形、浅心形或偏斜,边缘具波状粗锯齿。雄株!

形态特征补充描述:该品种树冠卵球状。侧枝较开展。树干直,中央主干不明显。树皮灰褐色或灰白色;皮孔菱形,中等大小,散生,较多。小枝短粗。花卵球状;芽鳞灰绿色,边缘棕褐色,具光泽。短枝叶三角-卵圆形、三角-宽心形,长6.0~11.5 cm,宽7.0~10.5 cm,表面深绿色,背面淡绿色,先端渐短尖,基部近截形、浅心形或偏斜,边缘波状粗齿;叶柄侧扁,长6.0~8.0 cm。雄株!花序长7.5~14.5 cm,径1.5 cm;苞片匙-卵圆形,具灰褐色条纹,下部色较浅;花被鞋状、盘状,边缘齿状裂,基部渐狭呈柄状;雄蕊6~8枚。花期3月上旬。

地点:河南郑州,河南农业大学院内。选出者:赵天榜、陈志秀、宋留高。模式植株编号:54。

30. 宜阳箭杆毛白杨　品种

Populus tomentosa Carr. cv. 'Borealo-sinensis-131', 赵天榜等主编. 中国杨属植物志:103. 2020。

该品种树冠宽卵球状;侧枝较粗;树干直,中央主干不明显。树皮灰褐色;皮孔菱形,中等,散生。短枝叶三角-宽卵圆形,稀扁形,先端短尖、突短尖,基部微心形、截形,边缘具不整齐锯齿,齿端尖或微弯。雌株!

形态特征补充描述:树冠宽卵球状;侧枝较粗。树干直,中央主干不明显;树皮灰褐色;皮孔菱形,中等,散生。小枝黄绿褐色,初被绒毛,后变光滑。短枝叶三角-宽卵圆形,稀扁圆形,长6.5~11.5 cm,宽6.0~10.5 cm,先端短尖或突短尖,基部微心形、截形,表面暗绿色,具光泽,背面淡绿色,有时被绒毛,基部沿脉处尤多,边缘为不整齐锯齿,齿端尖或微弯;叶柄侧扁,长6.0~9.0 cm,先端有时具腺点。长枝叶大,近圆形或三角-近圆形,长10.0~16.5 cm,宽11.5~19.0 cm,先端短尖、渐短尖,基部心形,上、中部边缘为三角状大牙缺刻,基部边缘全缘或波状细齿;叶柄长4.0~7.0 cm,近圆柱状,先端具2个圆腺点。雌株!花、果不详。

地点:河南宜阳县农业局院内。选出者:赵天榜、赵子彩。模式植株编号:131。

31. 箭杆毛白杨-150　品种

Populus tomentosa Carr. cv. 'Borealo-sinensis-150', 赵天榜等主编. 中国杨属植物志:103. 2020。

该品种树冠宽大;侧枝较粗,开展;树干直,中央主干不明显。树皮灰褐色;皮孔菱形,中等,明显纵裂、突起为显著特点。短枝叶三角-卵圆形,先端短尖、短渐尖,基部近圆形或微浅心形,边缘具不整齐粗锯齿。雄株!

产地:河南郑州。选育者:赵天榜、陈志秀。植株编号:No.150。

该品种20年生树高19.0 m,胸径34.1 cm,单株材积0.658 9 m³。

32. 红柄箭杆毛白杨-151　品种

Populus tomentosa Carr. cv. 'Borealo-sinensis-151', 赵天榜等主编. 中国杨属植物志:103~104. 2020。

该品种树冠圆锥体状;侧枝平展,稍端下垂枝;树干直,尖削度大。短枝叶簇生,下垂;叶柄红色。发芽及展叶晚。雄株!

产地:河南郑州。选育者:赵天榜、钱士金。植株编号:No.151。

33. 箭杆毛白杨-99　品种

Populus tomentosa Carr. cv. 'Borealo-sinensis-99', 赵天榜等主编. 中国杨属植物志:104. 2020。

该品种树冠圆锥状或卵球状;侧枝细、少、斜展;树干直,中央主干明显。树皮淡灰褐色;皮孔菱形,中等,散生。短枝叶三角-卵圆形,先端短尖,基部浅心形或深心形,边部多起伏不平,边缘具浅锯齿。雌株!

产地:河南郑州。选育者:赵天榜、陈志秀。植株编号:No.99。

34. 大皮孔箭杆毛白杨　品种

Populus tomentosa Carr. cv.'Dapikong',Populus tomentosa Carr. var. borealo-sinensis Yü Nung(T. B. Zhao)cv.'DAPIKONG',CATALOGUEINTERNATIONALDESCUL-TIVARSDEPEUPLIERS,17~18.1990;Populus tomentosa Carr. cv.'Dapikong',赵天榜等主编. 河南主要树种栽培技术:97.图13.1.图14.3.1994;李淑玲,戴丰瑞主编. 林木良种繁育学:1996,279;赵天锡,陈章水主编. 中国杨树集约栽培:16.312.1994;赵天榜等. 毛白杨优良无性系. 河南科技:林业论文集:5~6.1991;赵天榜等. 河南主要树种栽培技术:97.1994;赵天榜等主编. 中国杨属植物志:104. 2020。

该品种树冠卵球状;侧枝较粗,下部枝开展。树干通直、圆满,中央主干明显。树皮皮孔菱形,大,多,多数径2.5~3.0 cm,多散生,有时2~4个横向连生,基部纵裂,粗糙。短枝叶三角-卵圆形、宽三角形,表面暗绿色,具光泽,背面淡绿色,先端尖或短尖,基部心形、截形或近心形,边缘具粗锯齿;叶柄侧扁,长7.0~9.0 cm。发芽与展叶期最晚。雄株!花苞片卵圆-匙形,灰褐色,边部及中部具褐色条纹;花被浅斜盘状,边缘齿状。花期3月。

产地:郑州等地有栽培。选育者:赵天榜、陈志秀、宋留高等。模式株号:64。

注:＊为1990年6月15日国际杨树委员会首次用法文、英文公布的我国特有杨树——毛白杨6个新品种之一。

该品种生长很快,能成大材。如在土壤肥沃的沙壤土上,20年生树高23.4 m,胸径53.1 cm,单株材积2.794 50 m³,比对照同龄箭杆毛白杨单株材积1.879 91 m³,其增长率达205.3 %。苗期抗叶斑病,无天牛危害,无破腹病发生。

35. 小皮孔箭杆毛白杨　品种

Populus tomentosa Carr. cv.'Xiaopikong',Populus tomentosa Carr. var. borealo-sinensis Yü Nung(T. B. Zhao)cv.'Xiaopikong',18.1990;Populus tomentosa Carr. cv.'Xiaopikong',赵天榜等主编. 河南主要树种栽培技术:98.1994;李淑玲,戴丰瑞主编. 林木良种繁育学:1996,280;赵天锡,陈章水主编. 中国杨树集约栽培:16.312.1994;赵天榜等. 毛白杨优良无性系. 河南科技,1990,8:24;赵天榜等主编. 中国杨属植物志:104~105. 2020。

该品种树冠卵球状;侧枝细,较多,斜生,分布均匀。树干通直、圆满,尖削度小,中央主干明显,直达树顶。树皮皮孔灰绿色,光滑,菱形,较小,兼有小形圆点皮孔,散生,少2~4个横向连生。短枝叶三角-卵圆形或卵圆形,表面暗绿色,具光泽,先端渐尖或短渐尖,基部浅心形、截形或偏斜;叶柄侧扁,有时具腺体。雄株!花序长,苞片匙-卵圆形,先端尖,裂片长又宽,中、上部具褐色细条纹;花被掌-盘状,边缘齿状裂;雄蕊6~8 枚。

产地:郑州等地有栽培。选育者:赵天榜、陈志秀、宋留高。模式株号:63。

该品种生长快,能成大材。如在肥沃地上,20年生树高20.5 m,胸径42.6 cm,单株材积 1. 130 62 m³。比对照同龄箭杆毛白杨胸径、单株材积分别大 20% 及 23.48%。苗期抗锈病能力强,幼树、大树抗叶斑病,无天牛危害。适应性强,耐寒冷,无破腹病发生。扦插成活率高。

36. 箭杆毛白杨-150 品种

Populus tomentosa Carr. cv. 'Borealo-sinensis-150',赵天榜等主编. 中国杨属植物志:103. 2020。

该品种树冠较宽大;侧枝较粗,开展。树干直,中央主干不太明显。树皮灰褐色;中等,较多,明显纵裂,且突起为显著特点。短枝叶三角-卵圆形,长 9.0~11.5 cm,宽 7.0~8.0 cm,先端短尖、渐短尖,基部近圆形或微浅心形,边缘具不整齐粗锯齿;叶柄较细,长 7.0~7.5 cm。雄株!

形态特征补充描述:该品种小枝短,粗度中等。花芽卵圆形。先端短尖,芽鳞灰绿色。具光泽。边部棕褐色。短枝叶三角-卵圆形,表面深绿色,具光泽,背面淡绿色,先端短尖、渐短尖,基部近圆形或微浅心形,边缘具不整齐粗锯齿。

地点:河南郑州市。选出者:赵天榜、宋留高。模式植株编号:150。

该品种 20 年生树高 19.0 m,胸径 34.1 cm,单株材积 0.658 9 m³。

37. 箭杆毛白杨-99 品种

Populus tomentosa Carr. cv. 'Borealo-sinensis-99',赵天榜等主编. 中国杨属植物志:103. 2020。

该新品种树冠圆锥状或卵球状;侧枝细少,斜生。树干直,中央主干明显。树皮淡灰褐色;皮孔菱形,中等,散生与箭杆毛白杨树皮及相似。短枝叶三角-卵圆形,长 7.0~10.0 cm,宽 6.0~8.0 cm,表面暗绿色,具光泽,背面淡绿色,主脉与第 2 对侧脉呈 25°~35°角,先端短尖,基部浅心形或深心形,边部多起伏,具浅锯齿缘;叶柄长 6.0~7.0 cm。雌株!花不详。果序长 11.1~18.3 cm,平均长 15.24 cm,径 1.0 cm。

地点:河南郑州,河南农业大学院内。选出者:赵天榜、陈志秀。模式植株编号:99。

38. 序枝箭杆毛白杨 品种

Populus tomentosa Carr. cv. 'Suzhi',赵天榜等主编. 中国杨属植物志:105. 2020。

本品种雄株!雄花序长 7.0~13.0 cm,通常花序多分枝,最多达 11 个花序分枝。

产地:河南郑州等地有栽培。选育者:赵天榜、陈志秀。

39. 黑苞箭杆毛白杨 品种

Populus tomentosa Carr. cv. 'Heibao',赵天榜等主编. 中国杨属植物志:105. 2020。

本品种雄株!雄蕊 6~8 枚,花药具紫红色斑点;苞片匙-宽卵圆形,黑褐色为显著特征。

产地:河南等地有栽培。选育者:赵天榜、陈志秀。

40. 曲叶箭杆毛白杨 品种

Populus tomentosa Carr. cv. 'Quye-73',赵天榜等主编. 中国杨属植物志:105. 2020。

本品种短枝叶三角-卵圆形,边部呈波状起伏,边缘具粗锯齿,表面深绿色,有光泽,背面淡绿色;叶柄侧扁,长 4.5~7.5 cm,与叶片近等长。雄株!雄花序长 8.0~10.1 cm;

苞片宽匙-卵圆形,灰褐色,上、中部被褐色条纹,边缘被白色长缘毛。

本品种生长快,20年生平均树高20.8 m,平均胸径40.3 cm,单株材积1.045 38 m³。

产地:河南郑州等地有栽培。选育者:赵天榜、陈志秀。

41.红柄箭杆毛白杨　品种

Populus tomentosa Carr. cv.'Hongbing-151',赵天榜等主编.中国杨属植物志:105. 2020。

本品种树冠圆锥状,侧枝平展,梢端下垂。短枝叶三角-卵圆形,边缘具粗锯齿,表面深绿色,有光泽,背面淡绿色;叶柄侧扁,紫红色。发芽与展叶期最晚。雄株!

本品种生长慢,23年生平均树高15.0 m,平均胸径25.0 cm,单株材积0.420 0 m³。但是,易受光肩星天牛和叶部病害危害。

42.粗枝箭杆毛白杨　品种

Populus tomentosa Carr. cv.'Cuzhi',赵天榜等主编.中国杨属植物志:105. 2020。

该品种树干通直,中央主干明显。侧枝粗壮,开展;树干基部深纵裂,粗糙。

本品种速生,20年生单株材积2.536 22 m³。比对照箭杆毛白杨单株材积2.536 220 m³,增长率大183.57%。高抗叶斑病,落叶晚,是"四旁"绿化良种。

产地:河南郑州。选育者:赵天榜、陈志秀。河南各地有栽培。

43.京西毛白杨　品种

Populus tomentosa Carr. cv.'Jingxi',*Populus tomentosa* Carr. var. borealo-sinensis Yü Nung(T. B. Zhao)cv.'Jingxi',18. 1990;赵天榜等主编. 河南主要树种栽培技术:98~99.1994;赵天榜等. 毛白杨优良无性系的研究.河南科技:林业论文集:6. 1991;赵天锡、陈章水主编.中国杨树集约栽培:16. 312~313. 1994;赵天榜等主编. 中国杨属植物志:106. 2020。

该品种树冠圆锥状、卵球状、近圆球状;侧枝粗壮、斜生,老时开展,有时下垂。树皮皮孔菱形,散生,多纵裂,基部纵裂、粗糙。短枝叶三角-卵圆形或卵圆形,表面深绿色,具金属光泽,先端长渐尖,有时短尖或渐尖,基部浅心形,有时截形,边缘具深波状齿牙缘或波状牙齿缘;叶柄先端通常无腺体。雄株!花序粗大;苞片大,卵圆-匙形,上部边缘三角形,棕褐色,密生白色长缘毛;雄蕊6~9枚,花药初紫红色或淡红色,花粉少;花被三角盘状,具短柄。花期3月。

产地:北京。选育者:顾万春。模式植株编号:86。

注:*为1990年6月15日国际杨树委员会首次用法文、英文公布的我国特有杨树—毛白杨6个新品种之一。

京西毛白杨的主要优良特性:

(1)生长快,成大材。据调查,栽植在北京的13年生单株材积0.669 3 m³,是当地毛白杨(混合)单株材积的151%。

(2)抗病、抗污染、耐寒力强。在苗圃中抗毛白杨锈病、褐斑病能力强。据测定,该品种抗毛白杨锈病指数高24%。同时,还具有抗烟、抗寒等特性。

第二节　河南毛白杨品种群 品种群

Populus tomentosa Carr. Honanica group [河南农学院园林系(赵天榜)编:杨树:7～8. 图 3. 1974;赵天榜:毛白杨起源与分类的初步研究. 河南农学院科技通讯,(2):30～32. 图 7. 1974;河南农学院园林系杨树研究组(赵天榜):毛白杨类型的研究,中国林业科学,1:14～20. 1978;河南植物志第一册:174～175. 1981];赵天榜等. 毛白杨系统分类的研究. 河南科技:林业论文集:3. 1991;中国主要树种造林技术:314～329. 1981;赵天榜等主编. 中国杨属植物志:106. 2020。

本品种群树冠宽大;侧枝粗、稀、开展;树干微弯。树皮皮孔近圆点形、小而多,散或横向连生,兼有散生的菱形皮孔。短枝叶宽三角-圆形、近圆形。雄株! 花序粗大;花粉极多。

河南毛白杨主要林学特性如下:

(1)分布范围小。多在河南中部一带土、肥、水较好条件下栽培生长,山东等省有零星栽培。

(2)生长很快。21 年生平均树高 23.8 m,胸径 60.8 cm,单株材积 1.807 45 m³。材积生长比同龄的箭杆毛白杨快 0.5 倍以上。在一般条件下,造林初期生长极为缓慢,5 年后生长很快。8 年生时平均树高 12.0 m,胸径 14.10 cm,单株材积 0.092 55 m³。15～20 年生单株材积达 0.770 73～1.538 88 m³,可采伐利用。

(3)适生环境。河南毛白杨对土、肥、水非常敏感。在干旱、瘠薄的粉沙壤土上,12 年生树高 8.3 m,胸径 9.0 cm;在肥沃、湿润粉沙壤土条件下,24 年生树高 18.6 m,胸径 40.2 cm,单株材积 0.859 32 m³。但在干旱、瘠薄沙地、低凹盐碱地、茅草丛生沙地上生长不良。

(4)抗性较差。苗期不耐旱。锈病、叶斑病危害,常引起叶片早落,影响生长。抗烟、抗污染能力不如箭杆毛白杨、密枝毛白杨。

(5)材质与用途。河南毛白杨材质和用途与箭杆毛白杨相同。

(6)造林时注意问题。要求土、肥、水条件较高,造林时要选择土层深厚、土壤肥沃湿润的林地,不能选择土壤瘠薄、干旱的沙地和低洼盐碱地造林。树冠大,喜光,不能与箭杆毛白杨混植,否则常成被压木。造林株距宜大,一般为 5 m 或者更大。造林后,加强抚育管理,尤其是水、肥管理和病虫防治,以加速初期生长,缩短生长缓慢期的时间。

地点:河南郑州等地。

该品种群有河南毛白杨、扁孔河南毛白杨等 26 个品种。

品种:

1. 河南毛白杨　品种

Populus tomentosa Carr. cv. 'Honanica',赵天榜等主编. 河南主要树种栽培技术:99. 图 13.3. 图 14.9. 1994,cv. 'Henan',赵天榜等. 毛白杨优良无性的研究. 河南科技:林业论文集:6. 1991;赵天榜等主编. 中国杨属植物志:106. 2020。

该品种树冠宽大,近圆球状;侧枝粗大、稀、开展。树干微弯,无中央主干。树皮灰褐色,基部浅纵裂;皮孔菱形,中等,多散生,兼有圆点状皮孔,较多,分布也密。短枝叶宽三角形,先端短尖,基部截形、浅心形,边缘具波状粗锯齿;叶柄侧扁。雄株! 花序粗大;花药橙黄色;花粉多。花期较箭杆毛白杨早 5~10 d。

形态特征补充描述:该品种小枝粗壮,灰绿色,叶痕半圆形,突起。花芽卵球状,先端突尖;芽鳞灰绿色,边部棕褐色,微被毛。短枝叶宽三角形,长 7.0~11.0 cm,宽 8.5~10.0 cm,先端短尖,基部截形、浅心形,边缘为波状粗锯齿;叶柄侧扁,长 4.5~9.0 cm。雄株!花序粗大。花药橙黄色,初微有红晕;花粉多;苞片灰色或灰褐色;花被掌状、盘状,边缘呈三角状缺刻。花期较箭杆毛白杨早 5~10 d。

地点:河南郑州。选出者:赵天榜。模式植株编号:No. 138。

本品种苗期不耐旱,锈病、叶斑病常引起危害。生长快,能成大材。在土壤肥沃地上,16 年生平均树高 16.0 m,平均胸径 26.17 cm,单株材积 0.344 2 m³。

注:1990 年 6 月 15 日国际杨树委员会首次用法文、英文公布的我国特有杨树——毛白杨 6 个新品种之一。

2. 河南毛白杨 55 品种

Populus tomentosa Carr. cv. 'Honanica - 55';赵天榜等主编. 中国杨属植物志:107. 2020。

本品种树冠宽大,近圆球状;侧枝较粗,斜展;树干微弯,中央主干不明显。树皮灰褐色,基部粗糙,纵裂;皮孔扁菱形,2~4 个或多数横向连生。短枝叶圆形、宽三角-近圆形、近圆形,先端短尖,基部心形,偏斜,稀圆形,边缘波状粗锯齿或细齿。雄株! 花序粗大;花粉极多。

形态特征补充描述:该品种小枝细、短灰棕色,光滑。花芽宽卵球状,先端尖;芽鳞绿色,微被绒毛,具光泽,边部棕黄色。短枝叶圆形、宽三角-近圆形,长 7.0~9.0 cm,宽 6.0~10.0 cm,表面淡黄绿色,具光泽,背面淡黄绿色,主脉与第 2 对侧脉呈 35°~41°角,第 1 对侧脉斜伸或近平展,先端短尖,基部心形,偏斜,稀圆形,边部多起状呈波状,边缘波状粗锯齿或细齿;叶柄长呈 5.0~7.0 cm,先端有时具 1~2 个腺点。

地点:河南郑州,河南农业大学院内。选出者:赵天榜、陈志秀。模式植株编号:No. 55。

据调查,该品种生长快,19 年生树高 20.5 m,胸径 20.5 cm,单株材积 1.533 83 m³。

3. 河南毛白杨-84 品种

Populus tomentosa Carr. cv. 'Honanica - 84';赵天榜等主编. 中国杨属植物志:107. 2020。

该品种树冠近圆球状;侧枝较粗,开展;树干微弯,中央主干不明显。树皮灰绿色,光滑;皮孔菱形,小、散生,兼有圆点小皮孔。短枝叶近圆形或三角-近圆形,先端短尖,基部浅心形,边缘波状粗锯齿。雄株!

形态特征补充描述:短枝叶近圆形或三角状近圆形,长 7.0~9.0 cm,宽 6.0~8.0 cm,表面淡黄绿色,具光泽,背面淡黄绿色,基部被绒毛,主脉与第 2 对侧脉呈 30°~39°角,第一对侧脉平伸或斜展,先端短尖,基部浅心形,边缘波状粗锯齿;叶柄长 6.0~7.0 cm。

地点:河南郑州黄河路小学院内。选出者:赵天榜、焦书道。模式植株编号:No. 84。

4. 河南毛白杨-14 品种

Populus tomentosa Carr. cv. 'Honanica-14',赵天榜等. 毛白杨优良无性系的研究.河南科技:林业论文集:6.1991;赵天榜等主编. 河南主要树种栽培技术:99.1994;赵天榜等主编. 中国杨属植物志:107.2020。

该品种树冠圆球状;侧枝粗壮,下部斜展,中、上部近直立状斜生,分布均匀;树干微弯。树皮淡灰褐色,基部粗糙;皮孔菱形,较少,散生或2~4个横向连生,兼有少量大型皮孔及圆点状凹入皮孔。短枝叶粗壮,短,多斜生,构成长枝状,稍下垂。短枝叶近圆形,较大,表面亮绿色,背面淡绿色,先端短尖,基部深心形或偏斜,边部波状起伏,边缘具不整齐锯齿,叶柄侧扁,较宽,有时先端具1~2腺体。雄株! 花序有枝序2~3个,长1.5~4.3cm;苞片宽卵圆-匙形,浅灰褐色,边缘尖裂宽、短;花被斜喇叭状。

形态特征补充描述:该品种树冠球状;侧枝粗壮,下部斜生,中上部近直立斜生,分布均匀。树干稍弯;树皮淡灰褐色,基部粗糙;皮孔菱形、较少。散生或2~4个横向连生,兼有少量大的菱形及圆点状凹起的皮孔。小枝粗壮、短,多斜生,构成长枝状的稍下垂。花芽卵球状,芽鳞被较多短毛,灰绿色,边部棕褐色,具光泽。短枝叶近圆形,较大,长11.0~12.5 cm,宽11.0~13.5 cm,表面亮绿色,背面淡绿色,主脉与第2对侧脉呈39°~45°角,先端短尖,基部深心形或偏斜,边部波状起伏,边缘具不整齐锯齿;叶柄侧扁,较宽,长6.0~7.0 cm,有时先端具1~2个腺点。雄株! 花序长8.5~11.0 cm,径1.8~2.0 cm,有枝序2~3个,长1.5~4.3 cm;苞片宽卵圆-匙形,淡灰褐色,边缘尖裂宽、短;花被斜喇叭状。

产地:河南郑州纬五路路南。选育者:赵天榜、陈志秀。植株编号:No. 14。

该品种生长迅速,25年生树高21.8 m,胸径75.8 cm,单株材积7.9963 m³。

5. 河南毛白杨-117 品种

Populus tomentosa Carr. cv. 'Honanica-117';赵天榜等主编. 中国杨属植物志:107.2020。

该品种树冠圆球状;侧枝较粗,稀疏,斜展;树干微弯,无中央主干。树皮灰褐色或灰绿色,光滑,枝痕三角形明显;皮孔2种:菱形,小,多散生;圆点状皮孔小,瘤状突起,易与其他品种区别。雄株!

产地:河南鲁山县背孤乡公路旁。选育者:赵天榜、黄桂生、李欣志。植株编号:No. 117。

该品种22年生树高21.5 m,胸径41.7 cm,冠幅6.8 m。

6. 河南毛白杨-129 品种

Populus tomentosa Carr. cv. 'Honanica-129';赵天榜等主编. 中国杨属植物志:107.2020。

该品种树冠圆锥状;侧枝较开展;树干低、直。树皮灰白色,光滑,被一层较厚的粉质。短枝叶近圆形,较小,先端短尖,基部深心形,易与其他品种相区别。

产地:河南鄢陵县张桥乡公路旁。选育者:赵天榜和陈志秀。植株编号:No. 129。

该品种生长快,抗叶斑病能力强。据调查,7年生树高10.6 m,胸径21.9 cm,单株材积0.15164 m³。抗叶斑病能力强。

7. 河南毛白杨-35　品种

Populus tomentosa Carr. cv. 'Honanica-35'；赵天榜等主编. 中国杨属植物志:107~108. 2020。

该品种树冠近球状;侧枝开展;树干直,中央主干不明显。树皮灰褐色,较光滑,不纵裂;皮孔菱形,较小,多散生,并具有大量、小的、突起、散生圆点皮孔。短枝叶宽三角形,先端短尖,基部浅心形,稀截形或偏斜,边缘波状粗齿。雄株!

形态特征补充描述:该品种树冠近球状;侧枝开展。树干直,中央主干不明显;树皮淡灰褐色,较光滑,不纵裂;皮孔菱形,较小,多散生,并具有大、小不等的突起散生、圆点皮孔。小枝粗短,灰褐色。花芽宽卵球状,先端短尖;芽鳞绿色,边部棕褐色,具光泽。短枝叶宽三角形,长 7.5~11.5 cm,宽 9.5~11.0 cm,表面深绿色,具光泽,背面淡绿色,有时沿中脉被绒毛,先端短尖,基部浅心形,稀截形或偏斜,边缘波状粗齿;叶柄侧扁,长 7.0~8.0 cm。雄株! 花序长 8.5~11.3 cm,平均长 10.0 cm,径 1.4~1.7 cm;苞片宽卵圆-匙形,边部尖裂片狭小、多,上中部棕褐色,下部淡灰白色,基部渐狭呈柄状,边缘被白色长缘毛;花被斜三角-盘状,边部波状全缘;雄蕊 6~8 枚。花期 3 月。

地点:河南郑州,河南省农业科学院院内。选出者:赵天榜、陈志秀。植株编号:No. 35。

8. 河南毛白杨-130　品种

Populus tomentosa Carr. cv. 'Honanica-130'；赵天榜等主编. 中国杨属植物志:108. 2020。

该品种树冠卵球状;侧枝较细,开展;树干微弯,中央主干较明显。树皮淡灰褐色,较光滑;皮孔扁菱形,散生或几个模向连生,并具有散生圆点状皮孔,易与其他品种相区别。

地点:河南郑州,河南省农业科学院院内。选出者:赵天榜、焦书道。植株编号:130。

9. 河南毛白杨-38　品种

Populus tomentosa Carr. cv. 'Honanica-38'；赵天榜等主编. 中国杨属植物志:108. 2020。

该品种树冠近球状;侧枝粗大,少,开展;树干低、弯,中央主干不明显。树皮灰褐色,基部纵裂;皮孔菱形,较大,多散生,并具有少量、小的、散生圆点皮孔。短枝叶宽卵圆形、三角-近圆形,先端突短尖或短尖,基部心形、圆形,边部波状起伏,边缘具波状粗齿。雄株!

形态特征补充描述:该品种中央主干不明显。树干微低、弯;皮孔菱形,较大,多散生;圆点状皮孔小而少。小枝粗壮,淡灰黄棕色或淡灰褐色,叶痕元宝状,成枝力强,构成长枝状枝,且中部稍下垂,梢部上翘。顶芽圆锥状,长 9.0~11.0 cm,径 4.0~5.0 cm;花芽长 1.1~1.3 cm,径 0.7~1.0 cm。短枝叶宽卵圆形、三角-近圆形,长 14.0~16.0 cm,宽 13.0~17.0 cm,表面淡绿色,具光泽,主脉与第 1 对侧脉呈40°~49°角,第 1 对侧脉平伸或呈凹弧形,先端突短尖或短尖,基部心形、圆形,边部波状起伏,缘为波状锯齿;叶柄长 9.0~11.0 cm。雄株! 花序长 6.7~9.0 cm,径 1.7~2.1 cm,有分枝花序 1~2 枚,长 1.1~4.8 cm;苞片宽卵圆-匙形,尖裂片灰棕色,基部突缩成柄状,被白色长缘毛;花被三角-盘状,波状缘有时有尖裂,盘柄短;雄蕊 6~8 枚。

地点:河南郑州,河南省农业科学院院内。选出者:赵天榜、陈志秀。植株编号:No.38。

该品种20年生树高20.3 m,胸径56.8 cm,单株材积2.093 49 m³。

10. 河南毛白杨-102 品种

Populus tomentosa Carr. cv. 'Honanica-102';赵天榜等主编. 中国杨属植物志:108. 2020。

该品种树冠近球状;侧枝开展;树干直,中央主干不明显。树皮灰绿色,光滑;皮孔2种:菱形,小,多散生;圆点皮孔,较小,较多,散生。短枝叶三角形、三角-近圆形,先端短尖,基部深心形,边缘具波状半圆形粗齿,齿中等大小,先端有腺体。雄株!

形态特征补充描述:该品种皮孔圆点状,轻小,较多,散生;菱形皮孔,较小,散生小枝较粗壮。顶芽短粗三角-锥状。花芽卵球状,先端突尖;芽鳞灰绿色,边部棕褐色,具光泽。短枝叶宽三角形、三角状-圆形,长1.1~13.0 cm,宽1.1~13.0 cm,先端短尖,基部深心形,边缘波状齿,齿中等大小,先端有腺点,内呈半圆状粗齿;叶柄侧扁,长6.5~9.0 cm。雄株! 花序长10.2~12.5 cm,径1.2~1.4 cm;苞片宽卵圆-匙形,先端尖,裂片灰褐色,其他处为淡灰色;花被鞋状、盘状,边缘波状全缘。雄蕊5~8枚。花期3月上旬。

地点:河南郑州东风渠南岸。选出者:赵天榜、焦书道。模式植株编号:No.102。

11. 河南毛白杨-47 品种

Populus tomentosa Carr. cv. 'Honanica-47';赵天榜等主编. 中国杨属植物志:108. 2020。

该品种树冠宽卵球状;侧枝稀,较粗,开展;树干微弯,中央主干不明显。树皮灰绿色,光滑;皮孔2种:菱形,中等,散生;圆点皮孔,较稀,散生。短枝叶宽三角形,先端短尖,基部心形,有时不对称,边缘波状粗齿。雄株!

形态特征补充描述:该品种短枝粗壮,叶痕半圆形,突起。花芽宽卵球状,较大,长1.0~1.2 cm,先端突尖;芽鳞边部棕褐色,具光泽。短枝叶宽三角形,长9.5~13.5 cm,宽11.0~12.5 cm,表面淡黄绿色,具光泽,背面淡绿色,先端短尖,基部心形,有时不对称,边缘具波状粗齿;叶柄侧扁,淡黄绿色,长7.0~8.5 cm。雄株! 花序长13.0~16.1 cm,平均长15.2 cm,径1.2~1.4 cm;苞片宽卵圆-匙形,边缘尖裂小,而面短,上部及尖裂片淡褐色,中部以下褐色;花被鞋状,边缘波状全缘,下部渐狭成长状柄;花丝长于花药1倍;雄蕊6~8枚。花期3月。

地点:河南郑州,河南省农业科学院农场。选出者:赵天榜、陈志秀、宋留高。植株编号:No.47。

12. 河南毛白杨-119 品种

Populus tomentosa Carr. cv. 'Honanica-119';赵天榜等主编. 中国杨属植物志:108. 2020。

该品种树冠近球状,宽大;侧枝较粗,开展;树干微弯,中央主干不明显。树皮灰褐色,基部浅纵裂;皮孔2种:菱形及圆点皮孔。短枝叶宽三角-近圆形,先端短尖,基部浅心形、截形或宽楔形,边缘具波状粗齿,波状牙齿缘。雄株!

形态特征补充描述:该品种树冠近球状,宽大;侧枝较粗,开展。树干微弯,中央主干不明显;树皮灰褐色,基部灰褐色,浅纵裂;皮孔有菱形及圆点状两种。小枝粗壮,深绿色;皮孔点状,明显。花芽卵球状;芽鳞淡绿色,边部棕褐色,具光泽。短枝叶宽三角-近圆形,长7.5~12.0 cm,宽9.0~12.0 cm,表面深绿色,背面淡绿色,先端短渐尖,基部浅心形、截形或宽楔形,边缘被状粗齿或波状牙齿缘;叶柄长5.5~9.0 cm。雄株!花序8.0~11.5 cm,长达21.0 cm,径1.4 cm,有时有分枝花序,一般长2.5~3.5 cm;苞片匙形,灰棕黄色,尖裂片,边部颜色较深;花被鞋状、盘状,边缘波状,基部呈柄状;雄蕊6~8 枚。

地点:河南郑州计量局门口西边。选出者:赵天榜、钱士金。植株编号:No. 119。

13. 河南毛白杨-15　品种

Populus tomentosa Carr. cv. 'Honanica-15';赵天榜等主编. 中国杨属植物志:108~109. 2020。

该品种树冠近球状;侧枝粗大,开展,下部侧枝梢部下垂;树干低、不直。树皮灰褐色,纵裂;皮孔有点状及菱形2 种。短枝叶三角形或三角-近圆形,边部具波状齿,齿大小不等,内曲,齿端具腺点,易与其他品种相区别。

形态特征补充描述:该品种小枝较粗。花芽卵球状,先端尖;芽鳞灰绿色,边部棕褐色,具光泽。短枝叶三角形或三角-近圆形,长6.0~12.0 cm,宽8.0~11.0 cm,表面浓绿色,具光泽,背面淡绿色,边部波状齿,齿大小不等,齿端具腺点,内曲,呈点圆形;叶柄侧扁,长6.5~8.0 cm,有时先端有腺点。

地点:河南郑州纬五路路南。选出者:赵天榜、陈志秀。植株编号:No. 15。

14. 河南毛白杨-103　品种

Populus tomentosa Carr. cv. 'Honanica-103';赵天榜等主编. 中国杨属植物志:109. 2020。

该品种树冠圆球状;侧枝中等,较开展;树干直,中央主干不明显。树皮灰绿色,光滑;皮孔有2 种:圆点状,散生,较小及菱形中等,散生。短枝叶三角-近圆形,先端短尖,基部心形,边缘波状齿,大小不等,齿端具内曲腺点。

形态特征补充描述:该品种小枝软细。花芽卵球状,先端短尖;芽鳞灰绿色,边部棕褐色,具光泽。短枝叶宽三角-近圆形,长6.0~11.0 cm,宽8.0~11.0 cm,表面深绿色,具光泽,背面淡绿色,先端短尖,基部状心形,基部5 出脉,边缘波状齿,大小不等,齿端具腺点内曲;叶柄侧扁,长6.0~9.0 cm,有时先端具腺点1~2 枚。雄株!花序长9.5~11.5 cm,径1.6 cm;苞片宽卵圆-匙形,中部以上灰褐色,中部以下淡灰褐色;花被掌状、盘状,基部突缩呈短柄;雄蕊6~8 枚。花期3月上旬。

地点:河南郑州塑料二厂院内。选出者:赵天榜、陈志秀、姚朝阳。植株编号:No. 103。

15. 河南毛白杨-32　品种

Populus tomentosa Carr. cv. 'Honanica-32';赵天榜等主编. 中国杨属植物志:109. 2020。

该品种树冠宽卵球状;侧枝较粗,开展;树干微弯。树皮灰绿色,光滑;皮孔有3 种:扁菱形,较小;圆点状皮孔小、多,横椭圆形。短枝叶三角-圆形,先端短尖,基部浅心形,稀宽楔形,边缘具波状粗齿。雄株!

形态特征补充描述:该品种树冠宽卵球状;侧枝较粗,开展。树干微弯;树皮灰绿色;皮孔扁菱形,较小,圆点状,及皮孔小、多,有些呈横椭圆体状。小枝较细。花芽宽卵球状,先端尖。短枝叶宽三角-圆形,长7.0~9.0 cm,宽7.0~11.5 cm,表面深绿色,具光泽,背面淡绿色,先端短尖,基部浅心形,稀宽楔形,边缘波状粗齿,叶柄侧扁,长5.0~8.0 cm。雄株! 花序长7.5~12.2 cm,径1.3~1.5 cm;苞片宽卵圆-匙形,灰褐色,被褐色条纹,尖裂片灰棕色,中、下部淡棕灰色,边缘具长白色缘毛;花被宽短,边缘波状;雄蕊6~8枚。花期3月上旬。

地点:河南郑州,河南省农业科学院院内。选出者:赵天榜。模式植株编号:No.32。

16.光皮河南毛白杨-80 品种

Populus tomentosa Carr. cv. 'Honanica-80';赵天榜等主编.中国杨属植物志:109.2020。

该品种树冠近球状;侧枝较粗,开展;树干微弯,中央主干较明显。树皮灰绿色,光滑;皮孔有2种:圆点状,小,较多,突起呈瘤点状及菱形小,散生。短枝叶近圆形、三角-圆形,较小,先端短尖,基部心形,边缘波状齿,齿间具小锯齿。雄株!

形态特征补充描述:该品种树冠小枝细,灰棕色,光滑。花芽卵球状,先端尖;芽鳞棕褐色,具光泽。短枝叶近圆形、三角-圆形,较小,长5.5~8.5 cm,宽6.0~10.0 cm,表面淡绿色,具光泽,背面淡绿色,先端短尖,基部心形,边缘具波状齿,齿间具小锯齿;叶柄侧扁,长4.0~6.3 cm。雄株!

地点:河南郑州,河南农业大学院内。选出者:赵天榜、陈志秀、焦书道。模式植株编号:No.80。

17.光皮河南毛白杨 品种

Populus tomentosa Carr. var. honanica Yü Nung cv. 'Guangpi';赵天榜等主编.中国杨属植物志:109.2020。

本品种树皮灰绿色,光滑;皮孔菱形,小,散生;圆点状皮孔小,较多。短枝叶近圆形,基部心形,边部具波状齿,齿间具不整齐小锯齿。雄株!

形态特征补充描述:该品种树冠近球状;侧枝较粗,开展。树干微弯,中央主干较明显。树皮灰绿色,光滑;皮孔菱形,小,散生;圆点状皮孔小,较多,突起呈疣点状。小枝细,灰棕色,光滑。花芽卵球状;先端尖;芽鳞棕褐色,具光泽。短枝叶近圆形、三角-圆形,较小,长5.5~8.5 cm,宽6.0~10.0 cm,表面淡绿色,具光泽,背面淡绿色,先端短尖,基部心形,边缘具波状齿,齿间具小锯齿;叶柄侧扁,长4.0~6.3 cm。雄株!

地点:河南郑州,河南农业大学院内。选出者:赵天榜、陈志秀。植株编号:No.80。

18.长柄毛白杨(植物研究) 品种

Populus tomentosa Carr. cv. 'Longipetiola', Populus tomentosa Carr. f. longipetiola T. B. Chao (T. B. Zhao) et J. W. Liu,植物研究,11(1):59~60.图1(照片).1991;赵天锡、陈章水主编.中国杨树集约栽培:314.1994;赵天榜等.毛白杨优良无性系.河南科技·林业论文集:1990,25;赵天榜等主编.中国杨属植物志:109~110.2020。

本品种树冠帚状;侧枝斜展。树皮灰白色,被白色蜡质层,光滑;皮孔菱形,很小,径4~6 mm,边缘平滑。小枝稀少,呈长枝状枝,通常下垂。短枝叶圆形、近圆形,革质,先端突短尖,基部浅心形;叶柄长 10.0~13.0 cm,通常等于或长于叶片。雌株! 花序细短;苞片匙-窄卵圆形,灰褐色、黑褐色,边缘被白色短缘毛;花盘漏斗状,边缘齿状裂;子房椭圆体状,淡绿色,柱头 2 裂,每裂 2 叉,淡黄绿色。果序长 18.0~23.0 cm。蒴果圆锥状,中部以上渐长尖,先端弯曲,成熟后 2 瓣裂,结籽率 30.0%~50.0%。花期 3 月;果熟期 4 月。

产地:本品种在河南郑州、新乡、洛阳、许昌等地有广泛栽培。模式标本,采于河南郑州,存河南农业大学。据调查,17 年生平均树高 15.0 m,平均胸径 55.0 cm,单株材积 1.177 19 m³。同时,树姿美观,长枝状小枝下垂,叶圆形而大,叶柄长叶下垂,可作绿化观赏用。

19. 河南毛白杨-122 品种

Populus tomentosa Carr. cv. 'Honanica-122';赵天榜等主编. 中国杨属植物志:110. 2020。

该品种树冠宽圆球状;侧枝粗壮,开展;树干直,中央主干不明显。树皮灰褐色,较光滑;皮孔有 2 种:圆点状,多,小,散生或 2~4 个或多数横向连生及菱形中等,多散生。短枝叶近圆形或三角-近圆形,先端短尖或突短尖,基部近圆形、浅心形,边缘具波状粗齿。

形态特征补充描述:该品种小枝短,长枝状,枝梢下垂。短枝叶近圆形或三角-宽圆形,长 7.0~12.0 cm,宽 7.0~13.0 cm,表面深绿色,具光泽,背面淡绿色,先端短尖,或突短尖。基部近圆形、浅心形,边缘液状粗齿;叶柄侧扁,长 4.0~6.5 cm。

地点:河南郑州河南省康复医院。选育者:赵天榜、陈志秀。植株编号:No. 122。

该品种生长快。20 年生树高 19.4 m,胸径 57.2 cm,单株材积 1.972 7 m³。

20. 棕苞河南毛白杨-152 品种

Populus tomentosa Carr. cv. 'Honanica - 152';赵天榜等主编. 中国杨属植物志:110. 2020。

该品种树冠大;侧枝开展;树干直,中央主干不明显。树皮灰绿色,较光滑;皮孔有 2 种:圆点状皮孔多,小,散生,较小及菱形皮孔小,散生。短枝叶宽卵圆-三角形,先端短尖或长尖,基部浅心形,稀圆形,叶柄长 8.5~9.5 cm。雄株! 花序长 8.0~10.5 cm;苞片棕色,黑棕色为显著特征。

地点:河南郑州市第九中学东边。选出者:赵天榜、陈志秀。植株编号:No. 152。

21. 两性花河南毛白杨 品种

Populus tomentosa Carr. var. honanica Yü Nung cv. 'Erxinghua';赵天榜等主编. 中国杨属植物志:110. 2020。

本品种雌雄同株! 花序长 8.0~10.0 cm,有花序分枝出现。果序分枝或蒴果着生在雄花序轴上。

本品种选育者:赵天榜,陈志秀。河南各地有栽培。

22. 河南毛白杨-16 品种

Populus tomentosa Carr. cv. 'Honanica - 16';赵天榜等主编. 中国杨属植物志:110. 2020。

该品种树冠近球状;侧枝少,粗大,多开展;树干低、弯,中央主干不明显。树皮灰褐色,基部纵裂;皮孔有 2 种:圆点状,散生;菱形皮孔中等,散生。短枝叶近圆形或三角-宽圆形。雌雄同株！雄花序长 8.0~10.0 cm,有时有少数枝状花序出现,有时雄花序上有雌花序分枝、雌花及蒴果。

形态特征补充描述:该品种树冠近圆形;侧枝粗大,而少。多开展,树干低弯,中央主干不明显。树皮灰褐色,基部纵裂,皮孔菱形,中等,散生,另有散生的圆点状皮孔。短枝叶近圆形或三角-宽圆形。中等,散生。另有散生的小圆点状皮孔。雄株且多生雌花或雌花序。雄花！序长 8.0~10.0 cm,径 1.2~1.7 cm,有时有少数枝状花序出现,花药淡黄色,花粉多,有时雄花序上有果或具果序。

地点:河南郑州纬五路路南。选育者:赵天榜、陈志秀。植株编号:No.16。

23. 圆叶河南毛白杨　品种

Populus tomentosa Carr. cv. 'Yuanye-Henan', *Populus tomentosa* Carr. var. *honanica* Yü Nung(T. B. Zhao)cv. 'YUANYE-HENAN', 18.1990;赵天榜等. 毛白杨优良无性系研究. 河南科技:林业论文集:6. 1991;赵天榜等主编. 河南主要树种栽培技术:99. 图 13.3. 图 14.9. 1994;李淑玲、戴丰瑞主编. 林木良种繁育学:280. 1996;赵天锡,陈章水主编. 中国杨树集约栽培:16. 313. 1994;圆叶毛白杨. 河南农学院园林系编(赵天榜). 杨树:7. 1974;赵天榜等主编. 中国杨属植物志:109~110. 2020。

该品种树冠圆球状;侧枝粗壮,下部斜生,中、上部近直立斜生,分布均匀。树干稍弯。树皮皮孔菱形,较少,散生或 2~4 个横向连生,兼有少量大的菱形皮孔及圆点状突起的皮孔。小枝粗壮,短,多斜生,构成长枝状枝,稍下垂。短枝叶近圆形,较大,表面亮绿色,背面淡绿色,先端短尖,基部深心形或偏斜,边部波状起伏,边缘具不整齐锯齿;叶柄侧扁,较宽,有时先端具 1~2 个腺点。雄株！花序有分枝序 2~3 个,长 1.5~4.3 cm;苞片宽卵圆-匙形,浅灰褐色,边缘尖裂宽、短;花被斜喇叭状。

产地:河南郑州。选育者:赵天榜、陈志秀等。模式植株编号:No.14。

本品种生长很快,25 年生树高 21.8 m,胸径 75.8 cm,单株材积 2.996 3 m³。河南各地有栽培。本品种郑州等地有栽培。

24. 河南毛白杨 259 号　品种

Populus tomentosa Carr. cv. '259';赵天榜等主编. 中国杨属植物志:111. 2020。

本品种树冠卵球状、塔形;侧枝较稀,枝角 50°~70°;树干通直;树皮灰白色,光滑;皮孔菱形,较小,散生或 2~4 个横向连生。

产地:河南各地有栽培。选育者:赵天榜、陈志秀。

本品种生长中等,5 年生树高 7.5 m,胸径 12.1 cm,比对照胸径大 8.23%。树冠小,胁地轻,是优良"四旁"绿化和农田防护林良种。高抗叶锈病、叶斑病,无天牛危害。

25. 河南毛白杨 85 号　品种

Populus tomentosa Carr. cv. '85';赵天榜等主编. 中国杨属植物志:111. 2020。

本品种树冠卵球状;侧枝较稀,枝角 50°~80°;树干灰绿色,光滑;皮孔菱形,小,多 3~4 个横向连生。

产地:河南各地有栽培。选育者:赵天榜、陈志秀。

本品种速生,5 年生树高 12.0 m,胸径 16.85 cm,比对照胸径大 8.23%。高抗叶锈病、叶斑病,无天牛危害。

26.鲁山河南毛白杨 品种

Populus tomentosa Carr. cv. 'Luoshan'；赵天榜等主编. 中国杨属植物志：111. 2020。

本品种树干通直；侧枝粗壮，开展；树干较光滑；皮孔菱形，较小，突起。雄花序细长。

产地：河南各地有栽培。选育者：赵天榜、陈志秀。

本品种速生，15 年生树高 22.5 m，胸径 40.9 cm，单株材积 1.172 09 m³。比对照单株材积 0.758 79 m³，增长 183.57%。高抗叶斑病，是绿化良种。

第三节　小叶毛白杨品种群 品种群

Populus tomentosa Carr. Microphylla group 河南农学院园林系赵天榜编. 杨树：7~9，图 4.1978；河南农学院园林系杨树研究组（赵天榜）. 毛白杨类型的研究. 中国林业科学，1：14~20，1978；河南农学院园林系杨树研究组（赵天榜）：毛白杨起源与分类的初步研究. 河南农学院科技通讯，2：34~35. 1978；河南植物志第一册（杨柳科-赵天榜）：175. 1981；中国树木志编委会：中国主要树种造林技术（赵天榜）：316. 1981；赵天榜等. 毛白杨系统分类的研究. 河南科技：林业论文集：3. 1991；赵天榜等主编. 中国杨属植物志：111. 2020。

该品种群树皮皮孔菱形，中等大小，2~4 个横向连生。短枝叶三角-卵圆形，较小，先端短尖；长枝叶缘重锯齿。雌株！蒴果结籽率达 30%以上。

该品种群中有 19 品种。现分别记述如下：

品种：

1. 小叶毛白杨-58 品种

Populus tomentosa Carr. cv. 'Microphylla-58'，赵天榜等主编. 河南主要树种栽培技术：99. 图 14.1994；河南科技：林业论文集：7~8.1991；赵天榜等主编. 中国杨属植物志：112. 2020。

该品种树冠卵球状；侧枝较密。树干直，中央主干不明显。树皮灰白色或灰褐色，较光滑；皮孔菱形，中等，较少。短枝叶卵圆形或三角-卵圆形，较小，表面暗绿色，背面浅绿色，先端短尖，基部浅心形或近圆形，稀截形，边缘具细锯齿；叶柄长，细小，先端有时具 1~2 枚腺点。长枝叶缘重锯齿。雌株！苞片披针-窄卵圆形，先端具 2~4 枚尖裂片，裂片中部具灰褐色条纹；花被长锥-漏斗状，苞被子房 3/5，边部具锯齿状缺刻；子房长卵球状，柱头 2 裂，每裂 2~3 叉，淡红色。蒴果圆锥状，绿色，成熟后 2 裂。花期 3 月，果实成熟期 4 月。

形态特征补充描述：小枝淡棕绿色。花芽卵球状，先端突尖；芽鳞棕红色，具光泽。短枝叶卵圆形或三角-宽卵形，较小，长 3.5~8.0 cm，宽 5.0~7.5 cm，表面暗绿色，背面浅绿色。主脉与第 2 对侧脉呈 30°~39°角，先端短尖，基部浅心形或近圆形，稀截形，边缘具细锯齿；叶柄长 2.5~6.5 cm，细，雌株！花序长 2.9~4.3 cm；苞片披针-窄卵圆形，先端具 2~4 尖裂片，裂片长约为苞片的 1/3，灰褐色，中部具灰褐色条纹，缘毛细长，灰白色。花被长锥状、漏斗状，包被子房 3/5，边部具锯齿状缺刻；花被柄细、短，被柔毛；子房长卵球状，淡绿色；柱头 2 裂，每裂 2~3 叉，淡红色。果序长 15.1~19.1 cm，平均长 16.1 cm。

地点:河南郑州,河南农业大学院内。选育者:赵天榜、陈志秀。植株编号:No.58。

小叶毛白杨品种的主要林学特性如下:

(1)早期速生。据调查,该品种中有的品种,9年生树高15 m,胸径28.0 cm,单株材积0.353 61 m³。13年生树高21.6 m,胸径37.1 cm,单株材积0.880 65 m³。河南农业大学营造的小叶毛白杨品种11年生试验林,平均树高16.9 m,胸径20.4 cm,单株材积0.319 65 m³。

(2)适生环境。栽培范围较小。多栽培在河南中部地区,要求水、肥、土条件较高,但在黏土或沙土地上生长也较正常。如河南睢县榆厢林场沙地上的毛白杨人工林中,13年生的小叶毛白杨平均树高13.3 m,胸径17.9 cm,单株材积0.145 61 m³,与同龄的箭杆毛白杨生长速度相近。在土层深厚、肥沃湿润条件下,最能发挥早期速生的特性。

(3)抗性较强。据调查,小叶毛白杨-58抗锈病、叶斑病能力较河南毛白杨品种群强,抗烟、抗污染能力较强。

(4)材质及用途。该品种木材白色,纹理细直,结构细密,易加工,不翘裂。木材物理力学性质较好。

(5)结籽率高。该品种结籽率达30%以上,是实生选种和杂交育种的好材料。

2.箭杆小叶毛白杨-1 品种

Populus tomentosa Carr. cv. 'Microphylla-1';赵天榜等主编. 中国杨属植物志:112. 2020。

该品种树冠卵球状;侧枝较细,斜生,分布均匀;树干通直,中央主干明显,直达树顶;树皮灰白色或灰绿色,较光滑;皮孔菱形,较多,多散生;皮孔中间纵裂纹红褐色。短枝叶卵圆形或三角-宽卵圆形或近圆形,先端短尖,基部圆形或微心-宽楔形,边缘具细锯齿,齿端具腺点。雌株!子房柱头2裂,淡粉红色或淡红色。每裂2~3叉,每叉棒状,表面具许多突起。

形态特征补充描述:该品种1年生枝圆柱状,淡棕黄色或淡黄灰绿色。顶芽三角-圆锥状,长0.9~1.1 cm,径0.5~0.7 cm;芽鳞淡黄棕灰色,被绒毛,芽鳞边缘薄,具光泽。花芽椭圆体状,稍扁,长9~13 mm,径4~7 mm,淡黄棕色,具光泽,被绒毛。花芽痕元宝-心形。2年生枝深灰褐色,花芽痕近圆形,托叶痕平展。短枝叶卵圆形、三角-卵圆形或近圆形,长5.0~6.0 cm,宽6.0~8.0 cm,具光泽,背面浅绿色,沿主脉基部被绒毛,主脉与第2对侧脉呈24°~32°角,第2对侧脉斜上伸展,先端短尖,基部圆形、微心形或宽楔形,边缘具整齐的锯齿,齿端具腺体。叶柄长6.0~7.0 cm,有时具1~2枚腺体。雌株!花序长5.5~6.0 cm,粗8 mm;苞卵圆形,较窄,先端3~7裂,裂片长约为苞片的1/2,浅灰褐色,先端灰褐色,中部具灰褐色条纹(带),基部缘毛多而长,几分裂片等长;子房长椭圆体状,淡绿色;花被长细漏斗状,边缘具齿牙状缺刻,缺刻长度为花被的1/4;柱头淡粉红色或淡红色,2裂4~6叉,每叉呈棒状,表面具许多突起;花被柄细长为苞片的1/4,被白色长柔毛。

地点:河南郑州,河南省党校院内。选出者:赵天榜、陈志秀。植株编号:No.1。

该品种的特点是:中央主干明显,直达树顶。生长速度中等。据调查,20年生树高20.8 m,胸径38.07 cm,单株材积0.969 88 m³。

3. 小叶毛白杨-2 品种

Populus tomentosa Carr. cv. 'Microphylla-2'；赵天榜等主编. 中国杨属植物志：112. 2020。

该品种树冠宽大,近球状;无中央主干;树皮皮孔菱形,中等,较多,2~4个横向连生,有散生大型皮孔。中短枝叶三角-宽卵圆形,圆心形,较小,先端短尖,基部浅心形或小三角-心形,稀圆形。雌株! 柱头2裂,淡红色或淡红色。每裂4~8叉,每叉弯曲或先端浅裂,裂片扭曲,表面具许多突起。

形态特征补充描述:该品种小枝顶芽长1.2~1.4 cm;芽鳞背面弧形,具棱线。花芽痕半圆形,托叶痕平展或微上翘。短枝叶三角-卵圆形、圆心形,较小,长4.0~9.0 cm,宽4.0~7.0 cm,稀长达8.0~10.0 cm,表面暗绿色,无毛,具光泽,背面淡绿色,有时被绒毛,主脉与第2对侧脉呈25°~30°角,第1对侧脉斜上伸展,先端短尖,基部浅心形或小三角-心形,稀圆形;叶柄先端侧扁,有时具1~2个腺体。雌株! 花序长6.0~8.0 cm,粗7 mm;苞片爪状,先端3~8裂,裂片长为苞片的1/2~1/3,褐灰色,缘毛较裂片短;雌蕊柱头淡红色或浅红色,2裂,4~8叉,每叉弯曲或先端浅裂,呈扭曲厚片状,而表面多突起;花被长漏斗状,先端具片状缺刻,裂刻为花盘长的1/5;花被柄短,被柔毛。果序长8.5~13.5 cm。蒴果圆锥状,绿色,熟后2裂。花期3月,果熟期4月。

地点:河南郑州,河南省党校院内。选出者:赵天榜、陈志秀、宋留高。植株编号：No.2。

该品种生长较快。据调查,20年生树高20.3 m,胸径43.9 cm,单株材积1.218 32 m³。

4. 小叶毛白杨-4 品种

Populus tomentosa Carr. cv. 'Microphylla-4'；赵天榜等主编. 中国杨属植物志：112~113. 2020。

该品种树冠近球状;侧枝较粗,开展,分布均匀;树干直,中央主干不明显;树皮灰白色,较粗糙;皮孔菱形,较多,较大,2~4个横向连生或多个横向连生。短枝叶卵圆形或三角-卵圆形,先端短尖,基部微心形,边缘具锯点,齿端内曲,具腺点。雌株! 柱头2裂,淡红色。每裂2~4叉。

形态特征补充描述:该品种树冠近球状;侧枝较粗,开展,分布均匀。树干直,中央主干不明显。树皮灰白色,较粗糙;皮孔菱形,较多,较大,多2~4个横向连生;主干中上部皮孔较大,较多,多个横向连生。小枝粗壮。顶芽三角-锥状,长7~9 mm,黄棕色。花芽椭圆体状,淡黄棕色,长12.0~14.0 cm,粗0.5~0.7 cm;芽鳞被绒毛,边部具光泽,背面钝形。花芽痕宽倒三角形,突起高度中等。2年生枝叶痕凹半圆形。花芽痕横椭圆形。短枝叶卵圆形、心形或三角-卵圆形,长5.3~9.0 cm,宽5.0~9.0 cm,表面暗绿色,无毛,具光泽,背面有时被灰白色绒毛,先端短尖,基部微心形,边缘具锯齿,齿端内曲,具腺点,主脉与第2对侧脉呈25°~35°角,叶柄细,长4.5~8.0 cm,有时具2枚腺体。雌株! 花序长2.0~3.7 cm;苞片匙-卵圆形,先端4~6裂,裂片灰褐色,被灰白色长缘毛,中下部无色,基部下延近似柄。花被长漏斗状,背面高于展面,边缘牙状缺刻;苞片着生于被托背部;花柄被柔毛;子房长卵球状,淡黄绿色,无毛,具光泽;花柱短,2裂,每裂2~3叉,淡红色。果序长9.5~13.5 cm。蒴果圆锥状,绿色,2瓣裂。花期3月,果熟期4月。

地点:河南郑州,河南省党校院内。选出者:赵天榜、陈志秀。植株编号:No. 4。

该品种生长较快。20 年生树高 19.5 m,胸径 48.5 cm。

5. 小叶毛白杨-6 品种

Populus tomentosa Carr. cv. ‘Microphylla – 6’;赵天榜等主编. 中国杨属植物志:113. 2020。

该品种树冠卵球状;侧枝较细,较多,斜展,下部侧枝开展;树干直,中央主干不明显;树皮灰白色或灰绿色,较光滑;皮孔菱形,较多,中等,少散生,多 2~4 个横向连生。短枝叶卵圆形或圆心形,较小,先端短尖或突渐尖,基部浅心形、圆形或楔形,偏斜,边缘具整齐小锯点,齿端具腺点。雌株! 柱头 2 裂,淡红色。每裂 2~3 叉。

形态特征补充描述:该品种树冠卵球状。中央主干不明显,侧枝较细,较多,多斜生,下部侧枝开展。树皮灰白色或灰绿色,较光滑;皮孔菱形,较多,中等散生少,多 2~4 个横向连生。小枝成枝力弱,枝多,细短。顶芽细长。花芽卵球状,长 9~10 mm,粗 4~6 mm;芽鳞背微具棱。2 年生枝,灰褐色。叶芽棱状圆锥状,长 9~11 mm,芽痕横椭圆形、垫高。枝痕椭卵圆形或圆心形,较小,长 5~8 mm,宽 4~7 mm,表面暗绿色,背面淡绿色,多被灰白绒毛,主脉与第 2 对侧脉呈 25°~32°角,先端短尖或突渐尖,基部浅心形、圆形或截形,偏斜,边缘具整齐小锯齿,齿端具腺点;叶柄长 4.0~6.0 cm,侧扁,有时具 1~2 个腺体。雌株! 花序长 3.0~5.0 cm,平均长 4.7 cm,径 0.7 cm;苞片宽卵圆-匙形,具 3~7 尖裂片,被灰白色长缘毛,裂片边部棕黄褐色或褐色,上、中部具棕黄色条纹,近基部黑褐色。花被长漏斗状,上部较宽大,几包被子房,边缘波状裂;花柄细,被柔毛;子房长卵球状,柱头 2 裂,每裂 2~3 叉,淡红色。果序长 8.9~14.8 cm。蒴果与小叶毛白杨相同。

地点:河南郑州,河南省党校院内。选出者:赵天榜、陈志秀。植株编号:No. 6。

该品种 20 年生树高 17.5 m,胸径 43.5 cm,单株材积 0.991 27 m³。

6. 小叶毛白杨-8 品种

Populus tomentosa Carr. cv. ‘Microphylla – 8’;赵天榜等主编. 中国杨属植物志:113. 2020。

该品种树冠卵球状;侧枝较细,斜展;树干直,中央主干明显;树皮灰白色或绿色,较光滑;皮孔菱形,中等,多 2~4 个横向连生。短枝叶三角-卵圆形或宽三角形,先端短尖或短渐尖,基部浅心形,稀近圆形或偏斜,边缘具锯齿,内曲,齿端具腺点。雌株! 柱头 2 裂,淡红色。每裂 2~3 叉。

形态特征补充描述:该品种小枝粗壮,灰褐色;皮孔椭圆形,明显。花芽椭圆体状,较大,长 1.1 cm,先端钝圆,具微头,被黏液。短枝叶三角-卵圆形、宽三角形,长 7.5~12.0 cm,表面亮绿色,背面沿脉被绒毛,主脉与第 2 对侧脉呈 28°~35°角,先端短尖或短渐尖,基部浅心形,稀近圆形或偏斜,边缘具锯齿内曲,齿端具腺点;叶柄侧扁,较宽,长 6.5~9.0 cm。雌株! 花序长 3.5~6.0 cm;苞片宽匙形,先端 3~5 尖裂、浅褐色,被灰白色长缘毛,边部颜色较深,中部具淡灰褐色条纹,基部无色;花被漏斗状,上部较宽呈喇叭状,包被子房 1/2,边缘指状缺刻;子房宽卵球状,上部渐细长;柱头 2 裂,每裂 2~3 叉,淡红色。果序长 7.9~13.1 cm,径 1.0~1.5 cm。蒴果圆锥状。

地点:河南郑州,河南省党校院内。选育者:赵天榜、陈志秀。植株编号:No. 8。

7. 小叶毛白杨-121　品种

Populus tomentosa Carr. cv. ' Microphylla-121'；赵天榜等主编. 中国杨属植物志：113. 2020。

该品种树冠卵球状；侧枝开展；树干中央主干稍明显；树皮灰绿色，光滑；皮孔菱形很少，多散生；圆点状皮孔，较少。短枝叶圆形或近圆形，先端短尖，基部浅心形。雌株！

形态特征补充描述：该品种短枝叶圆形或近圆形，形如盘状，长 8.0~10.0 cm，宽 4.0~9.0 cm，表面绿色，背面淡绿色，主脉与第 2 对侧脉呈 35°~42°角，边缘浅锯齿或波状齿，先端短尖，基部浅心形，叶柄长 5.0~7.0 cm。

地点：河南郑州，河南农业大学院内。选育者：赵天榜、陈志秀。植株编号：No. 121。

8. 小叶毛白杨-82　品种

Populus tomentosa Carr. cv. ' Microphylla-82'；赵天榜等主编. 中国杨属植物志：113. 2020。

该品种树冠圆锥状或卵球状；侧枝较细，开展；树干微弯，中央主干明显，直达树顶；树皮灰绿色，较光滑；皮孔菱形，较小，较少，多散生，兼有圆点状小型皮孔。短枝叶卵圆形或三角-卵圆形，先端短尖或突短尖，基部宽截形或圆形，稀浅心形。雌株！

形态特征补充描述：该品种短枝叶卵圆形、三角-卵圆形，较小，长 5.0~8.0 cm，宽 4.0~7.0 cm，表面深绿色，背面淡绿色，主脉与第 2 对侧脉呈 30°~39°角，先端短尖或突短尖，基部宽截形或圆形，稀浅心形，边部上翘，中间稍低略呈匙状，边缘具不整细锯齿，齿端具腺体；叶柄纤细，侧扁，长 5.0~6.0 cm。雌株！花不详。果序长 15.0~18.0 cm。蒴果圆锥状，长 0.4~0.6 cm，先端略弯，绿色。花期 3 月；果熟期 4 月。

地点：河南郑州，河南农业大学院内。选育者：赵天榜、陈志秀。植株编号：No. 82。

9. 小叶毛白杨-59　品种

Populus tomentosa Carr. cv. ' Microphylla-59'；赵天榜等主编. 中国杨属植物志：113~114. 2020。

该品种树冠卵球状；侧枝较多；树干微弯，中央主干不明显；树皮灰绿色；皮孔菱形，小而多，呈 2~4 个横向连生。短枝叶宽卵圆-三角形或近圆形，先端短尖或突短尖，基部心形，稀截形，边缘具波状粗锯，齿端内曲。雌株！柱头 2 裂，每裂 2~3 叉，具淡红色斑点。

形态特征补充描述：该品种小枝较细，较密。花芽椭圆体状，先端钝圆，棕褐色。短枝叶宽卵圆-三角形，稀近圆形，长 7.0~11.0 cm，宽 5.0~11.0 cm，表面暗绿色，具光泽，背面淡绿色，初被灰白绒毛，后渐脱落，主脉与第 2 对侧脉呈 25°~80°角，先端短尖，基部心形，稀楔形，边缘波状粗齿，齿端内曲；叶柄侧扁，长 5.0~3.5 cm，先端有时具 2 个腺点。雌株！花序长 3.0~4.5 cm；苞片宽卵圆形，先端 3~5 尖裂，浅棕黄色，边部稍深，中部被淡黄色条纹；花被三角-漏斗状，边缘具波状三角形齿；子房宽卵球状，中部膨大；柱头 2 裂，每裂 2~3 叉，淡红色斑点。果序长 16.2~17.7 cm，平均长 16.9 cm，径 1.2~1.5 cm。蒴果圆锥-三角状，绿色，熟后 2 瓣裂。花期 3 月，果熟期 4 月。

产地：河南郑州。选育者：赵天榜、陈志秀。植株编号：No. 59。

该品种 20 年生树高 18.8 m，胸径 40.5 cm，单株材积 0.882 8 m³。抗叶部病害。

10. 小叶毛白杨-31　品种

Populus tomentosa Carr. cv. 'Microphylla-31'；赵天榜等主编. 中国杨属植物志：114. 2020。

该品种树冠卵球状；侧枝较细，较稀；树干微弯，中央主干较明显；树皮灰绿色，较光滑；皮孔扁菱形，较小，较多，呈瘤状突起。短枝叶宽三角-卵圆形，先端短尖，基部近心形，边部波状起伏，边缘具波状粗锯；叶柄具红晕。雌株！

形态特征补充描述：该品种小枝中等，密被灰绒毛，叶痕横月牙形。顶芽圆锥状；芽鳞红褐色，具光泽；花芽卵球状，长 8~12 mm，粗 4~7 mm，先端渐长尖；芽鳞棕褐色，具光泽。2 年生枝灰白色。短枝叶三角-宽卵圆形，长 7.5~9.0 cm，宽 7.0~9.5 cm，表面绿色，背面淡绿色，先端短尖，基部近圆形，边部波状，缘具粗齿，主脉与第 1 对侧脉狭角呈 23°~32°角；叶柄侧扁，有红晕，长 5.0~7.0 cm。雌花不详。

产地：河南郑州，河南省农业科学院院内。选育者：赵天榜、钱士金。植株编号：No. 31。

该品种 20 年生树高 13.7 m，胸径 36.5 cm，单株材积 0.568 63 m³。

11. 小叶毛白杨-13　品种

Populus tomentosa Carr. cv. 'Microphylla-13'；赵天榜等主编. 中国杨属植物志：114. 2020。

该品种树冠卵球状；侧枝稀疏，分布均匀；树干微弯，中央主干通直；树皮灰绿色，光滑；皮孔菱形，较小，较多，背部钝圆，背缘棱线突起。短枝叶宽三角-宽卵圆形，先端短尖或短渐尖，基部浅心形，稀截形，边缘具整齐尖锯齿。雌株！

形态特征补充描述：该品种花芽痕横椭圆形，垫部较高；托叶痕上翘。小枝细，灰棕色。花芽长卵球状，棕绿色。短枝叶三角-宽卵圆形，长 5.5~10.5 cm，宽 5.7~8.5 cm，表面深绿色，具光泽，背面淡绿色，先端短尖或短渐尖，基部浅心形，稀截形，边缘具整齐尖锯齿；叶柄侧扁，长 5.0~6.7 cm，有时先端具 1~2 枚腺点。雌株！花序长 2.5~5.1 cm；苞片匙-倒三角形，先端 3~5 尖裂，裂片棕黄色，边部稍深中部具短棕色条纹；花被三角-漏斗状，边缘浅波状齿，被盘小；花柄细，长，被稀疏毛；子房卵球状，两端渐尖；柱头 2 裂，每裂 2~3 叉，淡红色。果序长 12.2~19.4 cm，平均长 16.2 cm，径 1.0~1.5 cm，序轴被疏柔毛。蒴果圆锥状，长 5 mm，绿色，2 瓣裂。花期 3 月；果熟期 4 月。

地点：河南郑州，河南省人民医院东边。选育者：赵天榜、陈志秀。植株编号：No. 13。

据调查，该品种生长快，13 年生树高 15.2 m，胸径 21.9 cm，单株材积 0.292 30 m³。

12. 小叶毛白杨-9　品种

Populus tomentosa Carr. cv. 'Microphylla-9'，河南科技：林业论文集：7. 1991；赵天榜等主编. 中国杨属植物志：114. 2020。

该品种树冠近球状；侧枝细，平展；树干直，中央主干不明显；树皮灰绿色，基部较粗糙；皮孔菱形，中等，多 2~4 个横向连生。小枝细、短、弱，多直立生长。短枝叶卵圆形、近圆形，小，表面暗绿色，具光泽，边缘具整齐细锯齿；叶柄长 5.0~6.0 cm。雌株！花苞片匙-椭圆形，先端 3~5 尖裂，裂片淡棕黄色，上、中部被有棕黄色条纹，边缘褐色，基部无色，透明；花被漏斗状，边缘具波状粗齿，上部宽大，中部向下渐狭呈柄状；子房淡绿色；柱头 2

裂,每裂又 2~3 叉,淡红色。花期 3 月,果熟期 4 月。

形态特征补充描述:该品种花芽痕半圆形,明显,垫部较高。顶芽三角-圆锥状,长 1.0~1.2 cm,芽鳞背灰绿色,具光泽,微被绒毛。花芽扁卵球状,长 8~11 mm;叶芽细圆锥状,长 8.0~10.0 cm。2 年生枝浅褐色;花芽痕横椭圆形,垫部中等,皮孔明显、点状突起。短枝叶卵圆形、近圆形,小,长 4.5~9.0 cm,宽 3.0~8.0 cm,表面暗绿色,具光泽,边缘细锯齿,主脉与第 2 对侧脉呈 28°~33°角;第一对侧脉斜伸或平展;叶柄长 5.0~6.0 cm。雌株! 花序长 3.0~4.6 cm;苞片匙-椭圆形,先端 3~5 尖裂,裂片淡棕黄色,上、中部被有棕黄色条纹,边缘褐色,基部无色,透明;花被漏斗状,边缘具波状粗齿,上部宽大,中部向下渐狭,呈柄状,被盘小;花柄细,被柔毛。果序长 6.5~8.5 cm。蒴果与小叶毛白杨相似。花期 3 月,果熟期 4 月。

地点:河南郑州,河南省党校院内。选育者:赵天榜、陈志秀等。植株编号:No.9。

该品种生长与小叶毛白杨近似。但树冠近球状,侧枝平展。小枝细、多,近直立生长,是个优良的城乡绿化良种。

13. 小叶毛白杨-101　小皮孔小叶毛白杨　品种

Populus tomentosa Carr. cv. 'Microphylla-101';赵天榜等主编. 中国杨属植物志:114. 2020。

该品种树冠近球状;侧枝较粗,开展;树干弯,中央主干不明显;树皮灰褐色,较光滑;皮孔菱形,小,多,多 2~4 个横向连生。短枝叶卵圆形、三角-近圆形,较小,先端短尖,基部近圆形或偏斜,边缘具整齐的内曲锯齿。雌株!

形态特征补充描述:该品种树小枝细、短,灰褐色或棕色。花芽椭圆体状,先端短尖;芽鳞棕黄褐色,具光泽,微被柔毛。短枝叶卵圆形、三角-圆形,较小,长 4.5~8.0 cm,宽 3.5~6.7 cm,表面深绿色,具光泽,背面淡绿色,先端短尖,基部近圆形或偏斜,边缘具较整齐的内曲锯齿;叶柄侧扁,细,长 4.5~6.0 cm,先端有时具 1 枚腺点。

地点:河南郑州,河南省党校院内。选育者:赵天榜、陈志秀。植株编号:No.101。

14. 小叶毛白杨-110　品种

Populus tomentosa Carr. cv. 'Microphylla-110';赵天榜等主编. 中国杨属植物志:114. 2020。

该品种冠卵球状;侧枝稀疏,开展;树干直,中央主干明显;树皮灰绿色或灰白色,较光滑;皮孔菱形,小,多 2~4 个横向连生。短枝叶三角-卵圆形、三角-近圆形,较小,先端短尖,基部微心形或楔形、近圆形,边缘具整齐的细锯齿。雌株!

形态特征补充描述:该品种小枝细、短,棕黄色,光滑。顶芽圆锥状,棕褐色;花芽卵球状,芽鳞棕红色,边部棕褐色光滑,具光泽,微被短柔毛。短枝叶三角-卵圆形或三角-近圆形,较小,长 3.7~5.5 cm,宽 3.7~6.3 cm,表面暗绿色,具光泽,背面淡绿色,先端短尖,基部微心形或楔形、近圆形,边缘具整齐细锯齿;叶柄侧扁,纤细,红色,长 3.0~5.7 cm,通常先端具 1~2 个腺点。

地点:河南郑州,河南省对外贸易学校院内。选育者:赵天榜、陈志秀。植株编号:No.110。

15. 小叶毛白杨-11 疣孔小叶毛白杨 品种

Populus tomentosa Carr. cv.'Microphylla-11';赵天榜等主编. 中国杨属植物志:114~
115. 2020。

该品种树冠卵球状;侧枝斜展;树干直,中央主干明显;树皮灰褐色,基部黑褐色,浅纵
裂;皮孔菱形,中等,较多,且突起。短枝叶三角形,稀圆形,先端短尖,基部浅心形、圆形,
稀楔形,边缘锯齿。雌株! 柱头具紫红色小点。

形态特征补充描述:该品种花芽椭圆体状,先端尖,长 9~1.2 mm;芽鳞棕红色,微被
短柔毛。短枝叶宽三角形,稀圆形,长 4.5~11.5 cm,宽 5.0~10.5 cm,先端短尖,基部浅
心形、圆形,稀截形,表面绿色,具光泽,背淡绿色,边缘具锯齿;叶柄侧扁,较宽,长 6.0~
7.8 cm,先端有时具 1~2 个腺点。雌株! 花序长 5.5 cm,径 1.1 cm;苞片卵圆-匙形,浅
灰白色,被灰褐色条纹,尖裂片及先端灰褐色,边缘具长白缘毛;花被漏斗状,边缘齿裂,上
部膨尖,基部渐狭、呈柄状;花柱稍长,柱头 2 裂,每裂 2~3 叉,被紫红色点。果序长 14.2~
17.4 cm。

地点:河南郑州,河南省人民医院东边。选育者:赵天榜、陈志秀。植株编号:No.11。

16. 小叶毛白杨-7 品种

Populus tomentosa Carr. cv.'Microphylla-7';赵天榜等主编. 中国杨属植物
志:115. 2020。

该品种树干直;树皮皮孔菱形,中等,散生。短枝叶三角形,稀近圆形,边缘具较整齐
半圆内曲锯齿,齿端具腺点。雌株! 柱头具紫红色小点。

形态特征补充描述:该品种短枝叶三角-近圆形,基部 5 出脉,边缘具较整齐的内曲
半圆形锯齿,齿端具腺点;叶柄侧扁。雌株花序较细;苞片匙-卵圆形,尖裂片宽、较短,浅
棕黄色,边部褐色,上、中部被棕黄色条纹,中、下部接触具黑褐色带,基部浅灰白色;花被
漏斗状,边缘波状,有时有尖裂;花柱短,2 裂,每裂 2~3 叉,被紫红色点。

地点:河南郑州,河南省党校院内。选育者:赵天榜、陈志秀。植株编号:No.7。

17. 小叶毛白杨-150 品种

Populus tomentosa Carr. cv.'Microphylla-150';赵天榜等主编. 中国杨属植物志:
115. 2020。

该品种树冠卵球状;侧枝细,少;树皮灰绿色或灰色;皮孔扁菱形或竖菱形,散生,中间
纵裂。短枝叶卵圆形。雌株! 柱头具紫红色小点。

产地:河南郑州。选育者:赵天榜、钱士金。植株编号:No.150。

18. 细枝小叶毛白杨 品种

Populus tomentosa Carr. cv.'Xizhi-Xiaoye',Populus tomentosa Carr. var. microphylla
Yü Nung(T. B. Zhao)cv.'XIZHI-XIAOYE',18. 1990;赵天榜等主编. 河南主要树种栽
培技术:99. 1994;李淑玲,戴丰瑞主编. 林木良种繁育学:1996,280;赵天锡,陈章主编. 中
国杨树集约栽培:17. 313. 1994;赵天榜等. 毛白杨优良无性系. 河南科技:林业论文集:
7. 1991;赵天榜等主编. 中国杨属植物志:115. 2020。

本品种树冠近球状;侧枝细,平展。树干直,中央主干不明显;树皮灰褐色,基部较粗
糙;皮孔菱形,中等,多 2~4 个横向连生。小枝细、短、弱,多直立生长。短枝叶卵圆形、近

圆形,小,表面暗绿色,具光泽,边缘细锯齿;叶柄长 5.0~6.0 cm。雌株! 苞片匙-椭圆形,先端 3~5 尖裂,裂片淡棕黄色,上、中部被有棕黄色条纹,边缘褐色,基部无色,透明;花被漏斗状,缘波状粗齿,上部宽大,中部向下渐狭,呈柄状,子房淡绿色,柱头 2 裂,每裂 2~3 叉,淡红色。花期 3 月,果熟期 4 月。

该品种花芽痕半圆形,明显,垫部较高。顶芽三角-圆锥状,长 1.0~1.2 cm,芽鳞背灰绿色,具光泽,微被绒毛。花芽扁卵球状,长 8~11 mm;叶芽细圆锥状,长 8~10 mm。2 年生枝浅褐色;花芽痕横椭圆形,垫部中等;皮孔明显、点状突起。短枝叶卵圆形、近圆形,小,长 4.5~9.0 cm,宽 3.0~8.0 cm,表面暗绿色,具光泽,边缘细锯齿,主脉与第 2 对侧脉呈 28°~33°角;第一对侧脉斜伸或平展;叶柄长 5.0~6.0 cm。雌株! 花序长 3.0~4.6 cm;苞片匙-椭圆形,先端 3~5 尖裂,裂片淡棕黄色,上、中部被有棕黄色条纹,边缘褐色,基部无色,透明;花被漏斗状,边缘具波状粗齿,上部宽大,中部向下渐狭,呈柄状,被盘小,漏斗状,边缘具波状粗齿,边缘褐色,具白色长缘毛;花柄细,被柔毛。果序长 6.5~8.5 cm。蒴果与小叶毛白杨相似。

产地:河南郑州。选育者:赵天榜、陈志秀、姚朝阳。模式植株编号:No.9。

该品种与小叶毛白杨近似,但树冠近球状;侧枝平展。小枝细、多,近直立生长,是个优良绿化良种。

19. 大皮孔小叶毛白杨　新品种

Populus tomentosa Carr. cv. 'Dapekong'

该品种树冠卵球状;侧枝细、少。树皮灰绿色或灰色;皮孔竖菱形或扁菱形,散生,中间纵裂。短枝叶卵圆形,绿色。雌株!

地点:河南郑州。选育者:赵天榜、钱士金。植株编号:No.153。

该品种生长中等。据调查,17 年生树高 23.4 m,胸径 34.0 cm,单株材积 0.689 50 m³。

第四节　密孔毛白杨品种群　品种群

Populus tomentosa Carr. Multilenticellia group 赵天榜. 毛白杨类型的研究. 中国林业科学,1:14~20.1978;河南农学院科技通讯,2:37~38. 图 11.1978;河南农学院园林系杨树研究组(赵天榜). 毛白杨起源与分类研究. 河南农学院科技通讯,2:37~38. 图 11,1978;河南植物志　第一册(杨柳科,赵天榜):174~175.1981;赵天榜等. 毛白杨系统分类的研究. 河南科技:林业论文集:3.1991;赵天榜等主编. 中国杨属植物志:115. 2020。

该品种群树冠开展;侧枝粗大。树皮皮孔菱形、较小,多数横向连生。短枝叶三角-宽圆形、宽卵圆形或近圆形,基部深心形。雄株!

形态特征补充描述:该品种小枝淡灰黄棕色,平展而下垂。叶痕半圆形,托叶痕线状平伸,顶芽圆锥形,长 1.0~1.1 cm,径 4~5 mm;花芽扁-椭圆体状,长 1.5~1.7 cm,径 1.1~1.2 cm。短枝三角-宽圆形或宽卵圆形,长 8.0~10.0 cm,宽 6.0~9.0 cm,先端短尖,基部心形或偏斜,边缘粗锯齿;主脉与第 2 对侧脉呈 30°~39°角;叶柄长 6.0~7.0 cm。长枝叶基部深心形,缘疏粗齿。雄株! 花序长 9.4~16.0 cm,径 0.8~1.5 cm,平均长 12.3 cm,径

1.14 cm。每序具花 189~276 朵;苞片匙-梳形,先端裂片长达苞片的 1/2,灰黑色,中部浅黄色;雄蕊 8~13 枚,花药长椭圆形,浅黄色或橙黄色,花粉极多;花被浅杯状,边缘锯齿裂;花柄被柔毛。花期 3 月。

该品种群适应性、生长速度等特性近于河南毛白杨品种群。其中有密孔毛白杨等 4 个品种。

地点:河南郑州。

本品群有 4 个品种。

品种:

1. 密孔毛白杨-17　品种

Populus tomentosa Carr. cv. 'Multilenticellia-17';赵天榜等主编. 中国杨属植物志:115~116. 2020。

该品种树冠宽圆球状;侧枝粗大;树干较低,中央主干不明显;树皮皮孔菱形,小而密,以横向连生呈绒状为显著特征。短枝叶三角-宽圆形或宽卵圆形,先端短尖,基部心形或偏斜,边缘具粗锯齿。雄株! 花序长 9.4~16.0 cm;雄蕊 8~13 枚;花粉极多。

形态特征补充描述:该品种小枝淡灰黄棕色,平展而下垂。叶痕半圆形,托叶痕线状平伸,顶芽圆锥状,长 1.0~1.1 cm,径 4~5 mm;花芽扁-椭圆体状,长 1.5~1.7 cm,径 1.1~1.2 cm。短枝三角-宽圆形或宽卵圆形,长 8.0~10.0 cm,宽 6.0~9.0 cm,先端短尖,基部心形或偏斜,边缘粗锯齿;主脉与第 2 对侧脉呈 30°~39°角;叶柄长 6.0~7.0 cm。长枝叶基部深心形,边缘疏粗齿。雄株! 花序长 9.4~16.0 cm,径 0.8~1.5 cm,平均长 12.3 cm,径 1.14 cm。每序具花 189~276 朵;苞片匙-梳形,先端裂片长达苞片的 1/2,灰黑色,中部浅黄色;雄蕊 8~13 枚,花药长椭圆形,浅黄色或橙黄色,花粉极多;花被浅杯状,边缘锯齿裂;花柄被柔毛。花期 3 月。

地点:河南郑州,河南对外贸易建筑材料公司东边。选育者:赵天榜、陈志秀。植株编号:No. 17。

根据在郑州调查,20 年生的平均树高 21.9 m,平均胸径 42.0 cm,单株材积 1.177 19 m³。在河南洛阳市调查,18 年生平均树高 21.3 m,胸径 42.3 cm,单株材积 1.115 50 m³,比同龄箭杆毛白杨材积大 43.0%,比河南毛白杨(雄株)大 13.79%。该品种在造林后,只要加强管理,及时修枝,仍可培育出较高的树干,且适于"四旁"栽植,是平原地区短期内解决木材自给的一个优良品种。

2. 密孔毛白杨-22　品种

Populus tomentosa Carr. cv. 'Multilenticellia-22';赵天榜等主编. 中国杨属植物志:116. 2020。

该品种树皮光滑;皮孔菱形,小,以密集呈横线状排列为显著特征。短枝叶卵圆形或三角-卵圆形,较小,先端短尖或尖,基部浅心形、圆形、楔形或宽楔形,边缘具整齐的内曲细锯齿,齿端具腺点。雄株! 花序长 9.5 cm;雄蕊 8~9 枚。

形态特征补充描述:该品种小枝短粗。叶痕半圆形,托叶痕下。顶芽三棱-圆锥状,棱线旋转,长 1.0~1.2 cm。花芽长 1.0~1.3 cm,径 6~9 mm,淡黄棕色。短枝叶卵圆形或三角-卵圆形,纸质,软,小,长 6.0~9.0 cm,宽 5.0~7.0 cm,表面暗绿色,具光泽,背面淡绿色,主脉与第二对侧脉呈 28°~34°角,第一对侧脉平伸或斜伸,先端短尖或尖,基部浅心形、圆形、楔形或宽楔形,边缘具整齐的内曲细锯齿,齿端具腺点;叶柄侧扁,长 4.0~6.0 cm。雄株! 花序长 9.5 cm,径 2.0 cm;苞片宽卵圆-匙形,中部以上灰褐色,中部以下色较淡,基部渐缩成柄状;花被斜杯状,边部波状,有时有齿裂;雄蕊 8~9 枚。花期 3 月。

地点:河南郑州,百货商店东边 3 号楼院内。选育者:赵天榜、陈志秀。植株编号:No. 22。

该品种生长快。30 年生树高 21.3 m,胸径 43.5 cm,单株材积 1.226 68 m³。

3. 密孔毛白杨-24 品种

Populus tomentosa Carr. cv. 'Multilenticellia-24';赵天榜等主编. 中国杨属植物志:116. 2020。

该品种树冠宽球状;侧枝粗大,开展;树干微弯,无中央主干;树皮灰褐色,较光滑;皮孔菱形,较小,较密,多呈横向线状排列。短枝叶宽三角形、近圆形,较大,先端短尖或尖,基部心形,边缘具波状锯齿,齿端具腺点。雄株!

形态特征补充描述:该品种短枝叶宽三角形、近圆形,较大,长 8.0~13.5 cm,宽 8.2~13.5 cm,表面暗绿色,具光泽,沿脉被绒毛,主脉与第 2 对侧脉呈 33°~39°角,先端短尖或尖,基部心形边缘为波状锯齿,大小相间,齿端具腺点内曲;叶柄侧扁,长 5.0~8.0 cm,先端有时具腺点。

地点:河南郑州,花园路百货商店东边 3 号楼院内。选育者:赵天榜、陈志秀。植株编号:No. 24。

该品种 25 年生树高 23.8 m,胸径 62.5 cm,单株材积 2.899 12 m³。

4. 密孔毛白杨-78 品种

Populus tomentosa Carr. cv. 'Multilenticellia-78';赵天榜等主编. 中国杨属植物志:116. 2020。

该品种树冠卵球状;侧枝较粗,斜展,分布均匀;树干通直,中央主干较明显;树皮灰白色或灰褐色,较光滑;皮孔菱形,较小,多呈横向线状排列。短枝叶近圆形或宽三角-圆形,先端短尖,基部近圆形。雄株!

形态特征补充描述:该品种 1 年生枝棕黄色,叶痕半圆形,托叶痕微下垂。顶芽圆锥状,长 8~12 mm,粗 4~5 mm,鳞背被绒毛,边部紫红色,具光泽。2 年生灰褐色。短枝叶近圆形或宽三角-圆形,长 7.0~10.0 cm,宽 6.0~9.0 cm,表面深绿色,具光泽,背面淡绿色,先端短尖,基部近圆形或近圆形;叶柄侧扁。雄株! 花序长 6.5~10.5 cm,径 1.3 cm;苞片宽卵圆-匙形,大,长 8~10 mm,上部灰褐色,中下部色较淡,被深色细条纹;花被稍大,边部具波状齿。花期 3 月上旬。

地点:河南郑州,河南农业大学院内。选育者:赵天榜、陈志秀、宋留高。植株编号:No. 78。

第五节　截叶毛白杨品种群 品种群

Populus tomentosa Carr. Truncata group 符毓秦等:毛白杨的一新变种. 植物分类学

报,13(3):95.图版 13:1~4.1975;赵天榜:毛白杨类型的研究.中国林业科学,1:14~20.1978;河南植物志 I:174.1981;中国主要树种造林技术(毛白杨—赵天榜):314.1978;中国树木志 Ⅱ:1967.1985;中国植物志 第二十卷 第二分册:18.1984;河南农学院园林系杨树研究组(赵天榜):毛白杨起源与分类的初步研究,河南农学院科技通讯,2:32~33.图8,1978;丁宝章等主编:河南植物志 第一册(杨柳科,赵天榜):174.1981;中国树木志编辑委员会:中国树木志 第二卷.1967.1985;赵天榜等.毛白杨系统分类的研究.河南科技:林业论文集:3.1991;赵天榜等主编.中国杨属植物志:116.2020。

该品种群树冠浓密;树皮平滑,灰绿色或灰白色;皮孔菱形,小,多 2~4 个横向连生,短枝叶三角-卵圆形,基部通常截形。

地点:陕西周至县。

该品种群主要特性是:生长迅速、抗叶部病害等。其中有 3 品种。

品种:

1. 截叶毛白杨 品种

Populus tomentosa Carr. cv. 'Truncata',赵天榜等主编. 河南主要树种栽培技术:99.1994;赵天榜等.毛白杨优良无性系的研究. 河南科技:林业论文集:7.1991;赵天榜等主编. 中国杨属植物志:116~117.2020。

该品种树冠浓密;分枝角度为 45°~65°角。树皮灰绿色,平滑;皮孔菱形,小,多 2 枚以上横向连生呈线状。长枝下部和短枝叶基部通常截形。幼叶表面绒毛较稀,仅脉上较多。发芽较早 5 d,落叶晚 10 d 以上。

地点:陕西周至县。选育者:符毓秦等。植株编号:No. 125。

截叶毛白杨的主要林业特征如下:

(1)物候特征。据符毓秦 1972 年观察,截叶毛白杨比毛白杨出叶早 5 d,落叶晚10 d。

(2)生长特性。截叶毛白杨 13 年生平均树高 14.6 m,胸径 22.9 cm;毛白杨则分别为12.60 m,胸径 16.1 cm。

(3)抗病特性。1973 年调查,毛白杨叶斑病发病率 100%,感病指数 71.9;截叶毛白杨叶斑病发病率 90.2%,感病指数 27.9。毛白杨锈病发病率 71.6%,感病指数 25.0;截叶毛白杨锈病发病率 56.7%,感病指数 25.0。

2. 截叶毛白杨-126 品种

Populus tomentosa Carr. cv. 'Truncata-126';赵天榜等主编. 中国杨属植物志:117.2020。

该品种树冠卵球状;侧枝较细,斜展,分布均匀;树干直;树皮灰褐色或灰绿色,光滑;皮孔菱形,小,多 2~4 呈横向连生。短枝叶三角-卵圆形、卵圆形、先端短尖,基部近截形或深心形。

形态特征补充描述:该品种小枝细,圆柱状,灰褐色,幼时被灰白色绒毛,后渐脱落。短枝叶三角-卵圆形、卵圆形,长 4.5~7.5 cm,宽 3.5~5.5 cm,表面绿色,背面灰绿色,被较多灰白色绒毛,先端短尖,基部近截形或深心形,边缘粗锯齿。花不详。

地点:陕西周至县,陕西省林业研究所渭河试验林场。选育者:符毓秦等。植株编号:

No. 126。

3. 截叶毛白杨-127　品种

Populus tomentosa Carr. cv. 'Truncata – 127'；赵天榜等主编. 中国杨属植物志：117. 2020。

该品种树皮皮孔菱形,大,多 2~4 个呈横向连生。短枝叶三角形、卵圆形,基部深心形,边缘波状起伏。

地点:陕西周至县,陕西省林业研究所渭河试验林场。选育者:符毓秦等。植株编号：No. 127。

该品种生长速度较差。

第六节　光皮毛白杨品种群 品种群

Populus tomentosa Carr. Lerigata group（Zhao Tianbang et al. Studyon The Execellent Form of Populus Tomentosa——IN TERNATIONAL POPLARCOM MISSIONELG TEENTH-SESSION Beijing,CHINA,58 September 1988）；赵天榜等. 毛白杨分类系统的研究. 河南科技:林业论文集:3.1991；赵天榜等主编. 中国杨属植物志:117. 2020。

该品种群树冠近球状；侧枝粗壮,开展；树干直,中央主干不明显。树皮极光滑,灰白色；皮孔菱形,很小,多数呈横向连生；树干上枝痕横椭圆形,明显；叶痕横线形,突起很明显。短枝叶宽三角形、三角-近圆形,先端尖或短尖,基部深心形,近叶柄处为楔形,边缘具波状粗锯齿或细锯齿。雄株! 花序粗大,长 13.0~15.6 cm；雄蕊 6 枚,稀 8 枚。

该品种群具有生长迅速,耐水、肥等优良特性,是短期内能提供大批优质用材的优良品种。

地点:河南鲁山县。

本品种群有 2 个品种。

品种:

1. 光皮毛白杨(植物研究)　品种

Populus tomentosa Carr. cv. 'Lerigata',赵天榜等主编. 河南主要树种栽培技术:99~100.1994；李淑玲,戴丰瑞主编. 林木良种繁育学:281. 图 3-1-20(1);7. 1996；*Populus tomentosa* Carr. f. lerigata T. B. Chao (T. B. Zhao) et Z. X. Chen,赵天榜等. 毛白杨的四个新类型. 植物研究,11(1):60. 图 3(照片). 1991；赵天锡,陈章水主编. 中国杨树集约栽培:313~314.1994；杨谦等. 河南杨属白杨组植物分布新记录. 安徽农业科学,2008,36(15):6295；赵天榜等. 毛白杨优良无性系的研究. 河南科技:林业论文集:7.1991；赵天榜等主编. 中国杨属植物志:117~118. 2020。

本品种树冠近球状；侧枝粗壮,开展。树干直,中央主干不明显；树皮灰绿色,很光滑；皮孔菱形,小,多 2~4 个或 4 个以上横向连生。树干上枝痕明显,横椭圆形。短枝叶宽三角形、三角-近圆形,先端短尖,基部深心形,近叶柄处为楔形,边缘具波状粗锯齿或细锯齿,表面深绿色,具光泽；叶柄侧扁,先端通常具 1~2 枚腺体。雄株! 花序粗大,径 1.3~1.7 cm；苞片卵圆-匙形,灰褐色,先端尖,裂片短小,褐色；花被三角-盘状,基部渐呈柄状;雄蕊6~8枚,淡黄色。花粉多。

形态特征补充描述:该品种树干直,中央主干不明显。树干上枝痕明显,横椭圆形;叶痕横线形、突起也很明显。小枝粗壮,短。叶芽卵球状,先端尖,芽鳞微被毛。花芽近卵球状,鳞背面亮绿色,边部棕褐色,具光泽。短枝叶宽三角形、三角-近圆形,长9.0~15.0 cm,宽8.5~16.0 cm,先端尖或短尖,基部深心形,而近叶柄处为楔形,边缘波状粗锯齿或细锯齿,表面深绿色,具光泽;叶柄侧扁,长8.0~11.5 cm,先端有时具1~2枚腺点。长枝叶三角-卵圆形,较大,长13.0~16.5 cm,宽10.0~16.5 cm,表面深绿色,具光泽,先端尖,基部心形,边缘具不整齐的锯齿牙或细尖齿;叶柄长5.0~8.0 cm,基部通常圆形,具腺点,被绒毛。雄株!花序粗大,长13.0~15.6 cm,径1.3~1.7 cm;苞片卵圆-匙形,灰褐色,先端尖,裂片短小,褐色。

产地:河南鲁山县背孤公路旁。选育者:赵天榜、黄桂生、李欣志等。模式株号:113。

光皮毛白杨主要林业特性如下:

(1)生长迅速。在河南郑州、新乡、洛阳、许昌等地有广泛栽培。据调查,20年生平均树高20.5 m,平均胸径60.8 cm,冠幅9.0 m,单株材积2.328 13 m³,而同龄箭杆毛白杨平均树高19.5 m,平均胸径26.9 cm,冠幅7.3 m,单株材积0.480 79 m³。在土壤肥沃条件下,"四旁"栽培后,加强抚育管理生长很快,是我国华北平原地区一个优良树种。

(2)适生环境。对土、水、肥条件要求较高,适生于土层深厚、湿润、肥沃土壤。在土壤肥力较高时,20年生平均树高20.0 m,胸径44.4 cm,单株材积1.182 4 m³;同龄箭杆毛白杨平均树高20.0 m,胸径28.0 cm,单株材积0.472 40 m³。

(3)抗叶斑病强。1985年10月中旬观察,箭杆毛白杨叶片因感叶斑病发病率95%以上脱落,而光皮毛白杨叶片感叶斑病很轻,脱落者不及5%。

2. 光皮毛白杨 品种

Populus tomentosa Carr. cv. 'Lerigata';赵天榜等主编. 中国杨属植物志:118. 2020。本品种形态特征与光皮毛白杨相同。

产地:河南鲁山县。选育者:赵天榜、黄桂生、李欣志等。模式株号:113。

该品种,20年生树高20.5 m,平均胸径60.8 cm,单株材积2.328 13 m³。抗叶斑病。

第七节　梨叶毛白杨品种群 品种群

Populus tomentosa Carr. Pynifolia group[赵天榜:毛白杨起源与分类的初步研究. 河南农学院科技通讯,2:30~32. 1078;河南植物志　第一册:174~175. 1981];赵天榜等. 毛白杨分类系统的研究. 河南科技:林业论文集:3~4. 1991;赵天榜等主编. 中国杨属植物志:118. 2020。

该品种群树冠浓密;树皮光滑,灰绿色或灰白色;皮孔菱形,小、多,2~4个横向连生。短枝叶三角-卵圆形、宽卵圆形,基部通常截形。雌株!花序粗大,柱头黄绿色,2裂,每裂2~4叉,裂片大,羽毛状。蒴果圆锥状,大,结籽率30.0%以上。

该品种群具有耐干旱等特性,在河南太行山区东麓褐土上,是毛白杨无性系中生长最快的一种。

本品种群有 3 个品种。

品种:

1. 梨叶毛白杨-18 品种

Populus tomentosa Carr. cv. 'Pynifolia-18';赵天榜等主编. 中国杨属植物志: 118. 2020。

该品种树冠宽大,圆球状;侧枝粗大,较开展。树干微弯;树皮灰绿色,稍光滑;皮孔扁菱形,大,以散生为主,少数连生。短枝叶椭圆形或卵圆形,稀圆形,先端尖或短尖,基部浅心形,有时偏斜,边缘具粗锯齿或波状齿,齿端具腺体。雌株!花序粗大,柱头淡黄绿色;结籽率 30.0% 以上。

形态特征补充描述:该品种小枝粗短,浅黄褐色较少。短枝叶椭圆形或宽卵圆形,稀圆形,较大,长 8.0~12.0 cm,宽 7.0~12.0 cm,表面淡黄绿色,具光泽,背面淡黄绿色,沿主脉基部被柔毛,先端尖或短尖,基部浅心形,有时偏斜,边缘具粗锯齿或波状齿,齿端具腺体,无缘毛;主脉第 2 对侧脉成 25°~45° 角(多 25°~39° 角),第 1 对侧脉斜上伸展,叶面被较厚的蜡质层;叶柄长 7.0~8.0 cm,侧扁,有时先端具 1~2 枚腺点。雌株!花序粗长;雌蕊柱头淡黄绿色,裂片大。蒴果长圆锥状,先端弯,结籽率常达 30% 以上。

地点:河南郑州,河南省农业科学院院内。选育者:赵天榜、钱士金。植株编号: No. 18。

梨叶毛白杨的主要林业特性如下:

(1)生长迅速。根据调查材料,20 年生平均树高 22.7 m,胸径 40.5 cm,单株材积 1.551 2 m^3。

(2)栽培范围小。该品种在郑州、焦作市有少量分布。据调查,在黏土上比毛白杨其他品种生长良好。

(3)结籽率高。梨叶毛白杨结籽率达 30% 以上,实生苗分离明显,抗叶斑病强,是毛白杨杂交育种和实生选种的优良亲本。

2. 梨叶毛白杨-33 品种

Populus tomentosa Carr. cv. 'Pynifolia-33';赵天榜等主编. 中国杨属植物志: 119. 2020。

该品种树冠卵球状;侧枝较细,多斜生。树干直,中央主干稍明显;树皮灰褐色,基部粗糙;皮孔菱形,较小,突起呈瘤状。短枝叶长卵圆形、三角-卵圆形,稀卵圆形,先端短尖或三角-心形,稀圆形。雌株!

形态特征补充描述:该品种小枝较粗壮,棕黄色,叶痕半圆形。2 年生枝灰白色,叶痕新月形。芽痕扁圆形。短枝叶长卵圆形、三角-卵圆形,稀卵圆形,长 11.0~13.0 cm,宽 9.0~11.0 cm,表面亮绿色,背面浅绿色,沿脉基部被绒毛,主脉与第 2 对侧脉呈 30°~39° 角,先端短尖或尖,基部浅心形、三角状心形,稀圆形;叶柄侧扁,长 6.0~9.0 cm。雌株!花序长 3.0~4.5 cm;苞片宽卵圆形,中、上部边缘黑褐色,中间具黑褐色条纹,裂片宽,具长缘毛;花被宽三角-漏斗状,边缘波状或裂齿缘;子房外露少,柱头裂片大,4 裂,淡黄色。果序长 10.0~15.0(~20.0) cm。蒴果圆锥状,先端弯。花期 3 月,果熟期 4 月。

地点:河南郑州,河南省农业科学院院内。选育者:赵天榜、钱士金。植株编号:No. 33。

3. 梨叶毛白杨-111 品种

Populus tomentosa Carr. cv. 'Pynifolia－111'；赵天榜等主编. 中国杨属植物志：119. 2020。

该品种树冠宽大,近球状;侧枝较粗,近平展。树干低弯,无明显中央主干;树皮灰绿色,基部灰褐色,粗糙;皮孔圆点形,较大,较少,散生,有菱形皮孔,散生。短枝叶三角-卵圆形,稀卵圆形,先端短尖,基部心形,边缘具内曲波状齿,齿端具腺体。雌株!

该品种小枝中等粗度。花芽椭圆体状,先端尖,棕褐色。短枝叶三角-卵圆形,长7.0~11.0 cm,宽8.0~10.0 cm,表面浓绿色,具光泽,背面淡绿色,先端短尖,基部心形,边缘波状齿,齿端具腺点,内曲;叶柄长6.0~8.0 cm。

地点:河南郑州,河南省对外贸易学校院内。选育者:赵天榜和陈志秀。植株编号:No. 111。

第八节　卷叶毛白杨品种群　品种群

Populus tomentosa Carr. Juanye group；赵天榜等主编. 中国杨属植物志：123~124. 2020。

本品种群短枝叶两侧向内卷为显著形态特征。

地点:河南禹县。

本品种群有1品种。

品种:

1. 卷叶毛白杨-124 品种

Populus tomentosa Carr. cv. 'Juanye－124'；赵天榜等主编. 中国杨属植物志：124. 2020。

本品种短枝叶两侧向内卷为显著形态特征。

地点:河南禹县。选育者:冯滔。植株编号:No. 124。

第九节　密枝毛白杨品种群　品种群

Populus tomentosa Carr. Ramosissima group 赵天榜等:毛白杨类型的研究. 中国林业科学,1:14~20. 1978;河南植物志 I:174~175. 1981;赵天榜等;毛白杨起源与分类的初步研究. 河南农学院科技通讯,2:40~42. 1078;赵天榜等:毛白杨系统分类的研究. 南阳教育学院学报　理科版　1990年(总第6期);赵天榜等. 毛白杨分类系统的研究. 河南科技:林业论文集:4. 1991;赵天榜等主编. 中国杨属植物志:119. 2020。

该品种群树冠浓密;侧枝多,中央主干不明显。小枝稠密。幼枝、幼叶密被白绒毛。蒴果扁卵球状。

该品种群生长快,抗叶部病害,落叶晚,是观赏和抗病育种的优良类群。

地点:河南郑州。

密枝毛白杨的主要林业特性如下:

(1)生长特性。据调查,20年生的密枝毛白杨平均树高22.2 m,胸径39.3 cm,单株材积0.913 04 m³。

(2)树冠浓密。树冠浓密;侧枝多,因而形成较多节疤,不宜用作板材。抗病能力强,落叶晚,是"四旁"绿化的优良品种。

本品种群有6个品种。

品种:

1. 密枝毛白杨-20 品种

Populus tomentosa Carr. cv. 'Ramosissima-20';赵天榜等主编. 中国杨属植物志:119. 2020。

该品种树冠卵球状;侧枝细而多,分枝角小;无中央主干;树皮灰绿色或灰白色,较光滑;皮孔菱形,较多,较大,散生或2~4个呈横向连生。短枝叶卵圆形、三角-卵圆形或三角-近圆形。雌株!柱头大,与子房等长;裂片淡黄绿色,稀紫色。

形态特征补充描述:该品种小枝细,成枝力强,多直立,密被绒毛;叶痕横椭圆形,托叶痕平展。花芽卵球状,小,长0.7~0.8 cm,棕红褐色,具光泽。短枝叶卵圆形、三角-卵圆形或三角-近圆形,长7.0~11.0 cm,宽5.0~9.0 cm,表面暗绿色,具光泽,背面淡绿色,基部明显出脉,主脉两侧被绒毛,主脉与第2对侧脉呈32°~39°角,第1对侧脉牙齿缘;叶柄细,长5.0~9.0 cm,先端有时有1~2个腺点。雌株!花序长3.0~5.0 cm;苞片匙-菱形,先端裂片短小,黄棕白色,具长灰白色缘毛;花被三角-杯形,边缘波状,花被盘托小;花柄细长,被柔毛子房1/8外露;柱头大,几与子房等长,2裂,每裂2~4叉,淡黄绿色,少数紫色。果序长10.0~13.7 cm,径0.7~1.0 cm。蒴果扁卵球状。花期3月,果熟期4月。

地点:河南郑州,河南科学技术情报研究所门口东边。选育者:赵天榜、陈志秀。植株编号:No. 20。

该品种20年生树高22.2 m,胸径39.3 cm,单株材积0.913 04 m³。抗病能力强,落叶晚。

2. 密枝毛白杨-21 品种

Populus tomentosa Carr. cv. 'Ramosissima-21';赵天榜等主编. 中国杨属植物志:120. 2020。

该品种树冠浓密;侧枝多而细;中央主干不明显;树皮灰白色,较光滑;皮孔菱形,较多,散生或2~4个呈横向连生。短枝叶卵圆形、三角-卵圆形,先端短尖,基部圆形,宽楔形,边缘具波状粗齿。雌株!柱头大,与子房等长;裂片淡黄绿色,稀紫色。

形态特征补充描述:该品种树冠浓密,侧枝多而细。中央主干不明显。幼枝密被灰白色绒毛,后渐脱落。小较粗壮,灰褐绿色。花芽卵球状,棕褐色,先端尖。短枝叶卵圆形、三角-卵圆形,长6.5~9.0 cm,宽4.5~8.0 cm,表面亮绿色,背面淡绿色,先端短尖,基部圆形、宽楔形,边缘波状粗齿;叶柄细,长5.0~9.0 cm。雌株!花序3.0~4.5 cm;苞片匙-三角形,先端窄,裂片小短,中、上部黑褐色,密生白色长缘毛;花被圆窄-漏斗状、边缘锯裂,包被子房;子房卵球状,淡绿色,花柱极短,2裂,每裂2~4叉,浅黄绿色,裂片长达子房的1/3;花被柄短、粗;花柄粗,被柔毛。果序长7.0~10.0 cm。蒴果扁卵球状。花期3月,果熟期4月。

地点:河南郑州,河南省科学技术情报研究所门口。选育者:赵天榜和陈志秀。植株编号:No.21。

该品种生长慢。30年生树高15.3 m,胸径36.4 cm,单株材积0.520 36 m³。抗叶斑病、锈病能力强,落叶晚。

3. 密枝毛白杨-23 品种

Populus tomentosa Carr. cv. 'Ramosissima-23';赵天榜等主编. 中国杨属植物志:120. 2020。

该品种树冠近球状;侧枝粗大,斜生;树干微弯,无中央主干;树皮灰褐色,较光滑;皮孔菱形,较多,散生或多个呈横向连生。短枝叶椭圆形、卵圆形或圆形,纸质。雌株!

形态特征补充描述:该品种1年生枝较细,浅黄色。叶痕横椭圆形。短枝叶椭圆形、卵圆形或圆形,纸质,较小,长6.0~9.0 cm,宽4.0~7.0 cm,表面亮绿色。具光泽,背面浅绿色,沿主脉基部被绒毛,主脉与第2对侧脉呈27°~32°角;叶柄长5.0~7.0 cm。雌株!花序长2.8~4.3 cm;苞片菱匙-卵圆形,先端尖裂很少,黑褐色具长而密的白缘毛,缘毛长为苞片的2/3,中部浅灰色,基部灰白色。花被杯状,中、下部渐狭呈柄状,且被疏柔毛,边缘映裂深达花被1/3;子房长卵球状,柱头短,2裂,每裂2~4叉,淡黄绿色。果序长8.0~15.0 cm。蒴果扁卵球状,2瓣裂。花期3月,果熟期4月。

地点:河南郑州,花园路百货商店东边院内。选育者:赵天榜、陈志秀。植株编号:No.23。

4. 密枝毛白杨-27 品种

Populus tomentosa Carr. cv. 'Ramosissima-27';赵天榜等主编. 中国杨属植物志:120. 2020。

该品种树冠宽卵球状;侧枝粗壮,开展;树干微弯,无中央主干或不明显;树皮灰绿色或灰褐色,较粗糙;皮孔菱形,中等,较多,较大,散生或2~4个呈横向连生。短枝叶三角-卵圆形、卵圆-椭圆形。雌株!柱头2裂,每裂2~3叉,裂片长而宽,达子房1/2长。

形态特征补充描述:该品种短枝叶三角-卵圆形或卵圆-椭圆形,长8.0~10.0 cm,宽5.0~8.0 cm,表面暗绿色,具金属光泽,背面淡绿色,被灰白色绒毛,沿脉尤多,主脉与第2对侧脉呈20~25°角,第1对侧脉近平展,先端尖或短尖,基部微心形或圆形,边缘具锯齿或波状锯齿;叶柄侧扁,长6.0~7.0 cm。雌株!花序长3.0~5.0 cm;苞片匙-卵圆形,先端3~5裂,裂片长,边缘灰褐色,具长白色缘毛,中部淡灰白色,与下部交接处灰褐色,基部无色;花被杯状,边缘锯齿状裂,被盘柄明显粗于花柄;子房宽短卵球状,柱头2裂,每裂2~3叉,裂片长而宽,达子房1/2。果序长8.0~15.5 cm。蒴果扁卵球状,2瓣裂。

地点:河南郑州,花园路百货商店东边。选育者:赵天榜、陈志秀。植株编号:No.27。

5. 密枝毛白杨-36 品种

Populus tomentosa Carr. cv. 'Ramosissima-36';赵天榜等主编. 中国杨属植物志:120. 2020。

该品种树冠近球状;侧枝粗壮,分枝角50°~55°,下部侧枝开展,梢部稍下垂;长状枝弯曲,梢端上翘;无中央主干;树皮灰绿色或灰褐色,较光滑;皮孔菱形,中等,个体差异明显,较多,散生,稀连生。短枝叶三角-卵圆形或近圆形,稀扁圆形,先端短尖或尖,基部圆形、宽楔形、浅心形,有时偏斜,边缘具波状大齿或牙齿缘。雌株！柱头大,与子房等长;裂片淡黄绿色,稀紫色。

形态特征补充描述:该品种小枝粗、短,浅黄绿褐色,幼时密被灰白色绒毛。叶痕横椭圆形。托叶痕弯曲上翘。顶芽圆锥状,长 10~12 mm,径 4~5 mm;花芽卵球状,先端渐尖,长 9~11 mm,芽鳞红棕色,具光泽。短枝叶三角状-卵圆形或近圆形,稀扁圆形,长 8.0~14.0 cm,宽 5.6~13.5 cm,表面暗绿色,具光泽,背面淡绿色,沿主脉及两侧被绒毛,主脉与第 2 对侧脉呈 25°~39° 角,先端短尖或尖,基部圆形、宽楔形、浅心形,有时偏斜,边缘具波状大齿或齿牙缘;叶柄侧扁,通常红色,长 8.0~12.0 cm。雌株！花序长 3.0~5.0 cm;苞片菱-匙形,先端尖裂少而短、边部灰褐色,具长而密的白缘毛,中部被深灰色条纹,基部无色;花被长椭圆形,基部渐狭成柄状,边缘具小三角状缺刻,子房被花被所包;柱头短 2 裂,每裂 2~4 裂,裂片先端宽大,淡黄绿色。果序长 7.0~13.0 cm。蒴果扁卵球状,2 瓣裂。花期 3 月;果熟期 4 月。

地点:河南郑州。选育者:赵天榜、钱士金。植株编号:No.36。

该品种 20 年生树高 17.5 m,胸径 51.5 cm,单株材积 1.444 5 m³。

6. 粗密枝毛白杨　品种

Populus tomentosa Carr. cv. 'Cumizhi',赵天榜等. 毛白杨优良无性系研究. 河南科技:林业论文集:8.1991;李淑玲,戴丰瑞主编. 林木良种繁育学:281.1960;赵天锡,陈章水主编. 中国杨树集约栽培:18. 314.1994;赵天榜等. 毛白杨优良无性系. 河南科技:林业论文集:7~8.1991;赵天榜等主编. 河南主要树种栽培技术:100.1994;赵天榜等主编. 中国杨属植物志:120. 2020。

本品种树冠近球状;侧枝稀、粗大、斜展,二、三级侧枝稀疏,较粗壮,四级侧枝较细、较密;树皮灰绿色,较光滑,皮孔菱形,较密,较大,多 2~4 个或多数横向连生呈线状。短枝叶卵圆形或三角-宽卵圆形,先端渐尖,稀突尖,基部心形,稀近截形,表面深绿色,具光泽,背面淡绿色,宿存白绒毛,幼时更密,后渐脱落,边缘具波状齿;叶柄细长,侧扁。雌株！花苞片宽卵圆-匙形,中部以上灰褐色,尖裂片宽、短,边缘具长而密的白色缘毛,花被漏斗状,边缘波状;柱头 2 裂,每裂 3~4 叉,淡黄绿色。

形态特征补充描述:该品种短枝叶卵圆形、三角-卵圆形,长 4.5~10.0 cm,宽 3.5~9.5 cm,先端渐尖,稀突尖,基部心形,稀近截形,表面深绿色,具光泽,背面淡绿色,宿存有白绒毛,幼时更密,后渐脱落,边缘波状齿;叶柄细长,侧扁,长 4.0~8.0 cm。雌株！花序长 3.2~4.5 cm;苞片宽卵圆-匙形,中部以上灰褐色,尖裂片宽、短,具长而密的白缘毛;花被漏斗状,边缘波状,柱头 2 裂,每裂 3~4 叉,淡黄绿色。

地点:河南鲁山县背孤乡公路旁。选出者:赵天榜、黄桂生。植株编号:No.114。

粗密枝毛白杨的主要林业特性如下:

(1)生长特性。据调查,20 年生的密枝毛白杨平均树高 26.5 m,胸径 64.5 cm,冠幅 12.8 m,单株材积 3.417 86 m³。同龄毛白杨单株材积 0.476 60 m³。

(2)树冠浓密,侧枝多,因而形成较多节疤,不宜用作板材。若及时修枝,仍能形成树干圆满、生长迅速、节疤少的良材。

(3)抗病能力强,落叶晚,是"四旁"绿化的优良品种。

第十节 银白毛白杨品种群 品种群

Populus tomentosa Carr. Albitomentosa group；赵天榜等主编. 中国杨属植物志：120. 2020。

本品种群叶背面及叶柄密被白色绒毛。

本品种群有 2 品种。

品种：

1. 银白毛白杨-37 品种

Populus tomentosa Carr. cv. 'Ramosissima-37'；赵天榜等主编. 中国杨属植物志：120~121. 2020。

该品种树冠近球状；侧枝较粗，直立斜展，枝层明显；树干微弯，中央主干不明显；树皮灰绿色或灰褐色，较光滑；皮孔菱形，中等，较多，散生，兼有少量小皮孔。短枝叶近圆形，先端短尖或尖，基部圆形或浅心形，叶背面及叶柄密被白色绒毛。雌株！

形态特征补充描述：该品种 1 年生枝浅黄褐色，细短，斜生，密被灰白色绒毛；叶痕新月形，托叶痕微上翘。顶芽圆锥状，长 9~10 mm，芽鳞红褐色。花芽卵球状，先端突尖，长 8~10 mm，鳞背起呈钝三角形，红褐色，具光泽。2 年生淡灰黄色，叶痕新月形；托叶痕平展，基部微隆起。短枝叶卵圆形、三角-卵圆形或近圆形，长 9.0~15.0 cm，宽 7.0~11.0 cm，表面亮绿色，无毛，具光泽，背面密被灰白色绒毛，沿主脉及其两侧密被白绒毛，主脉与第 2 对侧脉呈 25°~30°角，先端尖或短尖，基部圆形或浅心形，有时楔形，边缘具大牙齿缘；叶柄圆柱状，长 6.0~9.0 cm，密被灰白色绒毛，且具圆形腺体 1~2 个。雌株！花序长 3.0~4.5 cm；苞片菱-匙形，先端 5~7 裂，裂片尖，浅灰色卵球状，柱头 2 裂，每裂 2 叉，裂片淡黄白色，边缘锯齿状。果序长 7.0~12.1 cm。蒴果扁卵球状，具灰白色绒毛，中部被灰色条纹；花被短椭圆-漏斗状，基部渐狭，呈柄状，边缘波状或缺刻；子房卵球状，2 瓣裂。花期 3 月，果熟期 4 月。

地点：河南郑州，河南省农业科学院院内。选育者：赵天榜、钱士金。植株编号：No. 37。

该品种 20 年生树高 16.3 m，胸径 31.2 cm，单株材积 0.491 59 m³，是观赏或作抗病育种的材料。

2. 银白毛白杨-114 品种

Populus tomentosa Carr. cv. 'Ramosissima-114'；赵天榜等主编. 中国杨属植物志：121. 2020。

该品种树冠近球状；侧枝稀，粗大，斜展；树皮灰绿色，较光滑；皮孔菱形，较大，较密，多 2~4 个，或多数横向连生呈线状。短枝叶卵圆形、三角-卵圆形，先端渐尖，稀突尖，基部心形，稀近截形，边缘具波状齿，叶背面及叶柄密被白色绒毛。雌株！

形态特征补充描述：该品种短枝叶卵圆形、三角-卵圆形，长 4.5~10.0 cm，宽 3.5~9.5 cm，表面深绿色，具光泽，淡绿色，被白色绒毛，幼时更密，边缘具波状齿；叶柄圆柱状，细，侧扁，长 4.0~8.0 cm。雌株！花序长 3.2~4.5 cm；苞片宽卵圆-匙形，中部以上灰褐色,裂片宽短,具长而密的白色缘毛;花被漏斗状,边缘波状;柱头2裂,每裂2叉,每裂3~4叉,淡黄绿色。

产地:河南鲁山县背孤乡公路旁。选育者:赵天榜、黄桂生。植株编号:114。

该品种20年生树高26.5 m,胸径64.5 cm,单株材积3.417 86 m³。

第十一节　心叶毛白杨品种群　品种群

Populus tomentosa Carr. Cordatifolia group;赵天榜等主编. 中国杨属植物志:121. 2020。

本新品种群短枝叶心形或宽心形,先端长渐尖,基部心形,边缘具波状齿。雄株!

地点:河南鲁山县。

本品种群有1品种。

品种:

1. 心叶毛白杨　品种

Populus tomentosa Carr. cv. 'Cordatifolia-858201';赵天榜等主编. 中国杨属植物志:121. 2020。

该品种群树冠帚状;侧枝直、斜展,无中央主干。小枝短粗;长枝梢端下垂。短枝叶近圆形、圆形;叶柄长于或等于叶片。雌株!

该品种树形美观,生长中等,结籽率高,是优良观赏和杂交育种材料。

地点:河南郑州。选育者:赵天榜、陈志秀等。植株编号:8580201。

第十二节　泰安毛白杨品种群　品种群

Populus tomentosa Carr. Taianensis group;赵天榜等. 毛白杨分类系统的研究. 河南科技:林业论文集:4. 1991;赵天榜等主编. 中国杨属植物志:121~122. 2020。

该品种群短枝叶宽三角-近圆形,先端短尖,基部深心-楔形,边部皱褶为显著特征。雄株!

该新品种群生长较慢,树干较弯,不宜发展。其中有泰安毛白杨、心楔叶毛白杨等品种。

地点:河南、山东有栽培。

本新品种群有3品种。

品种:

1. 泰安毛白杨-146　品种

Populus tomentosa Carr. cv. 'Taianica-146';赵天榜等主编. 中国杨属植物志:122. 2020。

该品种树冠近球状;侧枝中等粗细;树皮灰绿色,较光滑;皮孔菱形,中等,散生或2~4个横向连生。短枝叶近圆形、三角-宽圆形,先端突短尖,基部心-楔形为显著特征,稀近截形,边缘具波状粗齿,齿端尖,内曲,具腺点。雌株! 柱头微呈紫红色。

形态特征补充描述:该品种短枝叶近圆形或三角-宽圆形,长 6.0~11.0 cm,宽 7.0~11.0 cm,表面绿色,具光泽,背面淡绿色,先端突短尖,基部心状楔形为显著特征,边缘具波状粗齿,齿端尖,内曲,具腺点;叶柄长 6.0~9.5 cm。雌株! 花序长 3.0~4.5 cm;苞片狭匙-卵圆形,上部黑褐色具尖裂和长缘毛;花被杯状,边缘具尖裂;子房卵球伏,柱头微呈淡粉红色。

地点:山东泰安,山东林校标本园北边。选育者:赵天榜。植株编号:No. 146。

2. 心楔叶毛白杨-149 品种

Populus tomentosa Carr. cv. 'Xinxieye-149';赵天榜等主编. 中国杨属植物志:122. 2020。

该品种树干微弯、低;侧枝较粗,开展,中央主干不明显。短枝叶宽三角-近圆形或圆形,先端短尖或突短尖,基部心-楔形为显著特征。雄株!

产地:河南郑州,河南省体育馆院内。选育者:赵天榜、张石头。植株编号:No. 149。

3. 心楔叶毛白杨-109 品种

Populus tomentosa Carr. cv. 'Xinxieye-109',11(1):60~61. 图 4(照片). 1991;杨谦等. 河南杨属白杨组植物分布新记录. 安徽农业科学,2008,36(15):62;赵天榜等主编. 中国杨属植物志:122. 2020。

该品种树冠近球状;侧枝多,开展;树干低、直,中央主干不明显;树皮灰褐色,较光滑,基部稍粗糙;皮孔横椭圆形,多 2~4 个横向连生;扁菱形皮孔,散生。短枝叶三角-近圆形或近圆形,先端短尖,基部深心-楔形为显著特征,边缘具粗波状锯齿,有时边部波状起伏。雄株!

形态特征补充描述:该品种小枝粗壮,棕绿色。花芽宽卵球状,先端短尖;芽鳞绿色,边部棕红色,具光泽微被短绒毛。短枝叶宽三角-近圆形或近圆形,长 8.0~11.5 cm,宽 7.0~11.0 cm,表面浓绿色,具光泽,背面淡绿色,先端短尖,基部深心状-楔形,边缘具粗波状锯齿,有时边部起伏呈波状;叶柄侧扁,较宽,长 6.0~8.5 cm,有时先端被 1~2 个腺点。

产地:河南郑州,河南省农业科学院试验农场南边。选育者:赵天榜、陈志秀。植株编号:No. 109。

本品种在河南郑州、新乡、洛阳、许昌等地有广泛栽培。

第十三节　塔形毛白杨品种群　品种群

Populus tomentosa Carr. Pyramidalis group 中国主要树种造林技术:316. 1981;河南植物志 I:176,1981;赵天榜:毛白杨类型的研究. 中国林业科学,1:14~20. 1978;植物研究,2(4):159. 1982;赵天榜等. 毛白杨分类系统的研究. 河南科技:林业论文集:4. 1991;赵天榜等主编. 中国杨属植物志:122. 2020。

该种群树冠塔形;侧枝与主干呈 20°~30°角着生。小枝弯曲,直立生长。雄株!

该品种群树形美观,冠小,根深,抗风,耐干旱能力强,是观赏、农田林网和沙区造林的优良品种。

地点:河北清河县。山东有栽培。

塔形毛白杨群主要林业特性如下:

(1)栽培范围小。塔形毛白杨主要栽培在山东夏津、武城、苍山等县,河北清河等县。

(2)生长速度中等。塔形毛白杨在土层深厚、肥沃、疏松、中性的粉沙土上,8年生平均树高14.5 m,胸径16.6 cm;在干旱、瘠薄的土壤上也能生长。

(3)冠小、根深、胁地轻。据观察,该品种侧根很广、少、很深,如33年生大树目生根1条,其上支根11条,根幅2.1 m,与冠幅近似;垂直根系深达0.8~1.2 m的土层中,所以胁地轻,是个较好的林粮间作树种。

(4)抗性强。塔形毛白杨耐干旱、耐瘠薄,抗风、病虫害及污染能力强等,在干旱、瘠薄的沙上及沙地上能良好生长。抗烟、抗污染能力强,是厂矿、城镇的优良绿化树种。

(5)繁殖容易。据试验表明,扦插成活率达90%以上。

本品种群有1个品种。

品种:

1.塔形毛白杨-109　抱头白毛白杨　抱头白　品种

Populus tomentosa Carr. cv.'Pyramidalis-109',赵天榜等主编.河南主要树种栽培技术:100.1994;中国主要树种造林技术:316.1976;塔形毛白杨 cv.'Pyramidalis',赵天榜等.毛白杨优良无性系.河南科技:林业论文集:8.1991;赵天榜等主编.中国杨属植物志:122~123.2020。

该品种树冠塔形;侧枝与主干呈20°~30°角着生;树干直,不圆满;树皮灰褐色,基部粗糙;皮孔菱形,散生,中等大小。小枝直立弯曲生长为显著特征。短枝叶三角形、三角-卵圆形,表面暗绿色,具光泽,背面浅绿色,先端短尖或渐尖,基部截形、近圆形或浅心形,且偏斜,边缘为波状粗锯齿;叶柄侧扁。雄株! 幼龄植株有雌雄花同株者。

产地:山东夏津县、河北清河县有分布。发现者:顾万春。

第十四节　三角叶毛白杨品种群 新品种群

Populus tomentosa Carr. Triangustlfolia group;赵天榜等.毛白杨分类系统的研究.河南科技:林业论文集:4.1991;赵天榜等主编.中国杨属植物志:123.2020。

该新品种群短枝叶三角形,长7.0~9.5 cm,宽4.5~7.0 cm。表面淡绿色,具光泽,背面淡绿色,先端长渐尖,基部截形或近截形,边缘具波状圆腺齿。幼枝、幼叶密被绒毛;晚秋枝、叶、叶柄密被短柔毛,边缘具整齐的腺圆齿。

地点:河南南召县。选育者:赵天榜、李万成。No.789112。

该品种群有1个品种。

品种:

1.三角叶毛白杨(植物研究)　品种

Populus tomentosa Carr. cv.'Deltatifolia',Populus tomentosa Carr. f. deltatifolia T. B. Chao (T. B. Zhao) et Z. X. Chen,赵天榜等.毛白杨的四个新类型.植物研究,1991,11(1):50~60;杨谦等.河南杨属白杨组植物分布新记录.安徽农业科学,2008,36(15):

6295。植物研究,11（1）：60.图 2（照片）.1991;赵天榜等主编.中国杨属植物志：123.2020。

本品种短枝叶三角形,背面被白色绒毛,先端长渐尖,基部截形,边缘具整齐的圆腺锯齿,幼叶密被绒毛。秋季叶及萌枝叶圆形或三角-卵圆形,密被淡黄色绒毛;叶柄圆柱状,密淡黄色绒毛。二次枝、叶和叶柄被淡黄色绒毛。

产地：河南南召县乔端乡野平岭谷内。赵天榜和陈志秀,No.78911-100。模式标本,采于河南南召县,存河南农业大学。

第十五节　皱叶毛白杨品种群　品种群

Populus tomentosa Carr. Zhouye group;赵天榜等.毛白杨分类系统的研究.河南科技:林业论文集:4.1991;赵天榜等主编.中国杨属植物志:123.2020。

本品种群树皮灰褐色,较光滑,具白色斑块。短枝叶三角-近圆形,先端短尖或急尖,基部浅心形,叶面皱褶起伏,边缘具大小不等的粗锯齿。雄株!

地点：河南南召县。

本品种群有 1 个品种。

品种：

1. 皱叶毛白杨　品种

Populus tomentosa Carr. cv. 'Zhouye';赵天榜等主编.中国杨属植物志:123.2020。

本品种树皮灰褐色,较光滑,具白色斑块。短枝叶三角-近圆形,先端短尖或急尖,基部浅心形,叶面皱褶起伏,边缘具大小不等的粗锯齿。雄株!

地点：河南南召县。选育者：赵天榜、李万成。

第十六节　大叶毛白杨品种群　品种群

Populus tomentosa Carr. Magalophylla group,赵天榜等主编.中国杨属植物志:124.2020。

本品种群小枝多年生构成枝状,下垂,梢端上翘呈钩状。树皮灰白色,光滑;皮孔菱形,特小,散生或 2~4 个横内连生。短枝叶三角-近圆形或宽三角形,先端短尖,基部心形,厚革质,边缘具波状齿,叶簇生枝顶。雄株!

形态特征补充描述：该品种群树冠卵球状;侧枝开展,梢部平展。小枝粗壮,成枝力弱,构成长枝状枝,且下垂,先端上翘。树皮灰白色、光滑;皮孔菱形,特小,散生或 2~4 个横向连生。短枝叶宽三角-近圆形、宽三角形,大,先端短尖,基部心形,厚革质,边缘具波状齿,叶丛生枝顶。生长速度中等。

据调查,20 年树高 16.5 m,胸径 28.1 cm。但是,树形美观,抗叶斑病强,是个绿化观赏的优良品种。

地点：河南。本新群有 5 个品种。

品种:

1. 大叶毛白杨-10 品种

Populus tomentosa Carr. cv. 'Magalophylla-10';赵天榜等主编. 中国杨属植物志:124. 2020。

本品种树冠近球状;侧枝粗壮,开展,下部侧枝平展,梢部稍下垂,长枝状枝上翘;树干直,中央主干不明显;树皮灰白色,较光滑,皮孔菱形,小,散生,有时连生。短枝叶宽三角-近圆形,大,厚革质,先端短尖或宽短尖,基部心形或圆形,边缘具大波状粗锯齿。雄株!

形态特征补充描述:该品种小枝粗壮。花芽呈宽椭圆体状,长 1.0~1.7 cm,宽 7~10 mm,先端钝圆;芽鳞绿色,具光泽,边缘棕褐色。短枝宽三角-近圆形、大、厚革质,长 14.0~16.0 cm,宽 13.0~15.0 cm,表面深绿色,具光泽,背面淡黄绿色,初被绒毛,后渐脱落,主脉与第 1 对侧脉呈 48°~52°角,第 2 对侧脉斜伸,尖端短尖或宽短尖,基部心形或圆形,边缘具大波状粗锯齿;叶柄侧扁,较宽,长 6.0~8.0 cm。雄株! 花序长 9.5 cm,径 2.0~2.2 cm;苞片宽卵圆-匙形,灰褐色,具褐色条纹;花被掌状盘状,边缘波状,基部突缩呈柄状;雄蕊 6~10 枚。花期 3 月上旬。

地点:河南郑州,河南省党校门口东边路北。选育者:赵天榜和陈志秀。植株编号:No. 10。

该品种 20 年生树高 20.0 m,胸径 45.5 cm,单株材积 1.436 6 m^3。

2. 大叶毛白杨-25 品种

Populus tomentosa Carr. cv. 'Magalophylla-25';赵天榜等主编. 中国杨属植物志:124. 2020。

本品种树冠近球状;侧枝较粗,开展,梢部长枝状下垂;树皮灰白色,光滑;皮孔扁菱形,大小中等,散生。短枝叶三角-近圆形、宽三角形,先端短尖,基部浅心形、近圆形。雄株! 雄蕊 8~10 枚。

形态特征补充描述:该品种小枝粗壮,灰绿色,叶痕突起圆形。短枝叶三角-近圆形、宽三角形,长 12.0~16.0 cm,宽 12.0~15.0 cm,表面浓绿色,具光泽,背面淡绿色,先端短尖,基部浅心形、近圆形,稀楔形;叶柄侧扁,较宽,长 7.0~12.0 cm,有时先端具腺点 1~2 枚。雄株! 花序长 10.0~12.3 cm,径 1.3~2.1 cm;苞片匙状-卵圆形,较大,长 5~7 mm,中部以上灰白色,中部以下淡灰白色,先端尖裂片长,被白色长缘毛;雄蕊 6~10 枚。花期 3 月。

地点:河南郑州,花园路百货商店东边路西。选育者:赵天榜、陈志秀。植株编号:No. 25。

3. 许昌大叶毛白杨-136 品种

Populus tomentosa Carr. cv. 'Magalophylla-136';赵天榜等主编. 中国杨属植物志:124. 2020。

本品种短枝叶近圆形,厚革质,先端短尖,基部浅心形,边缘具稀疏的三角形不等粗锯齿。雄株!

形态特征补充描述:该品种短枝叶近圆形,厚革质,长宽达 17.0~20.0 cm,先端尖、短尖,基部浅心形,边缘具稀疏的三角状不等粗锯齿;叶柄侧扁,其宽达 3~4 mm。

地点:河南许昌市农场院内。选育者:赵天榜、陈志秀。植株编号:No.136。

4.大厚叶毛白杨-147　品种

Populus tomentosa Carr. cv.'Magalophylla-147';赵天榜等主编.中国杨属植物志:124~125.2020。

本品种树冠非常稀疏;侧枝开展;树干直,无中央主干;树皮灰绿色或灰色,较光滑;皮孔菱形,较大,多散生,有时连生。短枝叶三角-宽圆形或近圆形,先端短尖,基部近圆形,微心形,稍偏斜,边缘具波状三角形粗锯齿,齿端内曲。雄株!

形态特征补充描述:该品种短枝叶三角-宽圆形或近圆形,长13.5~15.5 cm,宽11.5~15.0 cm,表面浓绿色,具光泽,先端短尖,基部近圆形,微心形,稍偏斜,边缘具波状三角形粗齿,齿端内曲;叶柄长7.0~9.0 cm,有时基部具腺体。雄株!花序长5.0~8.5 cm,径约1 cm;苞片窄条形,淡棕黄色,稀灰褐色,基部延长呈长柄状,无色,先端尖裂少,小,具缘毛;子房卵球状,淡绿色,柱头淡黄绿色;花被斜杯状,边缘具三角状缺。

地点:山东秦安山东林校。选育者:赵天榜、陈志秀。植株编号:No.147。

5.大叶毛白杨-225　品种

Populus tomentosa Carr. cv.'Magalophylla-225';赵天榜等主编.中国杨属植物志:125.2020。

本品种短枝叶近簇生枝端,圆形、近圆形,厚革质,先端短尖,基部近圆形或心形,边缘具波状粗齿。雄株!

产地:河南许昌市。1987年9月5日,赵天榜和陈志秀,模式标本,No.225,存河南农业大学。

本品种在河南郑州、许昌等地有广泛栽培。据调查,20年生平均树高20.0 m,平均胸径45.5 cm,单株材积1.436 6 m³。同时,树姿美观,长枝状小枝下垂,叶圆形而大,下垂,可作绿化观赏用。

第十七节　长柄毛白杨品种群　品种群

Populus tomentosa Carr. Longipetiolaus group;赵天榜等主编.中国杨属植物志:121.2020。

该品种群的主要特征是:树冠近球状;侧枝细长,开展;无中央主干。短枝叶近圆形;叶柄长于叶片。

长柄毛白杨品种群主要林业特征如下:

(1)生长特性。在水肥条件较好条件下,17年生树高达15 m,胸径达55.0 cm;一般条件下,20年生树高20.8 m,胸径36.5 cm。

(2)树冠美观。树冠密大,无中央主干。侧枝开展,梢部稍下垂或斜立生长。短枝叶大,近圆形;叶柄长。可作绿化观赏用。

该品种群有1个品种。

品种:

1. 长柄毛白杨-60 司赵毛白杨 稀枝毛白杨

Populus tomentosa Carr. cv. 'Lonhipetiola-60', 赵天榜等主编. 河南主要树种栽培技术:100.1994;长柄毛白杨 cv. 'Lonhipetiola', 赵天榜等. 毛白杨优良无性系. 河南科技:林业论文集:8.1991;赵天榜等主编. 中国杨属植物志:121. 2020。

该品种树冠近球状或帚状。侧枝较粗、稀少,直立或斜生。树干弯曲或直,无中央主干。树皮灰绿色或灰白色,被白色蜡质层;皮孔菱形,小,多散生。小枝短粗,斜展。短枝叶近圆形、革质,表面深绿色,具光泽,背面淡黄绿色,沿脉被绒毛,先端短尖,基部浅心形,边缘波状齿;叶柄侧扁,有时红色,或具1~2枚腺体。雌株!花序细短,柱头淡黄绿色,细而长;苞片灰褐色或黑褐色,被短而稀的缘毛;子房椭圆体状;花盘漏斗状,边缘缺刻,包被子房1/2。蒴果长圆锥状,先端弯曲,结籽率达10%~15%。

形态特征补充描述:该品种树小枝短粗,灰绿色。长枝状多下垂。短枝叶近圆形、革质,长10.0~12.5 cm,表面深绿色,具光泽,背面淡黄绿色,沿脉被绒毛,主脉与第2对侧脉呈30°~40°角,第1对侧脉近平伸,先端短尖,臀部较宽,基部浅心形,边缘波状齿,少数有1~2枚腺点;叶柄侧扁,长10.0~13.0 cm,有时红色或具1~2枚腺体。雌株!花序细短,柱头淡黄绿色,细而长;苞片灰褐色或黑褐色,被短而稀的缘毛;子房椭圆体状;花盘漏斗状,边缘缺开,包被子房1/2。果序长18.0~23.0 cm。蒴果长圆锥状,先端弯曲,长4.5~7.0 mm。

地点:河南郑州。选育者:赵天榜、陈志秀等。植株编号:60。

该品种,17年生树高15.0 m,胸径55.0 cm。

第十八节 响毛白杨品种群 品种群

Populus tomentosa Carr. Pseudo-tomentosa group 王战等:东北林学院植物研究室汇刊.4:22. T. 3:5~7. 1979;中国植物志,20(2):18~19. 图3:7~9. 1984;中国树木志,Ⅱ:1986. 图998:7~9. 1985;赵天榜等. 毛白杨系统分类的研究. 河南科技:林业论文集:4.1991;赵天榜等主编. 中国杨属植物志:125. 2020。

本品种群当年生枝紫褐色,光滑。芽富含树脂,具光泽,黄褐色。短枝叶边缘具不整齐的波状粗锯齿和浅细锯齿;叶柄通常具2枚腺点。

地点:山东。河南有栽培。

本新品种群有1个品种。

品种:

1. 响毛白杨 品种

Populus tomentosa Carr. cv. 'Pseudo-tomentosa';赵天榜等主编. 中国杨属植物志:125. 2020。

该品种当年生枝紫褐色,光滑。芽富含树脂,具光泽,黄褐色。短枝叶边缘具不整齐的波状粗锯齿和浅细锯齿;叶柄通常具2枚腺点。

形态特征补充描述:乔木。当年生枝紫褐色,光滑。芽卵球状,先端急尖,富含树脂,有光泽,黄褐色。长枝叶下面及叶柄密被白绒毛,短枝叶卵圆形,较小,长仅达9.0 cm,光滑,边缘有不整齐的波状粗齿和浅细锯齿,先端急尖,基部心形,通常具2枚明显腺点。当年生枝紫褐色,光滑。芽卵球状,先端急尖,富含树脂,有光泽,黄褐色。长枝叶下面及叶柄密被白绒毛,短枝叶卵圆形,较小,长仅达 9.0 cm,光滑,边缘有不整齐的波状粗齿和浅细锯齿,先端急尖,基部心形,通常具 2 枚明显腺点。

地点:山东泰安,山东林校标本园内。河南有栽培。

注:响毛白杨品种群不属于毛白杨种群内容,特加说明。

第十九节　锦茂毛白杨品种群　新品种群

Populus tomentosa Carr. Jinmao group nov.

本品种群苗木枝、叶及毛均为金黄色,具光泽。

地点:河南遂平县有栽培。

本新品种群有 4 个新品种。

一、锦茂毛白杨 -1　新品种

Populus tomentosa Carr. cv. 'Jinmao-1' cv. nov.

本新品种幼枝幼叶、叶及绒毛金黄色。1 年生枝、叶绿色、深绿色。

产地:许昌市。选育者:范军科、范程豪。

二、锦茂毛白杨-2　新品种

Populus tomentosa Carr. cv. 'Jinmao-2' cv. nov.

本新品种树冠塔状。幼枝幼叶及绒毛金黄色。

产地:许昌市。选育者:范军科、范程豪。

三、锦茂毛白杨-3　新品种

Populus tomentosa Carr. cv. 'Jinmao-3' cv. nov.

本新品种幼枝、1 年生枝及幼叶、叶及绒毛金黄色。1 年生枝稀疏、开展。

产地:许昌市。选育者:范军科、范程豪。

四、锦茂毛白杨-4　新品种

Populus tomentosa Carr. cv. 'Jinmao-4' cv. nov.

本新品种幼树皮灰白色,光滑。幼枝、1 年生枝及幼叶、叶及绒毛金黄色。

产地:许昌市。选育者:范军科、范程豪。

第二十节　河北毛白杨与新乡杨

赵天榜. 毛白杨类型研究. 中国林业科学,1:14~20. 1978;丁宝章等主编. 河南植物志 第一册:176. 1981;陕西省林业科学研究所编. 毛白杨:81~82. 图 6-2. 1981;姜惠明,黄金祥. 毛白杨的一个新类型——易县毛白杨. 植物研究,1989,9(3):75~76;赵天榜等.

毛白杨系统分类的研究. 河南科技:林业论文集:4.1991。

一、河北毛白杨

Populushopeinica Yü Nung,河南农学院科技通讯,2:35~37. 图 10. 1978;丁宝章等主编. 河南植物志第一册:176. 1981;河北毛白杨. 中国林业科学,1:19. 1978;中国植物志20(2):18. 1984;姜惠明,黄金祥. 毛白杨的一个新类型——易县毛白杨. 植物研究,1989,9(3):75~76;陕西省林业科学研究所编. 毛白杨:81~82. 图 6~2. 1981;Populus tomentosa Carr. cv. 'Honanica',李淑玲,戴丰瑞主编. 林木良种繁育学:1996,281;赵天锡,陈章水主编. 中国杨树集约栽培:314. 1994;Populus tomentosa Carr. f. yixianensis H. M. Jiang et J. X. Huang,孙立元等主编. 河北树木志 1:64~65. 1997;赵天榜等. 毛白杨优良无性系:河北毛白杨 cv. 'Hopeienica',河南科技:林业论文集:8~9. 1991;赵天榜等. 毛白杨起源与分类的初步研究. 河南农学院科技通讯,1978,2:35~37. 图 10;Populus tomentosa Carr. cv. Hepeinica 赵天榜等主编. 河南主要树种栽培技术:100. 1994;赵天榜等主编. 中国杨属植物志:125. 2020。

落叶乔木。树冠卵球状;侧枝较细,较少,梢端稍下垂。树干微弯,且与主干呈 70°~90°角着生,枝梢稍下垂;树皮灰绿色,光滑,皮孔菱形,大,稀疏,散生,稀连生,深纵裂。小枝圆柱状,红褐色,具光泽,被茸毛,后光滑。顶芽圆锥状,紫红色,具光泽。侧芽红褐色,有时被黏液,紧贴枝上。短枝叶近圆形或三角-卵圆形,较小,表面深绿色,具光泽,背面淡绿色,沿主脉基部被茸毛,先端短尖,基部浅心形或圆形,边缘具波状齿或粗锯齿,齿端具腺点和缘毛;叶柄侧扁,先端有时具 1~4 枚腺体。长枝叶近圆形,具紫褐色红晕,后表面茸毛脱落;幼叶红褐色。雌株! 花苞片棕褐色或黑褐色,下部无色,透明;花被三角-漏斗状,边缘波状;花柱短,2 裂,4~6 叉,裂片大,羽毛状,初淡紫红色,后渐变为灰白色。萌果三角-锥状,深绿色,先端稍弯,2 瓣裂。结籽极少。花期 3 月,果实成熟期 4 月。

河北毛白杨主要林业特性如下:

(1)早期速生。10 年生行道树平均树高 15.5 m,胸径 27.7 cm,单株材积 1.807 45 m³。在黄土阶地上,15 年生行道树平均树高 15.5 m,胸径 27.7 cm,单株材积 1.807 45 m³。

河北易县沙壤土上栽植的 15 年生毛白杨人工林,平均树高 24.3 m,胸径 23.1 cm,每亩蓄积量 21.389 4 m³。

(2)适生性强。近年来,河南、山东、山西、陕西、甘肃和辽宁等省大量引种栽培,表现良好。

(3)抗寒、抗病。新疆石河子地区引种栽培的河北毛白杨生长良好。抗锈病、叶斑病、根癌病、心腐病等能力较强。同时,具有抗烟、抗污染,以及落叶期晚等特性。

(4)繁殖容易,便于推广。采用埋条、留根、接炮捻等育苗方法,成活率都很高。如接炮捻成活率达 94%;扦插成活率达 90%以上。

二、新乡杨

Populus sinxiangensis T. B. Chao,河南农学院种技通讯,2:103. 1978;中国林业科学,

1:20.1978;丁宝章等主编. 河南植物志 第一册:169~170. 图 198. 1981;Populus tomentosa Carr. var. totundifolia Yü Nung(T. B. Zhao),河南农学院科技通讯,2:39. 图 13. 1978;赵天榜等主编. 中国杨属植物志:125. 2020。

落叶乔木。树冠卵球状。树干直,主干明显;树皮白色,被较厚的蜡质层,有光泽,平滑;皮孔菱形,中等,明显,散生。小枝、幼枝密被白色绒毛。花芽圆球状,较小。短枝叶圆形,长 5.0~8.0 cm,宽与长约相等,先端钝圆或突短尖,基部深心形,边缘具波状粗锯齿,表面绿色,背面淡绿色;叶柄侧扁,与叶片约等长;长、萌枝叶圆形,长 8.0~12.0 cm,宽 7.5~11.0 cm,先端突短尖、钝圆,基部心形,边缘具波状大齿,表面深绿色,具光泽,背面密被白色绒毛,叶面皱褶,易受金龟子危害。雄株! 雄花有雄蕊 6~10 枚,花药粉红色;花盘鞋底形,边缘全缘或波状全缘;苞片灰浅褐色,边缘具长缘毛。花期 3 月上中旬。

河南:修武县。1974 年 8 月 3 日,郇封公社小文案大队,赵天榜 108(模式标本 Typus! 存河南农学院园林系杨树研究组)。

本种抗寒、抗叶斑病强,生境、材性及用途似毛白杨。但是,叶易受金龟子危害,不宜选作农田防护林树种。

第八章　毛白杨育苗技术

第一节　毛白杨离体繁殖技术

毛白杨离体繁殖技术系郑永娟、王国强进行的试验。其内容与结果如下。

一、离体繁殖技术

(一)外植体的选择与灭菌

选择品种优良、健壮的植株进行盆栽,温度逐渐提高到 35~38 ℃。在这个温度下培养 2 个月,其间要注意肥水的管理,以减轻高温处理造成的死苗现象。剥取茎尖和腋芽。切取顶芽或腋芽 3.0 cm 左右大小,去掉叶片,保留护嫩叶柄。用清水反复冲洗干净。用 70%的洒精浸 10 s,用无菌水冲洗 3 次。0.1%氯化汞浸 5 min,倒出后用无菌水冲洗 3~5 次。取出后用滤纸进行吸干。在解剖镜下,将材料置于无菌的滤纸上,剥嫩苞叶,露出锥形体,切取 0.5 mm 长度的茎尖,带有 2 个叶操作为冷操作,利用废橡胶改性沥青作为防水层和防水黏结材料。具有不透水性、黏结性强和耐老化等优点。另外,橡胶薄膜"三元乙丙防水布"也是近年来研制出的一种防水性能较好的防水材料,它也是采用冷操作,可用于-4~8.0 ℃,但这种防水层的造价较高。屋面排水系统应完整,通畅无阻,各个花坛、园路的入水孔必须与女儿墙排水口或天沟连接成一整体,使雨水和灌溉的水能及时顺利排走,减轻屋顶重量和防止渗漏。

(二)植物栽植与养护管理

1. 栽植

栽植前首先用粉笔在屋面上根据设计要求划出花坛、花架、道路、排水孔道、浇灌设备的位置,然后在屋面铺设 5.0~10.0 cm 的排水层,在过滤层上铺设轻质人造土种植层,厚度依植物而定。花坛或种植槽内的排水孔,事先必须用碎片或尼龙窗纱将其盖住,然后才能铺排水层与种植层。栽植树木或花草时,必须使根系舒展,修剪去过长的长根,使土壤与植物根系紧密结合。栽后立即浇水 1 次。

2. 养护管理

将原基迅速接种到培养基上,防止茎尖脱水,要注意的一点是不要倒置。茎尖剥离的大小是脱毒效果的关键技术。茎尖剥离越小,脱除病毒的效果越好,但接种不易成活;茎尖剥离得越大,接种成活越高,但脱除病毒的效果差。结合热处理进行茎尖培养,操作简便,容易掌握,脱除病毒的效果好。

3. 休眠芽外植体的选择与灭菌

毛白杨在初代培养时也可以采用休眠芽作为外植体,取当年形成的直径在 5 mm 左右健康无病虫害的枝条,用解剖刀切成长度为 1.5~2.0 cm 的节段,每个节段带休眠芽。

将切段先用自来水冲洗干净,再用 70%～75%酒精浸泡 30 s,同时不断用玻璃棒搅动,目的是能够使外植体的表面充分与酒精接触进行消毒。倒掉酒精后,立即用无菌水冲洗 3～5 遍,冲洗去残留的酒精。然后用 5%的次氯酸钠溶液或用 0.1%氯化汞溶液浸泡 7～8 min,倒掉这些消毒液,再用无菌水冲洗 3～5 遍。在无菌操作台上,将外植体取出,放在已灭好菌的滤纸上,吸去残留的水分,放在另一张已灭菌的滤纸上,切割成带有 1 个叶芽的茎段。

(三)叶片外植体的选择与灭菌

1. 浇水

屋顶因干燥、高温、光照强、风大,植物蒸腾量大,失水多,夏季易发生日灼,枝叶焦边或干枯,必须经常浇水,创造较高的空气湿度,减少蒸腾。因此,每日应多次喷水和浇水降温、增湿,春季每日 1～2 次。

2. 施肥

多年生的植物,在较浅的土层上生长,施肥是保证植株生长的必要手段,目前多用腐熟人粪尿或饼肥做追肥,使用化肥时,浓度必须小,以防止烧伤苗木。施肥应于傍晚进行。

3. 防寒及补充人造土

冬季风大、气温低,由于栽植层浅,有些在地面能安全越冬的植物,在屋顶可能受冻害,对易受冻害种类,可用稻草卷进行防寒,盆栽的可搬入温室越冬。由于经常不断地浇水,使人造土少量流失和体积收缩、破裂,日渐减少,种植层厚度不足。一段时期后应添加人造土。另外,要经常拔草,保持花坛清洁,做好病虫害的防治。屋顶栽植的植物,养护管理比地面栽植的要精细、及时,随时观察植物的生长情况,及时合理地做好管理工作。

二、毛白杨的组培快繁技术

该技术是由陈磊进行的。其主要技术如下。

(一)无菌苗的建立

毛白杨在初代培养时一般采用休眠芽作外植体,取当年形成的直径为 5 mm 左右的枝条,用解剖刀切成长度为 1.5～2.0 cm 的节段,每个节带一个休眠芽。将切段先用自来水冲洗干净,再用 70%酒精消毒约 30 s,倒出酒精后,立即用无菌水冲洗一遍,然后再用 5%次氯酸钠溶液消毒 7～8 min,最后用无菌水冲洗 3～4 次。用无菌干滤纸吸去残留水分,在解剖镜下于超净工作台上剥取长 2 mm 左右,带有 2～3 个幼叶的茎尖。为了防止部分消毒不彻底的茎尖在接种后污染其他未被污染的茎尖,在接种时可以每瓶只接种一个茎尖,即将单个茎尖接种到只装有少量培养基的锥形瓶或试管中进行预培养。预培养所用培养基的成分为 MS + 0.5 mg/LBA + 水解乳蛋白 100 mg/L,经 5～6 d 后,选择没有污染的茎尖再转接到正式的诱导分化的培养基 MS + 0.5 mg/LBA + 0.02 mg/LNAA + 赖氨酸 100 mg/L 上,用 2%果糖替代蔗糖。培养室温度 25～27 ℃,日光灯连续照光,光照度为 1 000 lx 左右。经 2～3 个月培养,部分茎尖即可分化出芽。

(二)扩大繁殖

1. 茎切段生芽扩大繁殖法

将由茎尖诱导出的幼芽从基部切下,转接到新配制的生根培养基上。生根培养基为

MS,补加 0.25 mg/LIBA,盐酸硫胺素浓度提高到 10 mg/L,蔗糖浓度为 1.5%。经一个半月左右培养,即可长成带有 6~7 个叶片的完整小植株。选择其中一株健壮小苗进行切段繁殖,以建立无性系。顶端带 2~3 片叶,以下各段只带有一片叶,转接到生根培养基上。6~7 d 后可见有根长出,10 d 后,根长可达 1.0~1.5 cm。待腋芽萌发并伸长至带有 6~7片叶时,可再次切段繁殖。如此反复循环,即可获得大批的试管苗。此后,每次切段时将顶端留作再次扩大繁殖使用,下部各段生根后则可移栽。如果按每个切段经培养一个半月,长成的小植株可再切成 5 段计算,每株苗每年可繁殖 6 万株左右。

2. 叶切块生芽扩大繁殖法

先用茎切段法繁殖一定数量的带有 6~7 个叶片的小植株,截取带有 2~3 个展开叶的顶端仍接种到上述切段生根培养基上,作为以后获得叶外植体的来源。其余每片叶从基部中脉处切取 1.0~1.5 cm² 并带有约 0.5 cm 长叶柄的叶切块,转接到新配制的诱导培养基上,培养基成分为 MS + 0.25 mg/LIAA + 3 % 蔗糖 + 0.7%琼脂。转接时,注意使叶切块背面与培养基接触。约经 10 d 培养,即可从叶柄的切口处观察到有芽出现,之后逐渐增多成簇。每个叶切块可得 20 余个丛芽。将这些丛生芽切下,转接到新配制的与茎切段繁殖法相同的生根培养基上,经 10 d 培养,根的长度可达 1.0~1.5 cm,此时即可移栽。如果某些丛芽转接时太小,也可继续培养一段时间。利用叶切块生芽法扩大繁殖比用茎切段生芽法扩大繁殖有更高的繁殖速度。如果每株毛白杨试管苗可取 5 个叶外植体,由这 5 个叶外植体至少可得到 50 多株由不定芽长成的小苗(除去太小的芽),以后又可如此反复循环割与培养。这样,繁殖速度至少可比茎切段生芽繁殖法提高 10 多倍。

(三)移栽与管理

打开瓶口炼苗,逐渐降低湿度,并逐渐增强光照,进行驯化,使新叶逐渐形成蜡质,产生表皮毛,逐渐恢复气孔功能,减少水分散失。初始光照应为日光的 1/10,其后每 3 d 增加 10%,经过 10~30 d 炼苗即可出瓶。根据生长状况,将待出瓶苗分级,选强壮瓶苗出瓶,幼小苗日后再出瓶。出瓶时做好栽培基质准备和温水洗苗分苗准备工作,用镊子轻轻取出组培苗,在温水中浸洗后栽植于无菌基质中,对于丛生苗适当用刀片分割开。由于试管苗原来在无菌、有营养供给、适宜光照、温度和 100%的相对湿度环境中生长的,并且有适宜植物激素以调节生长代谢等生长需要,一旦出瓶种植,环境发生了不利于其生长的剧烈变化,如果不给以缓冲条件,也就是适宜的生长条件,很可能出瓶后就死去。因此,出瓶移栽成活是组培苗转入生产用苗的瓶颈环节,必须考虑影响其生存条件:

(1)水分因子。试管苗相对湿度大,茎叶表面防止水分散失的角质层不发达,根系吸收能力也不发达,种植到自然环境条件后,很难维持自身的水分平衡,必须在壮苗基础上,加大相对湿度(达 90%以上),减少叶面蒸腾,接近瓶内条件,采取保温增湿措施,扣膜、喷雾是有效方法。

(2)基质。由原来人工培养基中营养成分,转为自然条件下的基质是很难适应的。因此,应满足根系的正常功能发挥,基质应疏松透气,适宜的保水性利于灭菌、不变质,基本都是无土栽培,常用材料有蛭石、珍珠岩、粗沙、细沙、灰渣、谷壳、稻壳、锯屑等,也可将几种物质混合使用,无论哪种成分,在使用前都应冲洗干净,消毒灭菌,使用中不能浇水过多,浇水后能自动沥出,对小苗无害,近几年有用苔藓、水草等材料的,效果较好。

（3）光温条件。组培苗在瓶内基本处于半自养状态，对光的需求不十分必要，营养供给由糖分供应。因此，出瓶后，照光不能过强，但必须有光，使苗靠光合作用制造营养自养，随苗的生长逐渐加大光量，但不能过强，一般在 1 500~4 000 lx，甚至在 10 000 lx。温度是生命活动的基本因子，毛白杨出瓶前期的温度控制在 25~28 ℃，当然温度与光及其他因子应综合考虑。

（4）防治病虫害。由原来的无菌环境转到自然环境，极易染菌和病虫，应及时防治，定期施药，尤防蚜虫，减少受伤。

第二节　毛白杨播种育苗

一、母树选择与适时采种

实践证明，毛白杨采种母树，必须是生长健壮、发育良好、没有病虫害的 15~30 年生的健壮植株。其中，以河南毛白杨和小叶毛白杨为佳，两者结籽率达 30% 以上。

毛白杨采种必须适时进行，因为该种种子小，采早了，种子秕；采晚了，种子飞散。实践证明，河南郑州市区毛白杨种子成熟期多在 4 月下旬，即蒴果微裂、棉絮微露时，立即进行采种为佳。

二、采种、脱粒与储藏

毛白杨采种时，以人上树摘取果序为佳，也可用高枝剪将带果序小枝采下，一般采集果序小于 1/3 为佳。

毛白杨果序采集后放在通风室内的竹帘上，待蒴果多数裂后，用柳条抽打，种子从帘缝漏下，清除杂物。

毛白杨种子放入有炭末和滑石粉的罐内储藏。

三、育苗地选择与处理

毛白杨育苗地要选择土壤肥沃、灌溉方便的粉沙壤土。育苗地整理时要杀虫、灭菌，保证幼苗健壮生长。

四、播种与苗木抚育

毛白杨播种时，以 30.0 cm 的行距为宜。播种后，用细筛覆土，微见种子为宜。每日上午 10 时左右，用喷雾器喷水 1 次。幼苗高 10.0 cm 左右，及时将弱苗拔除。苗木基部木质化后，及时中耕、除草、施肥、灌溉，防治病虫等危害。之后及时追施磷肥，促进苗木木质化。

特别指出的是，在苗木抚育管理中，及时发现和选择形态特征特异和生长特快、抗病显著的单株，作为新品种选育的单株。

第三节　毛白杨插根育苗经验总结

毛白杨是我国华北地区的主要造林树种之一。为了满足造林对毛白杨苗木的需要,多年来,我们进行了快速繁殖毛白杨的试验。同时,进行了群众繁殖毛白杨苗木经验的调查。通过试验和调查,结果表明:插根育苗是快速繁殖毛白杨苗木的一种有效方法。1964年调查试验材料 250 株苗木,一株一年生苗木,用苗干作种条的平均每株可剪成 1.0~1.5 cm 粗、20.0 cm 左右长,上端具有苗芽的插条 3~4 个,加上梢部插条共 11 根。而每株苗木根系可剪成 15.0 cm 长的插根 25~35 个,最少为 15 个。同时,插根方法比其他方法繁殖毛白杨苗木具以下优点:成活率高,产苗量多,成本低,技术简便,易于推广。现将插根育苗的试验结果介绍于下,以供参考。

一、种根采集

插根育苗的种根采集方法如下。

(一)母树选择

为了保证林木的优质、速生、丰产,采集种根时,应选择生长快、树干直、分枝小、抗病强的毛白杨,作为采根母树。或用毛白杨的育苗地,作为采根的基地。

(二)搜根时间

种根搜集,可在秋末冬初落叶后进行,也可在翌春树木发芽前进行。根据试验,春季搜根比秋季好。因为春季搜根,可以免去储藏的麻烦,同时,还可以提高细种根扦插的成活率。

(三)搜根方法

搜根方法,应根据母树的大小而定。如母树较大时,可在距树干基部 1.0 m 以外的地方,用铣将 30.0~50.0 cm 深的土层内 2.0 cm 粗以下的根系全部搜出,供育苗用。也可在苗木出圃时,将苗木上过多或过长的根剪下,作为种根用。但是,搜根或剪根的多少,以不影响树木生长和苗木造林为原则。

(四)种根储藏

如果进行大面积的插根育苗,在秋末冬初进行搜根,以保证任务的完成。秋末冬初搜集的种根,粗度超过 1.0 cm 时,可进行冬插。而 1.0 cm 以下的细根,可储藏到翌春扦插。种根储藏时,应选择地势高燥、排水良好的地方,挖成深 60.0~80.0 cm、宽 80.0~100.0 cm、长 200.0 cm 左右的储藏坑,坑底铺湿润细沙 10.0~15.0 cm。沙上平放种根 3.0~5.0 cm 厚,再铺细沙 3.0~5.0 cm,然后,一层沙、一层细根,直到距地面 10.0 cm 左右时,用土封起。为了保证种根的安全,在储藏过程中,应注意以下问题:

(1)储藏坑周围挖排水沟,防止雨水或雪水入内。

(2)储藏种根时,切勿灌水,也不能浸水。

(3)经过试验,储藏时沙的含水率以 7% 左右为宜。

二、种根分类

种根的分类,以其粗度的不同分为以下几种:

(1)粗种根。凡粗度超过 1.5 cm 以上的,称为粗种根。1~2 年生以上的粗种根,占比例极小,但成活率高,苗木生长好。这类种根在大面积上应用,确有困难。在大树上搜的粗种根所占比例较大,但根皮上木栓程度较厚,扦插后容易引起腐烂而降低成活率。所以,在大面积进行育苗时,不宜采用大树上多年生的根系。

(2)好种根。凡粗度在 0.6~1.5 cm 的种根,称为好种根。这类种根,在 1~2 年生的苗木中所占比例最大,是培育毛白杨壮苗的最好材料。

(3)细种根。凡粗度在 0.6 cm 以下的种根,称为细种根。这类种根,应用于插根育苗时,成活率较低。为了充分发挥这类种根的作用,可将它剪成长 15.0~20.0 cm,进行弓形压根。或者采用间断埋根,进行育苗,效果较好。

三、种根鉴定

根据试验,插根剪取前,应进行种根品质检查鉴定;否则,由于种根品质不良,而造成育苗失败。1965 年春,我们从郑州郊区购置毛白杨种根 500 余 kg,供学生实习用。当时,由于没有进行种根品质检查,结果成活率不到 1%。由此可见,种根好坏,是决定插根育苗成败的关键。为此,现将毛白杨种根品质好坏的特征介绍于下,以供参考。

(一)育苗用的种根的特征

①须根多;②根粗多数在 0.5~1.5 cm;③根皮黄褐色,光滑无皱纹;④种根新的剪口为乳白色或乳黄色;⑤无严重病虫害。

(二)育苗不能用的根的特征

①种根粗大,多为 2.0 cm 以上的多年生根;②须根少,皱纹多;③根皮为黑褐色;④种根新剪口为灰色或褐色,略具臭味;⑤病虫害严重。

四、种根剪取

(一)种根剪取

剪取根的好坏,是决定育苗成败的主要措施之一。毛白杨种根具有粗细相间(一段粗、一段细)的特点。为了保证插根成活率,在种根剪取时,必须区别上下两端。插根剪口应上平下斜,以免倒插。同时,应按种根粗细,分别剪取,分别放置,分别扦插。

(二)种根规格

种根规格(主要指种根的粗度和长度)对苗木的产量和质量也有很大影响。现将种根的规格与成活率和苗木生长的关系列于表 8-1、表 8-2。

表 8-1 种根粗度对苗木质量的影响

种根粗度/cm	成活率/%	苗高/m	地际径/cm
0.2 以下	91.8	1.54	1.35
0.2~0.4	93.1	1.71	1.76
0.4~0.6	98.7	2.22	2.02
0.6~0.8	100.0	2.28	2.08
0.8~1.0	100.0	2.48	2.21

注:1964 年试验材料。

表 8-2　种根长度对苗木生长的影响

种根长度/cm	成活率/%	苗高/m	地际径/cm
7	79.1	2.27	2.00
10	83.4	2.40	2.24
12	98.1	2.58	2.35
15	100.0	2.71	2.50

注:1.1964 年试验材料。

2.插根粗度为 0.6 cm。

从表 8-1、表 8-2 看出,1.0 cm 粗以下的毛白杨种根均可利用。种根长度一般以 12.0~15.0 cm 为宜。如果种根粗度小于 0.4 cm,则长度可增加到 20.0 cm。

五、扦插技术

选择肥沃土壤,经过细致整理,以备扦插。毛白杨插根育苗一般包括以下三个内容。

(一)插根时间

根据试验,插根粗度小于 1.0 cm 时,以春季随搜、随剪、随插为好;反之,插根粗度超过 1.0 cm 以上时,可以在秋末冬初进行扦插。春插和秋插对其成活率和苗木生长有影响,如表 8-3 所示。

表 8-3　插根时期对其成活率和苗木质量的影响

插期	成活率/%	苗高/m	地际径/cm
冬插	76.1	2.19	1.40
春插	92.3	2.50	2.00

注:插根粗度为 0.4~0.6 cm。

(二)扦插方法

经过试验,在 1.0 cm 粗以下的插根具有细、软、短的特点,所以扦插时不能直接插入地内。为了保证插根的成活率,插根时,可用 10.0 cm 左右长的小条铲进行窄缝扦插。扦插后,踩实,使土壤与插根密接,以利生根成活。扦插深度,以插根的粗度而定。如插根较细,则扦插深度与地平为宜;插根较粗,以低于地面 3.0~5.0 cm 为宜。现以 1.0 cm 粗的插根为例,说明扦插深度对苗木质量的影响,如表 8-4 所示。

表 8-4　扦插深度对苗木质量的影响

扦插深度/cm	1.0~1.5	1.5~2.0	2.0~3.0	3.0~4.0	4.0~5.0	5.0~6.0	6.0~7.0	7.0~8.0
苗高/m	0.96	1.21	1.63	1.59	1.97	2.04	2.54	2.64
地际径/cm	0.68	0.95	1.13	1.03	1.24	1.28	1.50	1.60
苗干茎部生根数/个	2.0	4.0	5.8	7.8	13.9	18.1	21.1	20.5
插根上的根数/个	4.8	7.8	8.6	8.6	10.1	10.1	7.1	4.5

注:扦插深度超过 5 cm 以上时,则挑芽费工甚多,不宜采用。

为了保证插根成活率,扦插不宜过深,否则会因覆土过深而使插根发生腐烂。插根深度,一般以 3.0~5.0 cm 为宜。扦插较浅,会因地表温度过高,使萌发的幼芽多次发生灼害,影响插根的成活率和苗木的生长。

(三)扦插密度

扦插密度,应随立地条件和抚育措施的不同而有区别。如培育一年生苗木时,则扦插密度以 20.0 cm × 20.0 cm、20.0 cm × 25.0 cm,以及 25.0 cm × 18.0 cm 为宜。如果培育大苗以及便利抚育管理,则扦插密度以 50.0 cm × 30.0 cm 或 50.0 cm × 25.0 cm 较好。

六、苗木抚育

毛白杨插根扦插后,直到苗木停止生长前,应及时进行苗木的抚育管理,这是决定苗木优质丰产的关键。插根萌芽前后,应保持苗床上具有一定的湿度,为插根生根和幼苗生长创造条件。但切勿引水过多,以免引起插根腐烂而影响成活。也不可使苗床过度干燥而引起幼芽灼伤,造成死亡。插根萌芽后,应及时用毒饵或青草诱杀蝼蛄和地老虎,并防治大灰象鼻虫和蚜虫为害。萌芽苗高 5.0~10.0 cm 时,进行除萌,每个插根上选留一个壮芽,培育成壮苗。除萌,应于幼苗木质化前进行。如果土壤肥沃、抚育及时、插根粗度超过 1.0 cm,每个插根上可留 2~4 个萌芽,加强管理措施,即可提高苗木产量。

为了保证苗木的质量,应对不同粗度插根上的苗木分别进行管理。尤其对细插根上苗木的管理,要施"偏心肥",浇"偏心水"。灌溉、施肥次数,应根据具体情况而定。每次每亩施化肥 10 kg 左右为宜。施后,应立即灌水。在苗木生长期间,锈病防治是提高苗木质量的重要措施之一。防治方法为喷波尔多液和剪除中心病株的病芽或病枝等。但是,增施追肥,促进苗木生长,增强抗病能力,也可以减少诱病的为害。此外,蚜虫、透翅蛾、卷叶蛾、天社蛾和煤病的防治,以及修枝抹芽等措施,对于促进苗木良好生长具有重要的作用。

七、初步小结

(1)根据试验和调查结果,插根育苗是快速繁殖毛白杨苗木的有效方法之一。

(2)细种根的应用,是快速繁殖毛白杨插根苗木的中心环节。

(3)插根扦插后,适时进行灌溉,防止插根腐烂,是插根育苗中所有技术措施中的关键。

(4)加强苗木抚育,促进苗木生长,是提高苗木质量的关键。

第四节　细种条培育毛白杨壮苗经验总结

细种条培育壮苗的问题,过去很少引起人们的注意。因而,无论在科学试验中或在生产上一般采用 1.0~1.5 cm 粗的种条,不用细种条。几年来,根据试验材料,细种条所占比例极大。例如,大官杨母株(专以培育种条用的树木)上细种条平均占总数的 93.7%,毛白杨达 67.5%。所以,研究细种条培育壮苗的技术措施,是快速繁殖苗木和合理利用细条的关键。武陟县小徐岗林场王海勋同志用细种条培育毛白杨壮苗的过程中,创造出一套比较完整的经验。特别值得重视的是:这一经验经过了十余年的实践实验,尤其是经过了 1964 年的严重水灾和 1965 年特大干旱的考验,它不仅解决了毛白杨种条供不应求的困难,而且为快速繁殖毛白杨开拓了新的方向。为了学习和推广这一经验,我们前后 3 次亲赴现场,在王海勋同志的指导下,采用了"看、问、做、议"的方法进行了调查和总结。调查证明,他们育苗时所采用的种条粗度在 1.0 cm 以下的种条占总数的 99.00%,其中 0.4~0.6 cm 粗占 60.28%,0.6~0.8 cm 粗占 8.76%。插穗的扦插成活率一般达 82.1%,最高为 93.1%。每亩产苗量最高达 9 191 株,最低为 5 400 株,平均为 6 784 株;苗木高度平均为 2.95 m,地际径为 2.04 cm。为了快速繁殖毛白杨,以供造林之用,现将小徐岗林场利用细种条培育毛白杨壮苗的先进经验总结于下,以供各地育苗时参考。

一、细种条培育壮苗

细种条培育毛白杨壮苗,分以下几个问题。

(一)种条分类

培育壮苗,必须选择优良的枝条作为育苗的材料,这种枝条称为种条。种条的标准是:生长发育好,没有严重的病虫为害,侧芽没有萌发的一年生枝条。

根据毛白杨种条质量的不同,将种条分为三类:

(1)粗种条。凡合乎种条标准,但粗度超过 2.0 cm 以上的种条,称为粗种条。粗种条所占比例小,即 11.0%。这类种条,不宜作为扦插育苗的材料;否则,扦插成活率低,苗木生长不良。但是,可以作为埋条育苗的材料。

(2)好种条。凡合乎种条标准,但粗度在 1.0~2.0 cm 的种条,称为好种条,或为优质种条。这类种条,是培育毛白杨壮苗的最好材料,但所占比例不大,即 21.5%。目前,在大面积上进行扦插育苗时,均采用此类种条,尚有困难,即不易解决用条和需苗之间的矛盾。

(3)细种条。凡合乎种条标准,但粗度在 0.3~1.0 cm 的种条,称为细种条。这类种条所占比例较大,即 67.5%。目前,在生产上一般不采用这类种条,尤其是 0.8 cm 以下的种条,大量弃之不用,实在可惜。

(二)壮苗规格

壮苗是决定林木优质、速生、丰产的基本措施之一。为了保证林木的优质、速生、丰产,确定壮苗的规格具有重要的意义。现根据河南省各单位的材料,将毛白杨壮苗规格列于表 8-5。

表 8-5　毛白杨壮苗分级统计

苗木分级	苗高/m	地径/cm
Ⅰ	2.5 以上	2.0 以上
Ⅱ	2.0~2.5	1.5~2.0
Ⅲ	1.5~2.0	1.0~1.5
Ⅳ	0.5 以下	1.0 以下

(三) 细种条培育壮苗

根据小徐岗林场的经验,细种条完全可以培育毛白杨壮苗,是解决快速培育毛白杨的主要材料,也是合理利用种条的重要途径之一。几年来,小徐岗林场在培育毛白杨壮苗时均用大树或幼树上的 1 年生萌芽枝条。这些种条粗度绝大部分在 1.0 cm 以下。调查材料如表 8-6 所示。

表 8-6　1965 年 11 月 23 日扦插时插穗粗度调查统计

接穗粗度/cm	插穗数/个	占总数的百分比/%
0.4 以下	118	7.37
0.4~0.6	965	60.28
0.6~0.8	392	24.48
0.8~1.0	119	6.87
1.0~1.2	14	0.88
1.2 以上	2	0.12

小徐岗林场在进行毛白杨扦插育苗时,对于插穗的粗度并未严格进行分级,春季晚栽插穗的成活率最高为 93.1%,平均为 82.1%。调查材料如表 8-7 所示。

表 8-7　细插穗扦插成活调查

调查区号	扦插数/个	成活数/株	成苗率/%	说明
1	201	161	80.0	
2	3 913	649	3.1	
3	26 418	75	1.65	冬插
4	10 338	388	1.12	
合计	40 870			

为了进一步了解细种条培育毛白杨苗木的质量,现将小徐岗林场和武陟县农科所应用细种条培育壮苗的材料列于表 8-8 和表 8-9。

表 8-8　小徐岗林场不同育苗方法毛白杨苗木质量调查

育苗方法	苗高/m	地径/cm
细种条	2.95	2.04
插条(1.0~1.5 cm)	2.67	1.81
留根苗	3.21	1.80
小苗移植	2.95	1.91

表 8-9　武陟县农科所插穗粗度对毛白杨苗木质量的影响

插穗粗度/cm	苗高/m	地径/cm
0.4~0.8	3.24	2.1
1.0~2.0	3.29	2.1

以上所述,可以从表8-6~表8-9的材料中看出:无论从插穗成活率上或是从苗木质量上来说,细种条培育毛白杨壮苗已被小徐岗林场10余年来的实践所证明。尤其是他们的经验,在1964年特大水灾和1965年严重干旱的考验下,获得了极为优异的结果。

二、细种条培育壮苗的主要经验

现将武陟县小徐岗林场应用细种条培育毛白杨壮苗的主要经验介绍于下。

(一)适时采条,及时储藏

为了保证细种条具有充分的营养物质,以利插穗生根成活,适时采集种条是很重要的技术措施。多年来的经验证明:以毛白杨叶片变黄而部分脱落时,采集种条最为适宜。种条采集后,在剪取插穗和扦插过程中,严防插穗失水过多,而影响成活。因而,小徐岗林场在冬季进行扦插时,严格采用"三当、二完"措施,即"当天采条,当天剪条,当天插条;采集的种条,应当天剪完,当天插完",否则,用湿沙将种条或插穗浅埋起来,不可放在室内或室外,任其水分蒸发、风吹和日晒。如果采用春季晚栽插穗,可将种条剪成17.0~21.0 cm长的插穗,随即用沙进行储藏。

插穗储藏时,应选择地势高燥、排水良好的地方,以免由于储藏而发生腐烂。储藏坑的规格是:深1.0 m,宽1.5 m,长2.0 m。储藏坑挖好后,下铺湿润的细沙一层约10.0 cm,沙上竖放插穗(也可横放),放完一层后,从上填沙,充实插穗空间,沙填到高于插穗10.0 cm时采用"三当、二完"措施,是为细种条扦插后生根成活奠定有利的物质基础,即保持种条内具有足够的养料和水分。

(二)晚栽插穗,促进生根

晚栽插穗,促进生根,主要是对0.5 cm以下粗的插穗,所采用的特殊的技术措施。细种条由于其中营养物质较少,所以促进插穗生根进行晚栽是个关键性的技术措施。由于晚栽,插穗已生新根,从而解决了插穗细、营养少、生根困难、不易成活的矛盾。晚栽插穗的时间,一般于3月中、下旬或4月上旬进行,但以3月中下旬为好。据表8-7材料,春季晚栽插穗的成活率平均为82.1%,最高为93.1%。

为了扩大毛白杨的繁殖,以解决由于晚栽插穗时间较短的限制和人力不足的困难,利用细插穗进行冬季扦插,采用封土措施,同样可以获得良好的效果。调查结果表明,冬插时,插穗成活率达51.65%,每亩产苗量为6 019株,2.0 m以上的苗木达4 033株,苗高平均为2.95 m,地径为2.09 cm。

(三)浅栽覆土,冬插封土

浅栽覆土是在春季晚栽插穗时,为了保证细插穗上新根不受过多损害,而采用的相应的必要措施。为了保证插穗上新根不受过多的损害,应在插穗浅栽前几天,将育苗地灌溉一次,保证土壤具有充分的湿度,以利成活。

春季插穗浅栽覆土的具体措施是:每隔 60.0 cm 宽用板镢或锄开成宽 15.0 cm、深 10.0 cm 左右的纵沟。随即取出生根的细插穗靠边放入沟内,上端露出地面 3.0~5.0 cm,即用手将湿土封住幼根,并埋住插穗 1/2~1/3,以免风吹日晒损伤新根或因灌水而冲倒插穗。浅栽生根插穗时,为避免水分蒸发和日晒,需用湿麻袋等物严密覆盖。浅栽时,以选择无风的阴天最好。浅栽后,进行灌溉,待水分渗下后,用锄从两侧浅起湿润表土,将插穗封起而成土垄,以减少插穗水分蒸发,并使土壤与插穗和新根密接起来,保证成活。

冬季扦插封土的具体措施是:每隔 60.0 cm 开一条宽 15.0 cm、深 10.0 cm 左右的沟,用板镢在沟内松土 15.0 cm 左右深,然后每隔 8.0~10.0 cm,用手将插穗插入沟内,上端露出地面 3.0~5.0 cm。再用锄插穗封,成一条土埝。封土厚度高于插穗 10.0 cm 左右。翌春插穗上的苗芽萌动时,扒去封土,加强管理,保证获得壮苗。

(四)"偷浇"

"偷浇"实际上是侧方少量沟状灌溉的别称。"偷浇"无论是对春季浅栽插穗与幼根不受损害,或促进冬季扦插的细插穗生根均是一个关键。同时,还是防止插穗上"烧芽"的必要措施。

"偷浇"的具体措施是:细插穗苗芽萌动时,用手耙将封土扒平,再用锄靠近插穗一边开成 10.0 cm 左右的小沟,顺沟进行灌溉。灌溉时,要掌握"小、清、少、勤"的原则,即采用小水、清水、少量、勤浇的原则。浇后,将沟填平,以防止水蒸发,形成地表板结。按此法灌溉 2~3 次,待插穗活稳后,苗高 15.0 cm 以上时,可采用小水沟状灌溉,但不宜进行大水漫灌,也不必要进行开沟、填土措施。

浅栽覆土、冬插覆土和"偷浇"措施,对于细插穗生根成活和幼苗生长均能起到良好的功能,这种功能是:①保持土壤湿润,防止水分蒸发和地表板结;②减少地表温差,防止地表温度的急剧变化,促进幼根迅速萌发和生长;③保持插穗周围通风良好,防止幼根腐烂,提供新根形成时所需的氧气。

(五)加强苗木抚育

加强苗木抚育措施,即追肥、适时适量灌溉、防治病虫害是获得苗木优质的关键。如调查材料表明,加强苗木抚育的苗木高度平均为 2.95 m,地径为 2.04 cm;反之,苗高平均为 1.52 m,地径为 1.23 cm。

总结以上材料,可以明显地看出:小徐岗林场利用细种条培育毛白杨壮苗的经验是非常突出的。其主要经验是:适时采集种条,严防种条或插穗失水过多,晚栽插穗,促进生根,浅栽覆土,冬插封土,采用"小、清、少、勤"的原则进行"偷浇",加强抚育等措施,促进插穗生根和防止插穗上的新生根腐烂,则是这些措施的中心环节。封土和"偷浇"是催根、保根的关键。但是,选择圃地、细致整地、施足基肥等都是不可忽视的重要技术措施。

三、关于王海勋细种条培育毛白杨壮苗经验的推广问题

王海勋细种条培育毛白杨壮苗的经验,于 1965 年在武陟县农业科学研究所和县森林苗圃中获得成功。开封专署林业局采用"将王海勋同志请进来传授技术,派专人到现场学习经验"的方法,在全专区各县普遍推广。

为了推广王海勋细种条培育毛白杨壮苗的经验,现将武陟县农业科学研究所在推广此经验时,进行的主要技术措施改进要点,介绍于下,以作参考。

武陟县农科所选择的育苗地为黏土(小徐岗育苗地为沙壤土)。因此,他们在推广王海勋细种条培育毛白杨壮苗经验时,不是教条主义地死搬硬套,而是结合本地特点,灵活运用,在运用过程中,有所创新,有所前进。他们所改进的技术措施主要有以下两点:

(1)春季采用宽、窄行进行插穗的栽植,其行距,宽行为 60.0~70.0 cm,窄行为 40.0~50.0 cm。此优点是:利于苗木的抚育管理,促进苗木质量的提高。

(2)结合黏土地区特点,采用长插穗(25.0~35.0 cm),进行浅栽,增加培土厚度,培置高垄。浅栽的深度,一般为插穗长度的 1/2~1/3,即 10.0~15.0 cm,此深度比王海勋栽的浅些,但培土较厚,一般达 15.0~20.0 cm。

由于采用上述两点改进措施,使其插穗成活率达到 89.35%,每亩产苗量为 5 217 株,苗木高度平均为 3.52 m,地际径为 2.42 cm,3.0 m 以上的苗木达 53.1%。

第五节　毛白杨扦插育苗

毛白杨(Populus tomentosa Carr.)由于生长迅速,材质优良,适应性强,以及具有寿命长等特点,所以农田防护林带、防风固沙林和速生丰产用材林的营造中,以及轻工业、用材林的需要和绿化建设中都具有重大意义。但是由于育苗困难,所以培育高产优质的苗木,是极需解决的重要课题之一。为了提高单位面积苗木的产量和质量,我们从 1955 年到现在连续进行毛白杨育苗试验。试验内容有采条时期、扦插时期、种条部位、插条处理等。现将试验结果,加以初步整理,介绍于下。

一、试验技术与苗木抚育

(一)圃地整理

试验地为粉沙壤土,pH 7.5,前作物为秋耕休闲地。10 月上中旬进行整地作床。苗床长 10 m、宽 1 m,埂高 30.0 cm。然后,每畦施腐熟马粪 100~150 kg 作为基肥,翻入地下,搂平,以备扦插。

(二)种条选择

采集种条时,应选择 1 年生健壮、发育充实、无病虫害的壮苗。

(三)插条规格

插条剪截时,应按苗木规格不同,分别剪截。同一苗木规格按上、中、下剪取后,分别放置。插条上端截口处距叶芽 1.5 cm 左右。

(四)扦插时间

扦插可在秋末冬初落叶后进行,也可在翌春树木发芽前进行。细插条可进行储藏,以提高扦插的成活率。

(五)扦插方法

扦插时,用铣按 20.0~25.0 cm 在土层中开缝,放入插条。插条上芽露于地表 3.0~5.0 cm,踩实。

(六) 苗木抚育

扦插后灌大水 1 次,以后每 15~20 d 用清水灌水 1 次,幼叶有泥必须用清水冲洗。芽萌发后及时防冶金龟子、天牛及锈病等危害。

二、试验结果

(一) 采条时间

采条时间对毛白杨插条成活率试验结果如表 8-10 所示。

表 8-10　采条时间对毛白杨插条成活率试验结果

插期日(月-日)	10-01	10-15	11-01	11-15	12-01	12-15	03-01	03-15
插条数/个	80	80	80	80	80	80	80	80
成活数/个	4	24	50	42	45	42	3	2
成活率/%	7.5	30.0	62.5	52.5	56.3	52.5	3.8	2.5

从表 8-10 看出,采条时间以 11 月 1 日~12 月 15 日为佳。

(二) 种条部位

种条部位对毛白杨插条成活率试验结果如表 8-11~表 8-13 所示。

表 8-11　种条部位对毛白杨插条成活率试验结果(一)

种条部位	种条数/个	成活数/个	成活率/%	苗高/m	地径/cm
基部	80	67	84.5	1.71	1.44
中部	80	64	57.8	1.54	1.13
梢部	80	22	25.0	1.07	0.77

表 8-12　种条部位对毛白杨插条成活率试验结果(二)

种条部位	种条数/个	生根率/%	成苗/株	成活率/%	苗高/m	地径/cm
基部	300	100	255	85.0	2.21	1.45
中部	300	96.7	212	70.6	2.24	1.47
梢部	830	93.4	132	44.0	2.28	1.53

表 8-13　种条部位对毛白杨插条成活率试验结果(三)

种条部位	1	2	3	4	5	6	7	8	9
成活率/%	100	100	94.4	88.9	88.9	72.2	66.5	55.6	22.4
生根数/条	32	27	27	20	19	15	12	8	5

从表 8-11~表 8-13 看出,种条部位基部为佳,中部次之,梢部最差。

(三)插条长度

插条长度对毛白杨苗木质量的影响如表 8-14 所示。

表 8-14　插条长度对毛白杨插条成活率和生长影响

插条长度/cm	苗高/m	地径/cm	Ⅰ级苗	Ⅱ级苗	Ⅲ级苗	产苗量株/(株·亩$^{-1}$)
15	3.05	1.8	1 614	946	500	3 058
20	3.30	1.9	2 511	719	719	3 989
25	3.57	2.1	2 611	990	946	4 556
30	3.54	2.0	3 443	553	719	4 715

注:摘自河南省洛阳地区林业科学研究所试验材料。

从表 8-14 看出,插条长度以 25.0~30.0 cm 为佳,20.0 cm 次之,15.0 cm 梢部最差。

(四)插条粗度

插条粗度对毛白杨插条成活率试验结果如表 8-15 所示。

表 8-15　插条粗度对毛白杨插条成活率和生长影响

插条粗度/cm	插条数	成活率/%	苗高/m	地径/cm
1.0 以下	1 143	71.5	2.35	2.19
1.0~2.0	444	96.0	2.99	2.31
2.0~30	516	71.9	3.30	2.59
大树上枝条 1.0 以下	831	24.7	1.80	1.61

从表 8-15 看出,插条粗度以 1.0~2.0 cm 为佳,其插条成活率为 96%,且苗木质量也好;其他 2 项次之;大树上枝条作插条差,不宜选用。

(五)不同药剂处理

为了提高毛白杨插条成活率,通常在插条剪截后,进行处理。其内容主要如下。

1. 不同药剂处理

不同药剂处理毛白杨插条对成活率的影响如表 8-16 所示。

表 8-16　不同药剂对毛白杨插条成活率试验结果

药品名称	浓度/%	插条数/个	成活数/个	成活率/%
丁二酸	0.01	60	29	48.33
	0.02	60	35	58.33
	0.02	60	25	41.67
硼酸	0.04	20	16	80.00
蔗糖	0.5	20	20	100.0
	1.5	20	20	100.0
	2.0	20	20	100.0
对照	水浸	60	25	41.67

从表 8-16 看出,不同药剂对毛白杨插条成活率试验结果表明,蔗糖最好,其成活率为100%;硼酸次之,成活率为80%。

2. 不同药剂处理

不同药剂处理毛白杨插条生根的影响如表 8-17 所示。

表 8-17　不同药剂处理毛白杨插条生根的影响

处理方法	正放	倒放	硼酸 0.1%	硼酸 0.3%	硼酸 0.5%	2.4-D 50 mg/L	2.4-D 100 mg/L	2.4-D 150 mg/L	2%蔗糖溶液
插条/个	45	30	30	30	30	35	43	33	27
生根数/条	0	0	26	27	28	1	5	6	21
生根率/%	0	0	86.7	90.0	93.3	2.9	11.6	18.2	77.8
腐烂数/个	38		4	3	2	24	38	27	6
腐烂率/%	84.4	0	13.3	10.0	6.7	71.4	88.4	81.8	22.2

注:1960 年 11 月采条,1961 年 3 月 10 日调查。

从表 8-17 看出,不同药剂对毛白杨插条成活率试验结果表明,硼酸最好,其成活率为86.7%~93.3%。没有处理的毛白杨插条没有生根。

第六节　毛白杨扦插育苗生根粉的应用

薛磊用 ABT 生根粉 1 号对毛白杨进行了催根扦插育苗试验。

一、ABT 生根粉溶液的配制

将 1 号生根粉 1 g 加入 500 mL 95%的酒精中,经 4~6 h,搅动几次,使生根粉充分溶化即成 2 000 mg/L 溶液,储存于棕色玻璃瓶中,密封后存放在 5 ℃遮光处保存使用,使用时按所需浓度加凉开水稀释。

二、剪条

种条选好后,按基、中、梢、生枝带、根部五部分剪截。插穗长度分别为:基部 18.0 cm、中部 20.0 cm、梢部和生枝带 22.0 cm,剪截时上剪口剪成平形,下剪口剪成马耳形,对中部、梢部和生枝带处所剪插穗进行了双切面,切面深至木质部,切面长 2.0 cm 左右。剪条时,将隧心红褐色和有病虫害的条材挑出,以免影响成活率。

三、浸条

种条剪好后,按基、中、梢、生枝带分级,每 50 根一捆,需要下齐上不齐,首先将成捆的插穗竖放入清水中浸泡一昼夜,使单宁水解同时将 ABT 生根粉原液加入 40 倍的凉开水中,使其变成 50 mg/L 稀释液。稀释后倒入平底池中,水深 3.0~5.0 cm。然后将清水浸泡过的插穗成捆直立放入稀释液中,浸泡 8~12 h 后扦插。

四、试验地选择

试验地要达到上虚下实、地面平整、无坑洼、不积水、无土块、易插的标准;结合苗圃整地施入农家肥 3 500 kg/亩、尿素 40 kg/亩、过磷酸钙 40 g/亩。

五、扦插

扦插应本着"适时、提早"的原则。扦插前 10 d 左右进行效果最好,用浓度 2% 的硫酸亚铁水溶液进行均匀喷洒。还可用敌百虫防治地下害虫。扦插采用垄沟坐水扦插。垄沟间距 60.0 cm,每沟一行,插于南半侧半坡面上,株距 25.0 cm。

六、管理

水是毛白杨育苗成败的命脉,灌溉及时是成活关键,特别是 4~6 月,做到垄沟经常潮湿,为确保成活创造了条件。扦插育苗松土不可过早,以防碰动插穗造成死亡。同时,灌水次数不宜过多。若土壤水分过多,会导致插穗下端腐烂死亡。苗木生根后,可每隔 1~3 周灌水一次。雨季要注意排水,避免圃地积水。扦插成活后,要及时选留 1 枝新梢培养苗干,除掉基部多余的萌生枝。随着插条苗的生长,要及时抹除苗干下部的侧枝和嫩枝,以利于苗木茎干的正常生长。此外,还要及时进行中耕、除草及病虫害防治等工作。

七、试验结果

该作者从剪插穗配制 ABT 生根粉溶液,浸泡处理,4 月 23 日扦插到 5 月 15 日,经观察 100% 愈合。5 月 28 日生根率平均达 99%;6 月 7 日调查平均成活率为 97.6%。试验结果如表 8-18 所示。

表 8-18   2008 年毛白杨育苗情况

处理	育苗时间(月-日)	5 月 15 日调查 愈合率/%	5 月 15 日调查 发芽率/%	5 月 28 日 生根率/%	6 月 7 日 成活率/%	生根率 增减/%	成活率 增减/%
50 mg/L ABT 液浸泡 10 h	04-23	100	100	99	97.6	+63.5	+59.8
1% 腐脂酸钠液 浸泡 24 h 冬藏	04-18	85	90	92	83.6	+56.5	+45.8
随起苗随埋棵	04-27		100		95		
对照	04-23	72.5	85	35.5	37.8		

第七节   浸水催根处理

一、浸水催根处理

毛白杨插穗浸水处理方法是:扦插前,将插穗浸入水中 3~7 d 后,捞出扦插成活率高。浸水时,以间断浸水的方法好,即白天浸水,夜间不浸水。据河南焦作市林场试验,浸水的毛白杨插穗成活率87.3%~100%,平均苗高3.6 m,地径2.3 cm,根系也较发达。据河南许昌林业研究所杨爱华等试验,毛白杨插穗浸水后,其含酚化合物随水交换而溶于水中,从而降低插穗酚化合物含率。如用15 ℃、20 ℃、25 ℃、30 ℃水浸12 h,毛白杨插穗内酚类物质分别降低2.24%、2.26%、3.27%、4.69%及10.95%。由于酚类物质的降低,从而用于细胞分裂,而加速新根的形成和生长。如1985年5月上旬检查,10 ℃水处理的插穗成活率97.05%,平均每插穗生根数58根;15 ℃处理的分别为90.04%及68根,20 ℃则为92.6%及100根,30 ℃为83.45%及70根,其中以15~20 ℃温水处理为好。

二、插条储藏

毛白杨插条储藏通常采用湿沙储藏。其具体方法是:①选择背风向阳、高燥的地方作为毛白杨插条储藏处。②储藏坑挖成深50.0~70.0 cm、宽1.0 m、长1.0~2.0 m。坑底铺细沙一层,一般厚度为5.0~10.0 cm。将毛白杨插条捆成50~100根一捆,竖放沙上,中间竖放一草束利于通气。储藏坑放满后,用细沙填满坑内空间后,进行大水灌溉,再用湿沙盖一层(10.0 cm)后,填土封成丘状,周围挖排水沟,以防水害。翌春解冻后,进行扦插。

三、扦插时期

扦插时期对毛白杨插条成活率试验结果如表8-19所示。

表8-19　扦插时期对毛白杨插条成活率试验结果

采条期(月-日)	10-15	10-30	11-15	11-30	12-15	12-30	02-15	02-30	03-15
扦插数/个	125	200	225	80	225	200	200	225	225
成活数/个	6	19	53	18	46	19	39	0	0
成活率/%	4.8	9.5	23.5	21.3	20.4	9.5	19.5	0	0

从表8-19看出,扦插时期以11月15日至12月15日为宜。

四、试验小结

为获得毛白杨扦插育苗成功,必须做到以下几点:①选择毛白杨优质壮苗作扦插育苗种条用。②种条应分粗细、部位分别剪取、处理,分别扦插与管理。③插条扦插前,应用蔗糖、硼酸处理,可提高其成活率。④选择土壤肥沃、排灌方便的育苗地。⑤加强苗木抚育,防治病虫害,促进苗木生长,是提高苗木质量的关键。

第八节　毛白杨扦插苗生育期

毛白杨插条扦插后,加强苗木抚育管理,是保证优质丰产的关键。为此,现将毛白杨扦插苗不同生育期间的主要抚育措施介绍如下。

一、自养期

毛白杨插条扦插后,到新梢开始出现封顶时为止的一段时期称为自养期。此期间,插条新根的形成与生长,以及幼苗的生长,主要依靠插条本身内部储藏的营养物的供应。

自养期依据立地条件、气候变化、插条质量、扦插时间和抚育措施的不同而有很大变化。其中以插条质量的不同而表现较为突出。如春季扦插的基部插条,发芽较晚,生根较早,自养期间较长,成活率较高;中部插条次之,梢部插条较差,这主要与芽的异质性、插条本身营养物质多少和发育程度有关。

在此期间的主要措施是:①防治金龟子、大灰象鼻虫等地下害虫为害;②插前进行插条处理和储藏,特别是在干旱地方,插前进行浸水,增加插条本身的水分含量,促进物质的转化,降低其酚化合物含量,利于插条新根的生成和生长;③采用插后封垄措施,保持土壤疏松、湿润,提高地温,为插条生根创造有利条件;④用"小水、清水"灌溉,灌后松土保墒,防止地表板结,切勿用"浊水、污水、大水"漫灌,以防幼叶粘泥,发生灼害。

二、分化期

从插条上幼苗开始出现封顶到再次出现生长时为止为分化期。此期插条内养分已大部分消耗,同时新根已大量形成和生长,所吸的水分和养分不能满足幼苗生长的需要,从而迫使幼苗生长缓慢,甚止死亡。

该期天气干燥,空气相对湿度小,地表温度变化大,是造成幼叶干枯、新根腐烂的主要原因,加之病虫为害,因此要及时进行"小水、清水"灌溉。据河南农业大学林业试验站试验,"小水、清水"灌溉,则插条成活率可达90%以上。

三、生长缓慢期

白杨插条成活后,幼苗光合作用较弱,生长缓慢,但根系生长发育较快。该期天气干燥,空气相对湿度小,地表温度变化大,幼苗生长缓慢。因此,要及时进行"小水、清水"灌溉。及时进行中耕、除草、除萌,特别要及时防治毛白杨叶锈病、蚜虫和根腐病的发生为害。

四、速生期

毛白杨扦插苗从6月中下旬开始到10月上中旬为止,其高生长非常迅速,一般达2~3 m,占全年高生长量的70%以上,地径占80%左右。这一时期,由于苗木生长很快,从而出现高低、大小极为悬殊的现象,故又称"苗木分化期"。

该期天气干燥、空气温度高,空气相对湿度小,地表温度变化大,苗木生长很快。因此,要及时进行灌溉,即10~15 d灌溉1次,灌溉的同时施化肥1次,每次每亩施化肥10~25 kg。并及时进行除萌、中耕、除草,特别要及时防治毛白杨叶锈病、蚜虫、透翅蛾、桑天牛和根腐病、叶斑病等的发生为害。

五、发育充实期

毛白杨扦插苗从 10 月中下旬开始,由于天气干燥、气温降低、空气相对湿度小,苗木生长速度降低,直至停止生长,其组织发育充实,木质化程度提高,为苗木越冬创造了有利条件。

该期天气干燥、空气温度高,空气相对湿度小,地表温度变化大,苗木生长停止。因此,要及时停止灌溉和施肥,并及时防止毛白杨苗木遭牲畜等为害。

六、休眠期

从毛白杨扦插苗落叶到翌春发芽前的一段时期,苗木停止生长。该期苗木要防止牲畜等为害。

第九节　毛白杨点状埋苗育苗

毛白杨是河南省主要速生用材树种之一。为了快速繁殖毛白杨优质壮苗,我们于 1964 年开始进行了毛白杨点状埋苗育苗的试验。经过 1964~1972 年连续 8 年的试验和生产实践,表明点状埋苗育苗是快速繁殖毛白杨的一种有效方法。这种方法技术简便,易于大面积生产,且能获得大批的优质壮苗。

为了适应河南省当前大力发展速生用材树种——毛白杨的需要,现将毛白杨点状埋苗育苗的试验结果,初步整理于下。

一、圃地整理

圃地应选择土壤肥沃、灌溉方便、病虫害少的沙壤土或壤土地为好。盐碱低洼地、土壤瘠薄、病虫害严重的地方,不宜选用。圃地选择后,应于冬初进行深耕,耕后不耙,翌春土壤解冻后,进行整地。整地时,每亩施入基肥 5 000 kg 左右。然后浅耕细耙耧平做床。苗床长 10 m、宽 0.7 m,畦埂宽 0.3 m。苗床做好后,引水灌溉,等到水分渗下后,填补下陷的地方和畦埂,耧平苗床,以备点埋。若育苗地的土质黏重,可做成垄状,进行育苗。垄状的做法是:在整平的育苗地上,按行距宽 1.0~1.3 m 做成底宽 40.0~50.0 cm、高 25.0~30.0 cm 的土垄。垄间距离 0.7~1.0 m,垄面宽 25.0~30.0 cm。土垄做好后,在垄的两侧半坡上进行埋苗。

二、埋苗选择

根据多年来进行点状埋苗试验材料,用于点状埋苗或平埋的苗木应具备以下要求:
(1)生长健壮、苗杆通直、杆皮绿色、茸毛少、无皱纹的 1 年生苗木。
(2)没有严重的病虫危害,侧芽萌发较少的 2.0~3.0 m 高、1.3~2.0 cm 粗的苗木。

凡符合上述条件的苗木落叶后或翌春发芽前,将苗木掘起,剪去侧枝和病虫害的枝梢,在不影响埋苗成活的条件下,可将过长、过密的侧根剪下,作插根育苗用。

三、点状埋苗技术

毛白杨点状埋苗的时间,一般于秋末落叶后、翌春发芽前都可进行。一般以 2 月中下旬,随掘苗随埋苗比较合适。点状埋苗的方法,以整地方式不同而有差异。如采用平床育苗,则点埋的方法是:在苗床畦埂两侧 10.0 cm 左右处,开成深 3.0 cm 的两条纵沟,沟间距离 50.0 cm。然后,根据苗木长短,在纵沟上一定距离的地方,挖成与苗木根系大小一致的坑。将苗木根系放在坑内,苗干平放在沟内。在苗干上每隔 10.0~15.0 cm 远堆一碗大土堆。同时苗根上覆土要大些,覆土时剪去上面的根系,特别是在灌溉条件较差的地方进行育苗时,要注意这一点。两个土堆之间的苗干露于地表,便于侧芽萌发出土。垄状埋苗的方法是:在垄的两侧半坡上开一条纵沟,将苗木平埋在沟内,但覆土厚度一般以 1.0~1.5 cm 为宜。

四、苗木抚育

毛白杨点状埋苗育苗的抚育措施如下。

(一) 灌溉

毛白杨点状埋苗后,应适当灌溉,经常保持苗床土壤湿润,有利于苗干生根。如,采用垄状育苗时,灌溉水面低于苗干,使水分渗透到埋苗苗干周围,切勿淹没埋苗苗干。这样可以达到防止地表板结和水分蒸发的目的。幼苗萌发前后,灌溉时采用"小水、清水、勤浇、少量"的原则,且勿用"浊水"灌溉,以免埋苗淤泥过厚,影响发芽出土,嫩芽、幼叶沾上泥沙,容易发生烫伤引起死亡。

(二) 晒芽

晒芽是保证毛白杨点状埋苗尤其是平埋苗木时获得苗全、苗壮的主要措施之一。所谓晒芽,就是指毛白杨点状埋苗或平埋后,由于灌溉或覆土过厚等,影响侧芽萌发出土时,用小竹片,按一定株距,或土堆间淤泥过厚的地方挑起,使侧芽露于地表。数日后,幼芽萌发出土后,迅速生长成苗。这一措施较费工。在黏土地区进行平床点埋或平埋苗木时,采用覆沙措施较好,也可采用垄状埋苗的方法进行育苗。

(三) 培土保根

毛白杨幼苗高度达 10.0~15.0 cm 时,应及时进行培土。培土结合中耕除草时,将行间内的湿土堆放在幼苗旁。培土高度一般达 15.0 cm。这样可以防止苗木倒伏和促进苗木根系的生长和发育。

(四) 追肥

追肥是获得毛白杨壮苗的主要措施之一。一般在苗木速生期间(7~9 月),每隔 15 d 左右追肥 1 次,每次每亩追化肥 7.5~10 kg,也可追施人粪尿。追肥时,应及时进行灌溉,以充分发挥肥效作用。

(五) 中耕除草

幼苗期间,不可在埋苗两侧进行中耕除草,以免触动埋苗,损伤幼根,影响苗木生长和根系发育。所以,苗木生长初期,以拔草为主。以后结合培土进行中耕、除草。中耕除草次数依具体情况而定。

(六)病虫防治

幼苗期间,及时防治大灰象鼻虫、平毛金龟子、蝼蛄等危害。苗木生长期间,适时预防和防治锈病、叶斑病、枝炭疽病、金钢钻、透翅蛾、天社蛾等病虫害的发生和危害,特别是锈病的发生和危害。

此外,抹芽要及时进行。

五、试验结果

现将 1964~1972 年进行毛白杨点状埋苗育苗的试验结果简述于下。

(一)点状埋苗苗木规格对苗木产量和质量的影响

为了进一步了解苗木规格点埋后对于苗木产量和质量的影响,我们将 1 年生苗木分成 4 级进行点埋试验,结果如表 8-20 所示。

表 8-20　毛白杨苗木规格点埋后对苗木产量和质量的影响

苗高/m		1.0~1.5	1.5~2.0	2.0~2.5	2.5~3.0	3.0~4.0
地径/cm		0.8~1.0	1.0~1.3	1.3~1.5	1.5~2.0	2.0~3.0
每亩产量/株		4 818	6 316	6 937	8 052	5 422
增长百分率/%		100	130.7	144.2	167.0	112.5
苗木质量	苗高/m	2.15	2.35	2.57	2.99	3.30
	地径/cm	1.94	2.19	2.37	2.51	2.59

从表 8-20 中可以看出,埋苗的规格以苗高 2.0~3.0 m、地径 1.3~2.0 cm 的壮苗为好;1.5~2.0 m 高、1.0~1.3 cm 粗的苗木,也可以获得较好的结果。

(二)点状埋苗与平埋等方法对苗木产量和质量的影响

为了了解点状埋苗与平埋等方法对苗木产量和质量的影响,以便确定毛白杨点状埋苗育苗的优缺点和推广于生产的价值,1964~1966 年连续 3 年进行了点状埋苗、点状埋条、长条平埋、平状埋苗等育苗的对比试验,试验结果如表 8-21 和表 8-22 所示。

表 8-21　毛白杨点状埋苗、长条平埋等方法对苗木产量和质量的影响

育苗方法		长条埋苗	平状埋苗	点状埋条	点状埋苗
1964 年	株数	2 912	3 392		
	百分率/%	100	116.5		
1965 年	株数	1 931	566.1	3 604	7 661
	百分率/%	100	293.2	159.7	245.4
1966 年	株数	1 998		3 796	8 924
	百分率/%	100	293.2	189.0	446.0

表 8-22　毛白杨育苗方法对苗木产量和质量的影响

育苗方法	苗高/m	地径/cm	增长百分率/%	
			苗高	地径
长条平埋	2.35	2.19	100	100
点状埋条	2.46	2.22	103.3	100.5
点状埋苗	2.89	2.50	123.0	114.2

(三)点状埋苗育苗时苗木根系的发育

毛白杨点状埋苗育苗的方法,不仅可以获得产量高、质量好的苗木,而且苗木的根系也非常发达。

(四)垄状埋苗与点状埋苗对苗木产量和质量的影响

根据 1972 年的试验结果,在粉沙壤土条件下,由于土壤疏松,多次灌溉后,垄缘下陷,使其埋苗常常部分暴露地表,虽说苗木产量较高,但根系发育较差,所以土壤疏松,灌溉后垄下陷的地方,不宜采用垄状埋苗的方法。但是在黏土或黏壤土条件下,采用垄状埋苗则效果良好。试验结果如表 8-23 所示。

表 8-23　垄状埋苗、点状埋苗对苗木产量和质量的影响

育苗方法	苗高/m	地径/cm	产苗量/（株·亩）	根系状况	
				侧根条数	根幅宽度/cm
点状埋条	2.73	2.79	4 290	5~10	30~50*
点状埋苗	2.10	2.13	4 620	40~60	40~60*

注:*根少、根粗,分布范围稍大。

六、初步小结

根据 1964~1972 年的试验材料,点状埋苗、育苗确是快速繁殖毛白杨的一种好方法。据西华县林业局王贯君同志介绍,他们应用点状埋苗育苗的方法,在 300 多亩的面积上进行育苗,获得亩产苗木 3 000~4 000 株、苗高 2.0 m 以上的良好成绩。这种方法比埋条方法的单位面积上产苗量高 1 倍以上。1971 年许昌县蒋马大队,在壤土条件下,采用垄状埋苗的方法,也获得了亩产 4 000 株左右,苗高 3.0 m 左右、地径 1.5~2.3 cm 的良好结果。由此可见,点状埋苗育苗的方法值得各地试验推广。

第十节　埋条育苗

多年来,各地在推广毛白杨埋条育苗试验的基础上,积累了丰富经验,又提出埋条育苗方法。其主要技术如下。

一、种条选择

种条质量对于毛白杨埋条育苗的苗木产量和质量影响很大。如河南焦作林场用 1 年

生苗干埋条,每公顷产苗 5.925 万株,而用大树上的萌芽条埋条育苗,每公顷产苗仅 0.79 万株。河南农业大学试验表明,1 年生苗粗 2.0~3.0 cm 的种条,成活率 71.9%,平均苗高 3.3 m,地径 2.59 cm;质量最好的粗 1.0~2.0 cm 的种条,平均苗高 2.99 m,地径 2.3 cm,成活率达 96.0%;1.0 cm 粗以下的种条,虽苗高达 2.35 m,地径 2.19 cm,但成活率太低,仅 31.5%;大树上粗度 1.0 cm 以下的枝条,成活率只有 24.7%。

二、埋条方法

根据各地土壤质地不同,埋条方法也不一样。如河南焦作林场用埋条覆沙方法,许昌县蒋马村采用垄床埋条,西华县用埋条覆土措施,河南农业大学院林业试验站用点状埋条方法,都获得良好结果。

垄床埋条是把种条平埋在垄床的两侧半坡上,其高度以在灌溉时不淹没埋条为宜,覆土厚度 2.0~3.0 cm,并稍加镇压,使种条与土壤密接,以利长根发芽。在灌溉方便的沙壤土或粉沙壤土条件下,平床埋条时,覆土 0.5~1.0 cm 为好;重黏土时覆沙 2.0~3.0 cm,覆沙后,并经常保持地表湿润。

三、埋条苗木抚育

埋条苗木抚育方法与埋苗苗木抚育方法相同。

第十一节　毛白杨嫁接育苗

嫁接育苗方法很多,毛白杨嫁接育苗通常采用芽接和枝接两种方法。

一、芽接

芽接又称"热贴皮"。该法具有接得快、成活高、繁殖快等特点。芽接技术要点如下:

(1)选择 1 年生粗 1.0~2.0 cm 的加杨、沙兰杨、大官杨 1 年生扦插苗作砧木,但以沙兰杨为佳。

(2)选择 1 年生、无病虫害的、粗 1.0~2.0 cm 的优良毛白杨长壮枝中部发育饱满的芽作接芽。

(3)从 6 月中旬开始至 9 月上中旬都可进行芽接,但以 8 月上旬开始到 9 月中旬为好。

(4)芽接时,采用"T"字芽接技术,每 20.0 cm 左右接一芽,用麻皮绑扎。芽接成活后,及时用刀松绑。砧木苗落叶后或翌春发芽前,把接活的砧木剪成插穗,其上节口距接芽约 2.0 cm,以免影响接芽成活。

(5)翌春,土壤解冻后,施入有机肥,整成高 20.0~30.0 cm 的东西向土垄,垄距 70.0~80.0 cm。然后,在垄南开深 20.0 cm 沟,将插穗每隔 30.0 cm 左右,扦插 1 接穗,踩实,封土成垄,灌大水后覆盖地膜。待接芽高 3.0~5.0 cm,及时去膜,防治病虫危害,及时进行灌溉、施肥,进行中耕除草,加强培土,促进接芽苗基部萌发新根。苗木出圃时,除掉沙兰杨砧木质造林。

二、枝接

枝接又称"接炮捻"。该法嫁接时间,以冬季嫁接为宜。这时嫁接,经过冬季储藏,接口容易愈合,成活率高。其嫁接技术如下:

(1)选择1年生粗1.0~2.0 cm、长10.0~12.0 cm的沙兰杨1年生扦插苗作砧木。

(2)选择1年生、无病虫害的、粗1.0~2.0 cm的优良毛白杨长壮枝中部发育饱满的芽作接穗。

(3)嫁接时间,以11月下旬开始至12月上中旬为宜。

(4)选择1年生粗5~7 mm、长12.0~15.0 cm的毛白杨1年生、无病虫害的健壮枝作接穗。嫁接时,采用"劈接"技术,即在砧木上切口处,用利刀削一斜面,在其中间下劈1.0~2.0 cm长裂口;再将长12.0~15.0 cm、粗5~7 mm的接穗下端具芽1.0 cm左右处削成外厚内薄的接穗,对准形成层,用麻皮绑轧。

(5)接成活后,每40~50根捆成一捆进行储藏。储藏坑应选择地势高燥、背风向阳的地方。其大小依嫁接炮捻数量多少而定。储藏坑下面铺一层10.0 cm细沙,沙上竖放嫁接炮捻,用细沙填满后,灌水后,封成土堆。砧木苗落叶后或翌春发芽前,把接活的砧木剪成插穗,其上节口距接芽约2.0 cm,以免影响接芽成活。

(6)翌春,土壤解冻后,进行扦插。其行距70.0 cm,株距20.0 cm。"接炮捻"成活后,及时防治病虫危害,进行灌溉、施肥、中耕除草,加强培土,促进接芽苗基部萌发新根。苗木出圃时,除掉沙兰杨砧木后造林。

三、长条枝接

长条枝接是用毛白杨苗干嫁接在加杨或沙兰杨条上,进行埋条繁殖,平埋在苗床内。其嫁接技术、埋法及抚育管理与枝接技术相同。

第十二节　留根繁殖

近年来,河南各地用留根法繁殖毛白杨获得了良好效果。河南焦作林场用此法育苗每公顷产苗18.0万余株,平均苗高3.5 m,地径1.5~3.0 cm;3.0 m以上苗每公顷产10.2万余株。

留根育苗地,应选2年生以上的埋条或埋苗育苗地为好。挖苗时,采"四锹"挖苗法,可以提高留根苗木产量。具体做法是:第一锹与埋条(或埋苗)平行,在距苗干基部10.0 cm处垂直下锹,第二、三锹用力截断埋条(苗)达20.0~30.0 cm,第四锹从苗木基部一侧25.0 cm处斜插根系下部,将苗木挖出。此法挖苗的好处是:一侧留根较粗较多,利于留根萌芽出土。挖苗后,按原行做苗床,施入基肥,不宜在原行上翻地,以免伤根过多,影响产量。若育苗地内留根过多,可在施肥后进行浅耕,耕后不耙。

留根萌发前,为防地表板结,影响留根萌芽出土,一般不进行灌溉,但在冬季或早春灌足底水较好。留根萌发出土后,多呈簇状,可在苗高10.0 cm左右时进行间苗,每簇留苗1株或2~4株;也可把小苗分开,进行增土,促使基部生根,培育带根小苗,供下年移栽用。

留根繁殖法具有技术简便、节省种条、苗木成本低、产量高、质量好等优点,但病虫害较重,应加强防治。

各地还有利用毛白杨根部萌芽力强的特性,进行挖沟断根的方法,培育根蘖苗。

第十三节　三倍体毛白杨育苗技术

一、三倍体毛白杨硬枝扦插育苗技术

三倍体毛白杨(Populus tomentosa triplod)是朱之悌教授等培育的。其扦插技术如下。

(一)试验材料与方法

1. 试验场地概况

试验地设置在湖南环境生物职业技术学院南冲塘,地处 26°07′~27°28N,111°2′~113°16′E,属中亚热带季风湿润气候区,亚热带常绿阔叶林带。气候特点是严寒期短,盛夏期长,春温多变,寒潮频繁,年均温 17.5~18.1 ℃,1 月最冷,月均温 5.2~5.9 ℃,年均最低气温<0 ℃的持续天数为 3~4 d。历史上极端最低气温为-10.3 ℃,7 月最热,月均温 29.4~30.1 ℃,极端最高气温为 40.8 ℃。年降水量 1 508~1 700 mm,年均日照 1 584~1 754 h,无霜期 290 d。紫色页岩、紫色砂页岩,土壤 pH 8.2,前作为西瓜。地带性植被为刺槐(Robinia pseudoacacia L.)、紫穗槐(Amorpha fruticosa L.)、乌桕[Sapium sebiferum (L.)Roxb.]、牡荆[Vitex negundo Linn. var. cannabifolia(Seib. et Zucc.)Hand-Mazz.]等。

2. 试验材料

插穗取自 2002 年春季引种栽培的 1996、1980 年根插繁殖的 96 号无性系上的枝条。

3. 试验方法

插穗室内催根处理插穗催根室为普通家用杂房,常温,通风透气良好。

(1)处理时间。2004 年 11 月 15 日至 2005 年 2 月 14 日,2005 年 12 月 19 日至 2006 年 3 月 18 日。

(2)生根复合剂配制。共配制了 4 种生根复合剂。

1 号:90%草木灰 + 8%托布津+2%生根剂(吲哚丁酸和萘乙酸)。

2 号:100%草木灰。

3 号:98%草木灰+2%吲哚丁酸。

4 号:92%草木灰+8%托布津。

5 号:空白作对照,未加任何制剂。

(3)处理方法。各处理设 3 次重复,每一重复 50 个枝段 1 捆,下端黏附生根复合剂,每一重复装一小塑料袋,然后将所有重复试样装入一个大的塑料袋中,置于室内通风处。同样,将大量的插穗按粗度每 50~100 枝段 1 捆,基部黏附 1 号、2 号、3 号和 4 号生根复合剂粉装入塑料袋内,并设空白处理,置于室内通风处储藏催根。

4. 大田扦插对比试验

用作硬枝扦插的地块,于 2004 年 10 月深翻晒土和冻土,开春转暖时于晴天碎土,择除杂草、杂物,按 1.2 m 宽做高畦,耙平,备做扦插床。

2005 年 2 月 15~20 日先后实施各对比试验。

对比扦插试验方法如下:

(1)不同粗度的插穗扦插试验。取用 1 号生根复合剂粉处理的 96 号枝段,按枝粗 1.0~1.5 cm、0.5~0.99 cm 和<0.5 cm 三种不同枝段各 500 根,在相似条件下扦插,插后踩实。

(2)踩实对比试验。取用 4 号生根复合剂粉处理的 96、80 和 73 号枝段,以及 96 号枝育成的苗圃随采枝段各 2 000 根,按对比顺序排列扦插,且都实行一半(即 1 000 根)踩实和不踩实。

(3)取 1~5 号生根复合剂粉处理的 73 号枝段三个无性系上的一年生枝各 200~500 根,在相似土壤上排列扦插,插后踩实。

5.试验调查

(1)室内催根试验调查。分别于 2005 年 2 月 14 日和 2006 年 3 月 18 日进行,统计不同生根复合剂处理后基部产生的根(点)数,以此判断不同处理水平(生根复合剂)促进生根的效果。

(2)大田扦插试验调查。2005 年 5 月 7 日插苗生长基本稳定时进行成苗率调查。2005 年 11 月 12 日选择用 1 号、CK(5 号)处理过的苗木 100 株,进行每木调查苗木的高度与地径生长情况;苗木的根系调查是于翌年 3 月上旬发芽前,分别选生长健壮的 1 号、5 号[处理过的苗木各 10 株,仔细挖掘勿伤幼根,洗净后实测每穗侧根数(根长超过 1.0 m 的根的数量)]、根长等。

(二)结果与分析

1.插穗室内催根(点)效果分析

统计 5 种生根组合试验产生的根(点)数,列于表 8-24(每重复组试验枝段 50 根)。

从表 8-24 中看出,5 种生根复合剂促进根端产生根点的效果是不同的,1 号最好,2 号、5 号(CK)最差,其排列的优劣顺序是:1 号>4 号>3 号>5 号(CK)>2 号。经方差分析(见表 8-25),生根复合剂对插穗根端产生根(点)的效应是极显著的。为弄清不同生根复合剂间差异的显著情况,进行测验(见表 8-26),依 $Lu = oto(2S/n)^{1/2}$ 求得最小显著性差异的数值为 14.27($LSD_{0.01} = 14.27$;$LSD_{0.05} = 9.81$)。可以看出,1 号生根复合剂与 2 号生根复合剂间呈显著差异,其他各处理水平间差异均不显著,说明生产上采用 1 号生根复合剂:90%草木灰+8%托布津+2%生根剂(吲哚丁酸和萘乙酸)对促进三倍体毛白杨硬枝扦插的根端产生根(点)的效果是明显的。

表 8-24　生根复合粉促进枝段产生根(点)数

处理水平	各重复组形成的根点数			根点数总和	平均每枝产生的根点数	与对照比较/%	形成根点位次
	1	2	3				
1 号	735	741	729	2 205	1 470	272.22	1
5 号(CK)	270	267	273	810	540	100.00	4
2 号	222	225	216	663	442	82.22	5
3 号	315	309	321	945	630	115.38	3
4 号	399	393	396	1 188	792	145.05	2

表 8-25 方差分析

变异来源	自由度	离差平方和	均方	均方比	F
处理间	4	5 028 396	1 257 099	46 302	$F_{0.05} = 384$
区组间	2	48	24	0.088	$F_{0.01} = 701$
误差	8	2 172	2 715		
总计					

表 8-26 多重比较

处理水平	平均数 X	X-4.42	X-54Q	X-63Q	X-792
1 号	147Q	W28	93Q	84Q	678
4 号	792	35Q	252	162	
3 号	63Q	188	Q9		
5 号(CK)	54Q	Q98			
2 号	442				

2. 大田硬枝扦插效果分析

1)插穗粗度效果比较

不同粗度的插穗,用 1 号生根复合粉处理,插后踩实,其成苗率是不同的。由表 8-27 看出,枝粗 1.0~15 cm 效果最好,成苗率高达 90.2%,而枝粗<0.5 cm 的插穗,其成苗率仅为 25.0%,不宜用作插穗。枝粗 0.5~0.99 cm 穗的成苗率介于两者之间,说明日照同样条件下,插穗粗度是影响成苗率的重要因素。现以成苗率为变量 y、插穗粗度为自变量 x 进行回归分析,模型如下式:

$$y = -12.57 + 27.76x$$

$$(r = 0.935, f = 658 > f_{001} = 7.01)$$

从上式看出,三倍体毛白杨扦插成苗率与插穗粗度具有高度正相关,扦插成苗率随插穗粗度递增的效果是显著的。因此,生产实践上,扦插时应选粗度的插条,最好选择枝粗 10.0 cm 的一年生枝条,而<0.5 cm 的瘦弱枝不宜用作扦插。

表 8-27 三倍体毛白杨不同粗度插穗扦插成苗率比较

插穗粗度/cm	扦插时间	插穗数	成苗数	成苗率/%
1.0~15	2 月 15 日	500	451	90.2
0.5~0.99	2 月 15 日	500	449	89.8
<0.5	2 月 15 日	500	125	25.0

2）不同无性系及插后踩实与不踩实效果研究

不同无性系的插穗,用 4 号生根复合粉处理,其成苗率的效果是不同的,由表 8-28 看出,其中以 96 无性系及其苗床枝扦插成苗率最高(81.50%~82.10%),其次是 80 号和 73 号无性系。同时插穗来自苗圃育苗枝比成年树上采的枝条要好。但方差分析表明,不同无性系扦插成苗率的效果是不显著的,但同一试材,插后踩实与否对成苗率影响极大,插后不踩实,成苗率会降低 50%~70%,甚至无一成活。说明插后踩实与否是影响苗木成活的关键措施,生产上应该采取插后踩实的技术措施,以确保较高的扦插成活率,如表 8-28 所示。

表 8-28 不同无性系扦插成苗效果比较

无性系号	扦插时间	插后踩实			插后不踩实		
		试验数	成苗数	成苗率/%	试验数	成苗数	成苗率/%
96	2 月 15 日	1 000	815	815	1 000	115	115
80	2 月 15 日	1 000	701	701	1 000	51	51
73	2 月 15 日	1 000	591	591	1 000	31	31
96 苗床枝	2 月 15 日	1 000	801	801	1 000	114	114

3）生根复合粉处理的扦插苗木生长情况

（1）苗木地上部分生长。2005 年 11 月 12 日,调查了 1 号生根复合粉、5 号(CK)处理插后踩实的扦插苗高、粗生长情况(见表 8-29),方差分析表明,1 号处理与对照相比,苗木的高生长、地径生长均有极显著差异。因此,生产实践上,为了促进三倍体毛白杨扦插苗木的健康生长,应用 1 号生根复合剂是十分有效的。

（2）苗木根系生长分析。表 8-30 表明,1 号生根复合粉处理插后踩实的苗木,根系生长良好,其根系指数是对照(5 号)的 1.65 倍。根系效果指数是对照的 4.62 倍,如图 8-1 所示。

此外,也可以看出,与对照相比,其插穗剪口、基部以上部的枝段不仅会萌发多量的根,而且形成的根要粗壮得多,这也就是苗木地上部分的高、粗生长要好得多的原因。

表 8-29 生根复合粉处理的苗木生长

处理水平	高生长/m		粗生长/cm	
	苗高	平均	地径粗	平均
1 号	0 95~1.00	0.95	0.78~1.54	1.29
5 号		1.56	0.57~1.26	0.71

表 8-30　生根复合粉处理苗根系生长情况

处理	扦插苗剪口以上部位根系生长				扦插苗剪口根系生长				平均生根率/%	根指数	根系效果指数
	根数	根粗/cm	根总长/cm	细根总长/cm	根数	根粗/cm	根总长/cm	细根总长/cm			
1 号	85	0.27	2 295	2 075	73	0.63	3 805	853	965	3 163	35
5 号(CK)	13	0.09	205	250	65	0.33	2 433	3 075	347	1 915	0.66

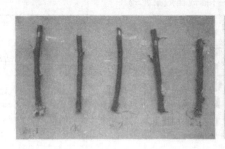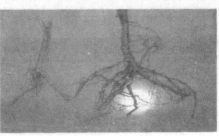

图 8-1　扦插生根效果实物照片比较

（三）结论

通过三倍体毛白杨硬枝的室内催根和大田扦插试验研究,表明只要方法、措施得当,三倍体毛白杨的硬枝扦插育苗是完全可以取得成功的,从而突破了三倍体毛白杨硬枝扦插的技术瓶颈,为简便、快速、经济地繁殖三倍体毛白杨提供了有益的探索,具有重要的理论与实践价值,是值得推广的好方法。

（1）采用塑料袋包装保温和用植物生根复合粉处理枝段基部,促生根(点)经试验筛选出 1 号生根复合粉(90%草木灰+8%托布津+2%吲哚丁酸和萘乙酸粉)黏附枝段基部,放入塑料袋内,常温室内处理 3 个月后扦插,可大大提高枝段扦插成活率,而且成苗后的苗木根系、高生长和粗生长更加健壮。

96、80、73 三个无性系中,以 96 号最好,80 号和 73 号较差,插穗来自苗圃育苗枝比成年树上采的枝条要好,但这种差异似乎不太明显,是否有更好的无性系(号)还有待进一步研究。

（2）三倍体毛白杨扦插成苗率随插穗粗度而递增的效果是显著的。生产实践上,扦插时应选粗度>0.5 cm 的插条,最好选择枝粗 1.0~1.5 cm 的一年生枝条,而<0.5 m 的瘦弱枝不宜用作扦插。

（3）选择了合格插穗,并做好了催根储藏处理,将其插入土壤中,还不一定保证成活,还需采取一项简而易行的措施——土壤踩实。研究表明,同一试材,插后踩实与否对成苗率影响极大,插后不踩实,成苗率会降低 50%~70%,甚至无一成活。可见,插后踩实与否是影响南方高床育苗的关键育苗措施,但这一重要技术措施在北方是否适合还有待于进一步探讨。

（4）三倍体毛白杨硬枝扦插的成苗率与无性系号和穗条来源有关。

二、三倍体毛白杨嫁接育苗技术

王兴智等三倍体毛白杨嫁接育苗技术试验结果如下。

(一)砧苗培育

1. 苗圃整地

于 3 月下旬,选择通透性良好的沙壤土地,每亩施入羊粪 2 000 kg、过磷酸钙 50 kg,深翻 25.0 cm 后,耙耢平整。

2. 砧木与处理

于 3 月下旬,将大青杨种条去其基部瘪芽和顶部未成熟芽,留中间长有饱满芽的部分,将其剪成 18.0 cm 长的插条,上端剪口距芽 1.0 cm~1.5 cm 平剪,下端斜剪。每 100 根绑成 1 捆,把插条基部 5.0 cm 浸泡在 5 000 倍的"艾比蒂"生根粉里 2 h,然后取出准备扦插。

3. 扦插

在 4 月初将大青杨插条按照 60.0 cm×20.0 cm 行株距扦插,插条顶芽刚好露出地面,扦插后及时灌水。当插条萌发新枝后,留 1 根长势旺、位置好的新枝,抹除其他萌蘖,并除草松土,及时灌水,每亩追施 15~25 kg 尿素和磷酸二铵混合肥 1 次,促进生长。

(二)苗木嫁接

1. 接穗选择

在母本园选择生长健壮、无病虫害、径粗 1.0~2.0 cm、芽体充实饱满的三倍体毛白杨一年生枝做接穗,生长季嫁接的接穗要随采随用。接穗从树上剪下后,要立即剪去叶片,留 0.6 cm 叶柄,用湿布包裹或放入水桶中备用。春季嫁接的接穗,要在立冬前采集,平埋于地窖湿沙中。

2. 春季嵌芽接

于 4 月上中旬大青杨插条萌发后开始嫁接。先从地窖中取出三倍体毛白杨接穗置于湿布或水桶中,嫁接时在接穗的芽上方 1.0 cm 处斜切一刀,长约 1.8 cm,再在芽下方 0.7 cm 处向下呈 30°斜切到第一刀口底部,取下带木质部芽片,按照芽片大小,相应地在大青杨上切一切口,然后将芽片插入大青杨切口中,露出芽眼,其余部分用塑料条绑紧。

3. 生长季芽接

在 7~8 月皮层能剥离时,可按"一条鞭"嫁接。即从砧木基部每隔 20.0 cm 处接一三倍体毛白杨叶芽。

4. T 形芽接

将三倍体毛白杨接穗置于湿布或水桶中,嫁接时在接穗的芽上方 0.6 cm 处横切一刀,深达木质部,然后在芽下方 1.3 cm 处下刀,略倾斜向上推削到横切口,用手捏住掰下芽片,再在大青杨地面以上选择光滑的部位,用刀切一 T 形切口,撬起纵切口,将芽片顺 T 形切口插入,芽片的上边对齐横切口,将切口用塑料条绑紧。

5. 长方形芽接

将三倍体毛白杨接穗置于湿布或水桶中,嫁接时在接穗的芽的上、下各 1.0 cm 处横切两个平行刀口,再距芽左右各 0.5 cm 处竖切两刀,用手捏住掰下,在大青杨上按芽片的同样大小切一切口,将芽片对齐放入大青杨切口,立即用塑料条包紧。

3 种嫁接方法综合效应比较如表 8-31 所示。

表 8-31　3 种嫁接方法综合效应比较

嫁接方法	嫁接时间	嫁接芽数/个	成活芽数/个	成活率/%	接芽数/工(个)	接芽数/砧(个)	成苗培育年限
嵌芽接	4 月上中旬	7 856	7 723	98.3	538	1	1
T 形芽接	7~8 月	16 387	14 208	86.7	782	8	2
长方形芽接	7~8 月	8 425	7 347	87.2	386	7	2

(三)接后管理

1. 检查成活

嫁接 10~15 d 后可检查嫁接成活情况。凡是芽或芽片保持新鲜状态,叶片一碰就掉,说明已经成活;如叶柄不脱落,说明没有成活,要抓紧时间补接。

2. 解绑

对嫁接已成活的接芽,20 d 后可解除绑扎物,对于嵌芽接切忌解绑过早,以免愈合不好,其接芽萌条易劈裂,可延长至 1 个月后再解绑。

3. 剪砧

对于生长季"一条鞭"嫁接的半成苗,在入冬前平茬,将带有三倍体毛白杨接芽的大青杨剪成 16.0~18.0 cm 长的插条,接芽上端 1.0 cm 处平剪,下端斜剪,按每 50 根 1 捆绑好放入地窖湿沙埋藏。

(四)成苗培育

1. 整地挖沟

于 3 月底或 4 月初将育苗地施足基肥,深翻细耙耢平,按 80.0 cm 行距起垄挖沟,其沟宽 40.0 cm,垄宽 40.0 cm,垄高 20.0 cm,长度视地长而定。

2. 扦插

将已剪好的半成苗和没嫁接的大青杨插条浸过生根粉后,按 20.0 cm 株距置于沟中扦插,半成苗扦插时将接芽刚好露出地面,没嫁接的大青杨插条扦插时要露出地面 5.0 cm,以备嵌芽接。扦插后及时灌水。

3. 除萌

扦插后大青砧木上易萌生萌蘖,要及时抹除,以免和接芽、萌条竞争养分。

4. 挖垄填沟

在三倍体毛白杨接芽新梢长到 60.0 cm 后,要逐渐挖垄填沟,使之沟变垄,促使三倍体毛白杨生长自生根,以加快生长,在 6 月以前填沟时可施入 20~30 kg/亩尿素和磷酸二铵混合肥,以加快生长。

第十四节　毛白杨优良无性系(品种)推广

毛白杨(Populus tomentosa Carr.)是我国北方地区特有的乡土、速生用材树种,生长迅速,寿命长,树干高大通直,树姿雄伟壮观,是速生用材林、农田防护林及"四旁"绿化的主要树种,深受群众喜爱,除作民用、建筑和家具用材外,也是造纸、纤维工业、制胶合板等的重要原料。此外,抗烟、抗污染能力强,是绿化工厂、矿山、城乡、集镇的良好树种。

一、推广课题选择

毛白杨在我国栽培历史最久、范围最广、资源最多,生长好,效益显著,是平原绿化、速生用材林营造、农田防护林建设、城乡绿化的主要战略树种之一。

毛白杨起源杂种,在长期自然选择、人工繁育和栽培下,形成了很多自然类型,其中有些自然类型中的优良无性系,生长迅速,是短期内解决我国华北地区木材不足的重要途径之一。如19年生的优良无性系——光皮毛白杨单株材积1.968 5 m^3;25年生的河南毛白杨优良无性系,单株材积2.996 3 m^3。为此,迅速推广毛白杨优良无性系,是河南省林业生产和发展战略中一个急待解决的重要课题。根据河南省林业厅布置,选择河南农业大学等单位共同研究,并获1983年河南省人民政府重大科技成果三等奖的"毛白杨优良类型研究"科技成果中选出的箭杆毛白杨、河南毛白杨、小叶毛白杨三个优良无性系,应用到河南省林业建设和林业生产中去,为早日实现河南全省毛白杨良种标准化、栽培良种化、管理集约化提供科学依据。为此,该项目于1983年开始,在全省范围内进行大面积的推广,并获得了良好的效果。

二、推广成绩

该推广项目在各级党、政领导的大力支持下,由河南省林业技术推广站,组织有关地、市、县参加,于1983年组成了"河南省毛白杨优良无性系推广协作组"共同拟订推广方案,分工负责,进行毛白杨优良无性系壮苗培育、繁育和推广工作。1983～1986年,在许昌、漯河、新乡、开封、平顶山、南阳、周口、洛阳、郑州等地市的97个县1 401个乡(镇)范围内,有组织、有计划、有步骤地开展了全省性群众繁育和推广毛白杨优良无性系工作。据统计,4年全省推广毛白杨优良无性系的总面积为389.42万亩,推广株数4 136.91万株。其中,速生丰产林16.12万亩,268.83万株;农田林网343.37万亩,1 523.40万株;片林9.93万亩,275.31万株;"四旁"植树2 069.37万株(见表8-32)。

表8-32　河南省各地市毛白杨优良品种推广　　单位:面积/万亩;株数/万株

地市	合计		"四旁"	片林		丰产林		林网	
	面积	株数	株数	面积	株数	面积	株数	面积	株数
合计	369.42	4 136.91	2 069.37	9.93	275.31	16.12	268.83	343.37	1 532.40
许昌	30.15	507.30	71.00	4.08	142.73	11.57	173.32	14.50	120.25
漯河	35.71	282.77	185.62	0.12	4.10	0.10	2.94	35.49	90.11
新乡	117.98	955.45	420.50	0.39	5.20	0.04	1.00	117.55	528.75
濮阳	4.54	124.45	74.45	0.50	12.10	0.24	6.23	3.80	31.67
开封	22.60	276.37	158.87			22.6			117.50

地市	合计		四旁		片林		丰产林		林网
	面积	株数	株数	面积	株数	面积	株数	面积	株数
南阳	0.01	17.60	17.40	0.01	0.02				
周口	19.04	250.00	154.00			0.04	0.92	19.00	95.08
商丘	7.86	100.50	71.20					7.86	29.30
焦作	91.22	646.15	196.00	0.14	13.90	3.50	69.9	87.58	366.38
鹤壁	10.12	246.50	195.00			0.12	1.50	10.00	50.00
驻马店	4.13	52.85	45.32	0.07	1.73			4.06	5.80
平顶山	12.88	227.37	183.72	0.25	4.55	0.20	3.62	12.43	25.48
郑州	3.67	82.15	57.60	0.17	6.80			3.50	17.75
洛阳	9.51	367.45	239.05	4.20	84.00	0.31	9.40	5.00	35.00

推广的3个优良品种中,河南毛白杨741.02万株,占17.9%;箭杆毛白杨2 677.86万株,占64.7%;小叶毛白杨279.88万株,占6.8%;河北毛白杨等438.15万株,占10.6%,如表8-33所示。

表 8-33 河南省各地市毛白杨优良品种推广　　　　　　单位:万株

地市	推广总株数	箭杆毛白杨	河南毛白杨	小叶毛白杨	其他毛白杨
合计	4 136.91	2 677.86	741.02	279.88	438.15
许昌	507.30	111.34	194.48	100.67	100.81
漯河	282.77	224.31	9.60	13.02	35.84
新乡	955.45	626.65	178.20	74.90	75.70
濮阳	124.55	25.02	71.00	0.47	27.96
开封	223.33	220.15	50.59	2.24	3.39
周口	250.00	150.00	87.50	12.50	
商丘	100.50	93.7	5.00	1.30	0.50
焦作	646.18	474.00	72.49	14.39	85.30
鹤壁	246.50		33.00		81.00
驻马店	52.85	35.35	10.5	7.20	0.25
平顶山	227.38	190.33	35.40	0.76	0.89
郑州	81.55	45.60	20.00	12.80	3.75
洛阳	367.45	337.0	3.00	3.80	22.80

三、推广时采用的技术措施

(一)确定推广良种

长期生产实践和科学试验表明,推广毛白杨中的优良品种,是提高木材产量和质量,实现毛白杨栽培良种化的主要途径。为此,河南农业大学从1963年开始进行毛白杨优良品种的选育工作,获得良好效果,其中选出的箭杆毛白杨、河南毛白杨、小叶毛白杨3个优良品种均有生长快、适应性强、材质优良等特点。

1982年进行了"毛白杨优良类型研究"的鉴定,专家提出:"毛白杨优良类型研究"是一项重要科技成果,具有生产实用价值,建议尽快组织推广毛白杨、河南毛白杨、小叶毛白杨3个优良品种工作。

(二)全面规划

(1)丰产林。根据毛白杨喜水肥特点,在平原农区、沿河滩地和"四旁"、农荒地,选择适宜毛白杨优良无性系生长的造林地,采用高度集约栽培措施,实现短期成材,以达到单位面积有较大生长量。初植密度5 m×6 m的株行距,每亩22株,10年后进行间代。

(2)"四旁"及农田林网。栽植分散,多呈行状或不整齐的小片状。在道路、渠旁,一般每侧一行,株距1.5~2.0 m;在较宽的水渠、河堤上和主要交通公路,采用多行栽植,株距2.0~3.0 m,行距1.5~2.0 m,呈"品"字形配置;农田林网依据水渠、道路进行单行或双行造林,形成疏透结构的中型林网,150~200亩为一网格。

(3)丘陵地区堰边。是实行农林间作的有效方式。浅山、丘陵地区以治坡改土为基础,一般梯田外侧栽植一行毛白杨,株距2.0~3.0 m,群众称为"一条线,树靠堰,二米远,随堰转"。由于梯田水分、养分条件较好,能充分利用光照条件,不仅提高了土地的利用率,也为毛白杨生长创造了良好的环境。

(三)建立毛白杨良种繁育基地

为使推广毛白杨优良品种建立在切实可靠的基础上,首先以温县国营苗圃作为良种繁育基地,为全省各地培育优质良种苗。后又以舞阳、项城、民权、南乐、扶沟等县为毛白杨良种繁育和示范推广基地,与育苗专业户、重点户签订技术承包合同。7年来,共繁育毛白杨优良品种苗木8 200万株,除本省栽植外,还支援了山西、山东等省大批毛白杨良种壮苗。

(四)适地适树

为保证毛白杨优良品种造林后迅速生长,在组织推广过程中,根据各地区的气候、土壤、地貌、地质、水文等复杂综合因子,结合各级林业区划,凡是土壤肥力中等的地方,以推广箭杆毛白杨为主。

河南毛白杨、小叶毛白杨要求水、土、肥条件较高。所以,优先栽植那些土壤肥力高、疏松、湿润的地方。如许昌市优先将小叶毛白杨栽植在土壤肥沃的沙壤土地的农田中,河南毛白杨栽植在土壤肥力高、疏松的道路、沟、河、渠旁,以便发挥它们的速生特性。

(五)壮苗造林

壮苗是实现毛白杨优良品种速生丰产的基础。造林时,必须选用优质壮苗。优质壮苗的标准为:苗高3.5 m以上,地径3.0 cm以上,苗高与地径比例120:1;苗干通直,发育充实,根系完整,枝梢充分木质化,无病虫危害,无机械损伤。

(六) 科学造林

采用 1 m³ 的大穴。每穴施腐熟土杂肥 25～50 kg、腐熟饼肥 1.0 ～ 1.5 kg,与表土充分拌匀后填入穴内;"四旁"及农田林网立地条件较好的地方,挖 1.0 m×1.0 m×1.0 m 大穴。采用先挖穴后造林的办法。土壤瘠薄的河滩沙地,造林前种一次绿肥压青,以提高土壤肥力,然后进行造林;杂草丛生的荒滩地,采用伏天多耕,消灭杂草,然后挖穴造林。造林季节,采用春、秋季造林。春季造林于 2 月中旬到 3 月中旬进行,秋季造林在 10 月下旬到土壤封冻止。

(七) 抚育管理

1. 及时灌水

毛白杨春季造林,由于春季雨水偏少,空气干燥,栽植幼树应及时浇透水,提高造林成活率和保存率。

2. 松土除草

松土除草可以消灭杂草,疏松土壤,改善土壤透水性和透气性,利于蓄水保墒,提高土壤肥力,促进幼树生长。

3. 合理修枝

为了增加毛白杨光合面积和光合产物,保证毛白杨正常发育和具有干材通直、无节的良材,1～5 年生幼树,一般采用疏枝留大距的方法,竞争枝、病枝疏除,5 年后适当疏除下部枝。修枝以秋季进行为好,切面要光滑,不留枝桩。

4. 病虫防治

锈病,要及时检查,发现病芽或病叶立即摘除,挖坑深埋;采用 0.3% 氨基苯磺酸等化学药剂防治天牛,每年用毒签防治 3～4 次;其他病虫,也应及时防治。

(八) 推广后苗木生长情况调查

根据调查和试验数据,不同年龄的毛白杨优良品种生长以及它们在不同林种中的生长速度有所不同,如表 8-34 和表 8-35 所示。

根据表 8-34 和表 8-35 材料,"四旁"造林以河南毛白杨、小叶毛白杨为主;片林、丰产林、农田林网造林以箭杆毛白杨为主较好;城乡绿化以塔形毛白杨为宜。

表 8-34　不同年龄的毛白杨优良品种与普通毛白杨生长情况调查

树龄/a	品种名称	株数	树高/m	胸径/cm	材积/m³	增长率/%		
						树高	胸径	材积
3	普通毛白杨	1 150	4.1	4.0	0.003 09	100	100	100
	箭杆毛白杨	1 792	4.3	4.2	0.003 57	104.9	105	115.5
	河南毛白杨	2 541	4.1	5.1	0.005 03	100	127.5	162.8
	小叶毛白杨	1 342	4.3	5.6	0.006 35	104.9	140	205.5

树龄/a	品种名称	株数	树高/m	胸径/cm	材积/m³	增长率/%		
						树高	胸径	材积
5	普通毛白杨	1 321	7.3	7.1	0.014 44	100	100	100
	箭杆毛白杨	1 620	7.9	7.9	0.019 36	108.2	112.7	134.0
	河南毛白杨	1 283	7.6	9.9	0.029 25	104.1	139.4	202.4
	小叶毛白杨	1 324	8.1	10.8	0.037 10	111.0	152.1	256.7
10	普通毛白杨	230	13.0	16.4	0.123 58	100	100	100
	箭杆毛白杨	165	14.7	20.8	0.224 77	113.1	126.8	131.9
	河南毛白杨	146	14.0	23.78	0.279 80	107.7	145.0	226.40
	小叶毛白杨	148	15.5	23.3	0.297 40	119.2	142.1	240.6

表 8-35　不同林种中毛白杨优良品种平均单株生长情况

林种	小叶毛白杨			河南毛白杨			箭杆毛白杨		
	树高/m	胸径/cm	材积/m³	树高/m	胸径/cm	材积/m³	树高/m	胸径/cm	材积/m³
片林	5.16	4.81	0.005 63	5.24	5.05	0.006 30	4.19	3.50	0.002 42
林网	5.59	4.17	0.004 58	5.26	4.76	0.005 62	4.02	4.05	0.003 10
四旁	6.03	5.45	0.008 44	4.96	5.35	0.006 61	4.91	5.12	0.006 07

注:此表为 3 年生林木。

(九)推广措施

为使毛白杨的优良品种尽早在林业生产中充分发挥最大的经济效益和社会效益,在推广中采取以下主要措施。

1. 建立组织,加强领导

河南省毛白杨优良品种推广协作组,除有关地市和重点县林业局参加外,还特邀了生产、科研、大专院校等单位参加。地市和重点县林业局,都成立了有领导和技术人员参加的毛白杨优良品种推广协作组,加强了与各单位的横向联合,发挥各自优势,开展技术合作,并进行定期检查评比。同时,召开多次专门会议,号召大家要树立乡土树种为主的主导思想,大力推广在本省生长好的 3 个毛白杨优良品种。新乡市把发展毛白杨优良品种放在首位。焦作、许昌等市把推广毛白杨优良品种作为"七·五"期间林业生产中的第二战略树种进行栽植。南召县专门成立五人领导小组,由一名局长专抓,育苗、造林季节齐上阵,分工负责,保质保量完成推广任务。

2. 落实林业政策

推广毛白杨优良品种时,首先解决群众在推广良种中权、责、利归属问题。推广毛白杨良种造林,实行大包干,签订合同到户,实行"谁的地、谁栽植、谁管护、谁收益"。对积极推广毛白杨良种的专业户、重点户，在政策上引导、生产上服务、经济上扶持、法律上保护，并在工作上做到五优先，即：计划上优先安排，种苗上优先供应，技术上优先培训，经济上优先扶持，种苗销售上优先帮助，从而调动了群众繁育和栽培毛白杨良种的积极性。舞阳县育苗专业户赵海洲同志，连续3年育良种苗木38万株，经济收入12.6万元，从而带动了全县积极繁殖毛白杨优良品种，大搞造林的群众运动。

3. 培育骨干，普及技术

1983～1989年，先后5次对有推广任务的地市和重点县林业局的推广技术人员进行技术培育，共400多人次。地市林技推广站负责培训县、重点乡的推广技术人员，县林技推广站负责培训乡和合作林场、林业专业户、重点户、科技户的推广技术人员。为使广大人员熟练掌握技术、应用技术的能力，编发了推广技术资料计1.6万多份，采用多种形式，先后办培训班153次，培养骨干1.6万多人，由于全省这支推广队伍熟练地掌握了毛白杨优良品种育苗、造林、管理和病虫防治的基本技术，为迅速推广毛白杨3个优良品种做出了贡献。

4. 抓好推广示范点

为使推广毛白杨优良品种建立在可靠的基础上，首先抓好推广示范点的建设。1984年以来，以温县、扶沟、项城等县为推广示范点，以县苗圃为骨干，以合作林场、林业专业户、重点户为依托，建成毛白杨良种繁育基地。几年来，几个重点县共繁育毛白杨良种壮苗2 483万多株，营造丰产林1 300亩。省抓重点县，县抓重点乡，乡抓重点户，通过层层抓点，用事实教育群众，采用一个点带一片、连一串，形成"星星之火，可以燎原"之势，发挥"拨亮一盏灯，照亮一大片"的示范作用。这样，使毛白杨优良无性系推广工作在河南省迅速开展，已遍及全省各地，掀起了群众性的推广与应用毛白杨优良品种的高潮。

5. 加强林木管护

为保证推广成果，建立了相应的林木管护制度，设有长年专职护林人员，合理确定报酬。实行岗位责任制，一月一检查，一季一评比，使造林后林木保存完整，生长良好。为把护林工作落实到实处，县林业局向乡、村发放《森林法》，制定乡、村护林公约，采用召开会议、广播、放电影等形式进行广泛宣传，教育群众树立护林为荣的新风尚，使造林成活率达95%以上。

6. 推广后的经济效益

通过全省14个地市及97个县的调查，推广毛白杨优良品种，不但可以实现毛白杨栽培良种化、造林基地化，而且经济效益增长非常明显。如15年生箭杆毛白杨优良品种平均单株材积生长量比普通毛白杨增长0.323 19 m^3，河南毛白杨则增长0.341 919 m^3，小毛白杨增长0.252 371 m^3。全省推广箭杆毛白杨、河南毛白杨、小叶毛白杨优良品种3 698.76万株，15年后按保留70%计算，净增立木蓄积832.4 m^3；按70%出材率计，净增木材582.68万 m^3，每立方米按250元计算，则经济收益14.567亿元，扣除推广技资费6 206.39万元，净经济收益12.370亿元，是投资的22.5倍。

此外，还具有显著的社会效益和生态效益。

（十）推广后苗木生长情况调查

根据调查和试验数据，不同年龄的毛白杨优良品种生长以及它们在不同林种中的生长速度有所不同,如表8-36和表8-37所示。

表8-36 不同年龄的毛白杨优良品种与普通毛白杨生长情况调查

树龄/a	品种名称	株数	树高/m	胸径/cm	材积/m³	增长率/%		
						树高	胸径	材积
3	普通毛白杨	1 150	4.1	4.0	0.003 09	100	100	100
	箭杆毛白杨	1 792	4.3	4.2	0.003 57	104.9	105	115.5
	河南毛白杨	2 541	4.1	5.1	0.005 03	100	127.5	162.8
	小叶毛白杨	1 342	4.3	5.6	0.006 35	104.9	140	205.5
5	普通毛白杨	1 321	7.3	7.1	0.014 44	100	100	100
	箭杆毛白杨	1 620	7.9	7.9	0.019 36	108.2	112.7	134.0
	河南毛白杨	1 283	7.6	9.9	0.029 25	104.1	139.4	202.4
	小叶毛白杨	1 324	8.1	10.8	0.037 10	111.0	152.1	256.7
10	普通毛白杨	230	13.0	16.4	0.123 58	100	100	100
	箭杆毛白杨	165	14.7	20.8	0.224 77	113.1	126.8	131.9
	河南毛白杨	146	14.0	23.78	0.279 80	107.7	145.0	226.40
	小叶毛白杨	148	15.5	23.3	0.297 40	119.2	142.1	240.6

表8-37 不同林种中毛白杨优良品种平均单株生长情况

林种	小叶毛白杨			河南毛白杨			箭杆毛白杨		
	树高/m	胸径/cm	材积/m³	树高/m	胸径/cm	材积/m³	树高/m	胸径/cm	材积/m³
片林	5.16	4.81	0.005 63	5.24	5.05	0.006 30	4.19	3.50	0.002 42
林网	5.59	4.17	0.004 58	5.26	4.76	0.005 62	4.02	4.05	0.003 10
"四旁"	6.03	5.45	0.008 44	4.96	5.35	0.006 61	4.91	5.12	0.006 07

注:此表为3年生林木。

根据表8-36和表8-37材料,"四旁"造林以河南毛白杨、小叶毛白杨为主;片林、丰产林、农田林网造林以箭杆毛白杨为主较好;城乡绿化以塔形毛白杨为宜。

第九章　造林技术

第一节　适地适树

毛白杨具有生长快、要求水肥条件较高的特点,选择适合毛白杨生长的林地进行造林,才能达到预期的目的。各地经验表明,"适地适树"是毛白杨速生丰产的主要措施之一。其中土壤质地、肥力、水分状况等对毛白杨生长的影响很大。如栽在肥沃的沙壤土上的 6 年生毛白杨平均树高 10.95 m,胸径 10.75 cm;在肥力较差的条件下,同龄的毛白杨,平均树高仅 3.5 m,胸径仅 4.0 cm。可见,毛白杨对土壤肥力的要求是比较高的。低洼积水、盐碱地、茅草丛生的沙地和沙丘等地,不适于毛白杨的生长,会形成"小老树"。如栽植在沙丘上的 5 年生毛白杨高仅 2.0 m。

各地"四旁"栽植的毛白杨普遍生长良好。据作者在河南调查,宅旁生长的毛白杨 21 年生树高 23.8 m,胸径 50.8 cm;井旁 17 年生毛白杨,平均树高 15.3 m,胸径 55.3 cm;路旁 13 年生树高 21.6 m,胸径 81.1 cm。

为了进一步了解不同土壤种类对毛白杨生长的影响,我们进行了土壤种类对毛白杨生长影响的调查。现将调查结果列于表 9-1。

表 9-1　不同土壤种类对毛白杨生长影响调查

土壤种类	树龄	2	4	6	8	10	12	14	16	带皮
黏土	树高/m	3.6	5.6	8.6	11.6	13.6	14.9	16.6	17.4	
	胸径/cm	1.4	4.1	5.8	8.5	10.4	12.9	15.0	17.6	18.1
	材积/m³	0.004 0	0.004 22	0.012 30	0.030 09	0.053 72	0.087 94	0.135 58	0.190 86	0.205 27
沙土	树高/m	1.9	2.6	5.6	7.6	8.4	9.2	10.6	12.6	
	胸径/cm	1.5	2.5	4.1	6.1	8.3	10.8	14.5		
	材积/m³	0.000 18	0.000 49	0.001 68	0.004 84	0.014 17	0.030 84	0.053 18	0.098 03	
黏壤土	树高/m	3.6	7.6	11.6	12.8	14.8	15.5			
	胸径/cm	0.8	3.5	9.1	14.1	18.8	22.3	23.6		
	材积/m³	0.000 33	0.004 53	0.031 56	0.076 93	0.169 02	0.278 40	0.295 33		
壤土	树高/m	2.4	9.6	12.6	17.6	18.9	21.6	22.1	22.6	
	胸径/cm	1.0	5.2	9.9	15.8	22.2	26.8	31.5	34.9	
	材积/m³	0.000 88	0.009 06	0.027 50	0.122 85	0.308 94	0.428 90	0.720 39	0.918 49	
粉沙壤土	树高/m	4.3	8.3	12.3	16.3	19.4	21.3	22.7	23.6	
	胸径/cm	2.0	6.51	9.1	23.1	27.0	30.2	32.9	34.0	
	材积/m³	0.001 04	0.016 41	0.078 43	0.203 08	0.351 39	0.538 26	0.748 36	0.926 09	0.994 78

从表 9-1 中看出,不同土壤对毛白杨生长有显著的不同,如同为 12 年生毛白杨在粉

沙壤土上单株材积最高,为 0. 538 26 m³;其次为壤土,单株材积为 0. 478 94 m³;再次为黏壤土,单株材积为 0. 278 40 m³;最差为沙土,单株材积为 0. 030 84 m³。

第二节　细致整地

毛白杨造林,在最初几年,根系恢复、生长较慢。细致整地,消灭杂草,熟化土壤,提高土壤肥力,对于恢复根系生长,促进林木速生丰产起着重要作用。

一、整地方式

整地方式一般有 3 种,即:

(1)全面整地。就是把造林地全面耕耙后,再进行造林。有条件的地方,结合整地可施入基肥。

(2)带状整地。就是在造林地按不同带宽进行整地,平原地区的防护林、用材林和速生丰产林,常采用全面整地。沙区多采用带状整地,整地宽度为 15~30 m。

(3)穴状整地。平原"四旁"通常采用穴状整地,植穴通常为 1.0 m×1.0 m×1.0 m。

二、整地深度

整地深度对毛白杨 3 年生幼林生长的影响如表 9-2 所示。

表 9-2　整地深度对毛白杨 3 年生幼林生长的影响

整地深度/cm	沙壤土		壤土		粉沙壤土	
	树高/m	胸径/cm	树高/m	胸径/cm	树高/m	胸径/cm
30	10.1	9.8	8.3	6.9	5.6	5.0
50	10.2	10.1	9.6	8.6	5.9	5.6
80	5.4	5.2				
100	10.4	10.5	10.1	9.0		
150	10.7	10.5				

从表 9-2 中看出,整地深度对毛白杨 3 年生幼林生长以 100.0~150.0 cm 的大穴为佳。

三、整地季节

在土壤肥沃、杂草稀少的土地上造林,冬初整地,翌春造林,或随整地随造林。在茅草丛生的地方,要抓住关键时期,整地灭茅。河南豫东地区,采用伏耕闷死、冬耕冻死、伏灌淹死和人工刨根等办法,消灭茅草。试验表明,伏耕 1 次茅草死亡率 67.9%,伏耕 2 次达 95%以上;秋耕仅达 18.5%;春耕灭茅作用不大。实践经验证明:在莎草、茅草丛生地种南瓜,加强水、肥,及时摘心,使南瓜秧全部覆盖,使莎草、茅草无光而死亡。其具体技术是:在茅草或莎草周围及中间,于春季挖 1.0 m×1.0 m×1.0 m 穴,施入有机肥料 25 kg,与土混匀后,于5月选南瓜良种——蔓秧南瓜,每穴栽2株,加强水肥管理,促进其生长,每隔5~10节打顶芽,促边侧芽萌发,而覆盖地面,使茅草或莎草缺乏阳光而死亡。

第三节　良种壮苗

良种壮苗是培育林木速生丰产的物质基础。良种是指优良树种、优良品种,壮苗是指苗木生长健壮、根系发达及无病虫害的苗木。

一、毛白杨良种苗木

毛白杨良种苗木是指箭杆毛白杨、小叶毛白杨等。其生长调查如表9-3所示。

表9-3　毛白杨良种苗木20年生长调查

名种	树龄/a	树高/m	胸径/cm	材积/m³
箭杆毛白杨	20	22.7	35.4	0.988 76
密孔毛白杨	20	21.9	42.0	1.177 19
河南毛白杨	20	21.7	40.8	1.077 88
河南毛白杨雌株	20	22.7	40.5	1.145 12
小叶毛白杨	20	21.1	40.7	1.149 03
密枝毛白杨	20	22.2	39.3	0.913 14

从表9-3中看出,毛白杨良种苗木20年生长情况,河南毛白杨雌株、小叶毛白杨为佳,密孔毛白杨次之,箭杆毛白杨、密枝毛白杨、河南毛白杨雌株又次之。

二、毛白杨壮苗木

毛白杨壮苗木是指生长健壮、发育良好、无病虫害的1~3年生Ⅰ、Ⅱ级苗木,即苗高2 m以上、地径2.0 cm以上。采用春季挖大穴1.0 m×1.0 m×1.0 m栽植。栽植株距为3.3 m×3.3 m。3年生幼林生长调查,如表9-4所示。

表9-4　毛白杨壮苗木造林后3年生长调查

苗木规格	树高/m	胸径/cm	冠幅/m	枝下高/m
苗高3 m以上,胸径2.5 cm以上	9.20	8.50	3.90	3.30
苗高2~3 m,胸径2~2.5 cm	6.00	7.50	2.50	2.50
苗高2 m,胸径2.0 cm以下	5.20	5.00	1.90	2.20

从表9-4中看出,整地深度对毛白杨3年生幼林生长以100~150 cm³的大穴为佳。

第四节　造林方法

毛白杨造林用穴状栽植。春、秋两季都可进行。挖穴一般为 1.0 m×1.0 m×1.0 m。把表土和底土分别放在穴边。栽植时,对准株行距,使苗木根系舒展后,用细表土填入穴内,填到穴的 1/2 或 1/3 时,将苗木轻轻向上提动,使根舒展、踩实,再将穴填满再踩实。有条件的地方要进行灌溉。

毛白杨造林时,尤其是"四旁"植树时,选用大苗,有利于保证成活和加速林木生长。试验表明,毛白杨造林,以选用 3 年生的 Ⅰ、Ⅱ 级大苗最好。河南郑州等地区,多用胸径 4.0~7.0 cm 的毛白杨进行"四旁"造林。河南省睢县榆厢林场在沙地用 4~5 年生的毛白杨大苗造林,效果良好。栽植深度要比原来入土的深度深 20 cm 左右,栽后灌水,使其充分渗透,用土把穴填满,最后封成土堆。栽时,要将树枝从 30.0~50.0 cm 处截去;截后,要固定树干,以防风吹摇动,影响成活。同时,要把 3 m 高以下的树干全部用草绳或其他东西缠绕起来,以防日灼和冻害。幼树移栽后,须于雨季到来以前,每隔 15~20 d 灌透水 1 次,特别是 5~6 月适时灌溉更有必要。幼树移栽后的 3 年内生长很慢,应注意水、肥管理和病虫防治。

第五节　造林密度

造林密度,依立地条件、混交方式、抚育措施、经营目的和林木生长发育阶段不同而有区别。土壤肥沃、水分充足、抚育管理及时,造林密度要稀;土壤肥力差、抚育管理条件困难,或培育小径材时,造林密度要密些。毛白杨人工林要"合理密植",才能发挥它们的群体作用,加速林木生长,提高材质。

河南省林业科学研究,营造的毛白杨速生丰产林,3 年后,密度对胸径生长就产生影响,5 年生时影响显著。如 1.0 m×1.0 m 株行距平均树高 10.13 m,胸径 6.21 cm;2.0 m×2.0 m 株行距平均树高 10.98 m,胸径 8.66 cm;3.0 m×3.0 m 株行距平均树高 10.95 m,胸径 10.75 cm。

由此可见,毛白杨造林的初植密度,一般以 3.0 m×3.0 m 为宜,在 1~2 年内进行间作,促进林木生长,5~6 年时,再间伐一次,以 6.0 m×6.0 m 较宜。

赵天榜于 1958 年在河南农业大学林业试验站营造的毛白杨丰产试验林,采用 0.50 m×1.0 m 的株行距,加强水、肥管理,当年间伐成 1.0 m×1.0 m 的株行距,第 2 年改为 2.0 m×1.0 m,第 3 年为 2.0 m×2.0 m,第 4 年为 2.0 m×4.0 m,第 5 年为 4.0 m×4.0 m、4.0 m×6.0 m、4.0 m×8.0 m、6.0 m×8.0 m。10 年生的箭杆毛白杨林木平均树高 16.4 m,胸径 24.1 cm,单株材积 0.351 39 m³,且获得了明显的经济效益。

毛白杨不同密度对幼林生长的影响如表 9-5~表 9-7 所示。

表9-5　毛白杨不同密度下幼林年生长进程调查　　　　　　　单位:m

株行距/m	间代后密度/m	树龄/a	调查日期(月-日)										
			04-06	04-16	05-01	05-16	06-01	06-16	07-01	07-16	08-01	08-16	09-01
2×2	4	4	6.40	6.52	6.31	7.22	7.50	7.71	8.00	8.21	8.40	8.50	
2×2	4	4	5.01	5.01	5.40	5.61	5.76	5.91	6.11	6.27	6.30	6.43	
1.5×1.5	4	4	6.27	6.36	6.60	6.86	7.05	7.17	7.36	7.43	7.58	7.75	
1.5×1.5	3.0×1.5	4	6.58	6.75	7.04	7.30	7.53	7.75	7.97	8.10	8.25	8.33	
1.5×1.5	3.0×3.0	4	6.37	6.51	6.81	7.19	7.39	7.60	7.80	7.95	8.20	8.30	8.33
1.5×1.5	3.0×3.0	4	6.80	6.93	7.31	7.63	7.90	8.21	8.53	8.76	8.86	8.96	9.00
2×2	2.0×2.0	4	5.40	5.48	5.84	6.26	6.37	6.82	6.93	7.11	7.16	7.17	7.18
2×2	2.0×2.0	4	6.05	6.17	6.57	7.16	7.23	7.25	7.62	7.77	7.88	7.99	
2×2		3	4.95	5.00	5.23	5.56	5.65	6.25	6.35	6.62	6.66	6.68	6.72
2×2		3	4.83	5.09	5.60	5.89	5.97	6.08	6.15	6.75	6.76	6.82	6.90
2×2		2	2.66	2.71	2.93	3.08	3.18	3.25	3.31	3.40	3.42	3.45	
2×2		2	3.83	3.96	4.28	4.53	4.68	4.85	5.01	5.25	5.31	5.46	
1.5×1.5		2	3.15	3.25	3.52	3.73	3.91	3.98	4.10	4.17	4.23	4.30	
2×1.5		2	1.53	1.70	1.72	1.73	1.75	1.75	1.76	1.79	1.82	1.86	

从表9-5中看出,毛白杨在2~4年生的幼林中,以2.0 m×3.0 m的行株距为佳。

表9-6　毛白杨不同密度下幼林年生长影响调查

株行距/m	原苗高/m	胸径/cm	1959 年		1960 年		1961 年		1962 年		1963 年	
			树高/m	胸径/cm	树高/m	胸径/cm	树高/m	胸径/cm	树高/m	胸径/cm	树高/m	胸径/cm
1×1	3.24	1.60	4.12	2.59	7.31	4.10	9.30	5.04	9.68	5.71	10.17	6.21
2×2	3.21	1.60	3.35	2.31	5.69	4.48	8.16	6.41	10.23	7.72	10.98	8.66
3×3	3.30	1.64	3.36	2.49	5.31	4.83	7.37	7.45	9.45	9.13	10.95	10.75

注:原河南省林业科学研究所资料。

表9-7　毛白杨不同密度对胸径生长进程的调查　　　　　　　单位:cm

株行距/m	调查日期(月-日)										
	04-01	04-15	05-01	05-15	06-01	06-15	07-01	07-15	08-01	08-15	09-01
1.5×1.5	6.27	6.35	6.60	6.90	7.05	7.18	7.36	7.43	7.58	7.75	
3.0×1.5	6.65	6.75	7.04	7.30	7.50	7.75	7.97	8.10	8.25	8.33	
3.0×3.0	6.38	6.51	6.88	7.19	7.42	7.59	7.86	8.03	8.21	8.31	8.40
平均值	6.43	6.54	6.84	7.13	7.36	7.51	7.73	7.85	7.79	8.10	

注:河南农学院林业试验站材料。

从表9-7中看出,毛白杨在5年生的幼林中,以3.0 m×3.0 m的行株距为佳,以2.0 m×2.0 m的行株距次之,以1.0 m×1.0 m的行株距最差,其主要原因是栽植太密,影响其光合作用。

第六节　毛白杨不同年龄生长调查

为了解毛白杨不同年龄生长情况,现将调查材料列于表9-8～表9-10。

一、毛白杨不同年龄生长调查结果

毛白杨不同年龄生长调查结果如表9-8所示。

表9-8　毛白杨不同年龄生长调查

树龄/a		2	4	6	8	10	12	14	16	18	20	22	24	26	带皮
树高/m	总生长量	3.3	4.63	5.56	6.30	6.97	8.30	10.30	12.30	13.36	15.30	17.30	18.63	19.40	
	平均生长量	1.65	1.16	0.94	0.79	0.70	0.69	0.74	0.77	0.78	0.77	0.79	0.73	0.75	
	连年生长量		0.67	0.50	0.54	0.34	0.69	1.00	1.00	0.83	0.57	1.00	0.69	0.39	
胸径/cm	总生长量	1.0	2.9	4.6	5.8	7.4	9.0	13.3	20.2	25.3	31.3	36.3	40.2	42.6	44.3
	平均生长量	0.8	0.73	0.7	0.73	0.74	0.75	0.95	1.20	1.48	1.57	1.65	1.68	1.64	
	连年生长量		0.65	0.85	0.65	0.80	0.80	2.15	3.45	3.55	3.00	2.50	2.00	1.20	
材积/m³	总生长量	0.000 049	0.001 89	0.005 10	0.009 87	0.017 92	0.026 71	0.016 10	0.168 00	0.292 31	0.466 82	0.663 83	0.859 32	1.024 72	1.110 54
	平均生长量	0.002 5	0.000 47	0.000 85	0.001 23	0.001 79	0.002 230	0.004 40	0.015 00	0.016 24	0.023 34	0.035 81	0.035 81	0.039 41	
	连年生长量		0.000 7	0.001 61	0.002 39	0.004 03	0.004 40	0.017 45	0.053 20	0.062 16	0.087 26	0.977 5	0.097 75	0.082 70	

注:河南农学院林业局试验站材料。

二、毛白杨不同变种生长情况

毛白杨不同变种生长情况调查结果如表9-9所示。

表9-9　毛白杨不同变种生长情况调查　　　　单位:m

树龄/a	2	4	6	8	10	12	14	16	18	20
河南毛白杨	1.10	2.56	6.45	14.10	22.10	27.20	32.40	37.60	41.30	47.50
箭杆毛白杨	2.30	5.40	10.80	16.50	20.90	26.20	31.50	35.30		
小叶毛白杨	3.20	10.70	17.80	24.10	29.60	34.10				
河南毛白杨(雌)	1.60	3.70	6.50	12.80	17.20	21.30	26.70	31.90	36.00	38.60
司赵毛白杨	2.00	3.80	5.40	7.60	12.00	21.20	27.00	33.40	38.40	40.00
密孔毛白杨	0.70	3.10	7.10	17.30	22.50	27.30	31.30	35.60	37.50	38.50
密枝毛白杨	1.30	5.50	13.40	18.90	24.80	29.60	34.50	38.50	41.80	

注:河南农学院林业局试验站材料。

从表9-9中看出,20年生的毛白杨林中,以河南毛白杨生长量最大;密孔毛白杨、小叶毛白杨次之,密枝毛白杨生长最差。

表9-10　造林密度对毛白杨林木光合作用的影响

株行距/m	光合强度				光照强度		
	6/1	28/1	96/12	8/19	对照	1/12	8/19
1.0×1.0	0.206	0.282	3.100	1.366 2	4.762	9.8	24.5
2.0×2.0	0.447	0.358 1	1.900	2.178 3	9.482	9.9	24.4
3.0×3.0	0.403	0.690 3	3.300	2.770 5	0.213	0.4	24.5

注:河南农学院林业试验站材料。

第七节　毛白杨林内气象因子变化

毛白杨林内气象因子变化测定结果如表9-11和表9-12所示。

表9-11　毛白杨不同密度下幼林内气象因子变化

株行距/m	蒸腾强度/ (g·m⁻¹·h⁻¹)	光合强度/ (g·m⁻¹·h⁻¹)	光照强度/ lx	气温/ ℃	土壤湿度/ %	
	9~10时/6月12日 9~10时/8月12日	6月12日 8月12日	6月12日 8月12日	6月12日 8月12日	林内	林外
1×1	68.9	30.20	633 100	29.8	9.78	17.58
	53.4	80.28	21 366	24.5		
2×2	107.2	80.44	711 000	29.9	11.37	
	63.9	90.35	82 178	24.4		
3×3	19	0.60	0.40	33.33	30.4	13.42
	78.8	30.28	22 770	24.5		

注:6月12日测定30~40 cm土壤中含水率。

从表9-11中看出,毛白杨在5年生的幼林中,以3 m×3 m的行株距为佳,以2 m×2 m的行株距次之,以1 m×1 m的行株内蒸腾强度、光合强度最差,其主要原因是当年栽植的幼林影响其光合作用。

从表9-12中看出,毛白杨不同密度下幼林内土壤含水率,6月12日测定以30.0 cm以下土壤含水率高于13.42%;8月19日测定以30.0 cm以下土壤含水率高于17.92%。同时表明,10.0~30.0 cm土层中土壤含水率为14.15%~16.05%,这表明,6~8月,应根据天气状况及时灌溉,利于毛白杨生长。

表 9-12　毛白杨不同密度下幼林内土壤含水率测定　　　　　　　　　　%

土层深度/cm	株行距/m						林外	
	1×1		2×2		3×3			
	6月12日	8月19日	6月12日	8月19日	6月12日	8月19日	6月12日	8月19日
0~10	2.201	5.51	3.231	6.05	4.241	6.76	8.101	6.98
10~20	4.791	4.15	6.001	6.15	9.031	8.761	5.201	7.58
20~30	5.801	7.68	7.941	8.87	7.971	9.711	4.341	7.87
30~40	9.781	9.10	11.372	0.031	3.422	0.851	7.581	9.98
40~50	11.51	18.46	15.67	19.72	14.92	21.19	16.28	17.58
50~60	15.78	17.53	20.72	19.14	15.93	19.11	17.61	23.50
60~70	12.91	13.62	15.49	17.38	14.94	19.44	16.07	18.91
70~80	14.49	12.00	17.52	19.58	14.41	18.55	15.95	18.51

第八节　毛白杨速生丰产林

河南农学院教学实验农场林业试验站于1964年进行毛白杨速生丰产林试验。现将试验结果介绍如下。

一、选择林地

毛白杨要求土、肥、水条件较高,选择土质好、肥力高、湿润的沙壤土地造林,是获得毛白杨速生丰产林的主要措施之一。如河南农学院教学实验农场林业试验站在肥沃、灌溉方便的沙壤土菜园地上营造的毛白杨速生丰产林,5年生平均树高10.95 m,胸径10.75 cm,单株材积0.043 26 m³;10年生平均树高18.3 m,胸径24.60 cm,单株材积0.403 12 m³。在土壤肥力差的条件下,5年生平均树高3.5 m,胸径4.0 cm,单株材积0.043 26 m³;10年生平均树高10.0 m,胸径10.0 cm,单株材积0.060 05 m³。由此可见,林地必须选择土壤质地好、肥力高、灌溉方便的地方;反之,低洼积水地、盐碱地、茅草丛生地、干旱瘠薄地,以及沙地均生长不良,多形成"小老树"。

二、细致整地

毛白杨造林后初期,根系恢复和生长较慢。细致整地,可以消灭杂草,熟化土壤,提高土壤肥力和蓄水能力,利于新根形成和生长。造林选择后,于秋末、冬初进行深耕,耕地深度50.0 cm,耕后不耙,使其经过冬季进行充分风化,达到消灭杂草、蓄水保墒,利于幼林生长的目的。

河南农学院教学实验农场林业实验站采用深翻50.0 cm、100.0 cm、150.0 cm,分别每亩施基肥1.1万 kg、2.3万 kg、4.55万 kg进行试验。试验结果表明,深翻50.0~100.0 cm,施基肥 1.1 万~2.3 万 kg 的 4 年生幼林生长较好。如对照平均树高 9.63 m,胸径 8.57 cm;深翻 50.0 cm,施基肥 1.1 万 kg 的平均树高 10.36 m,胸径 8.85 cm;深翻 100.0 cm,施基肥 2.3 万 kg 的平均树高 10.13 m,胸径 9.04 cm;深翻 150.0 cm,施基肥 2.3 万 kg 的平均树高 8.33 m,胸径 6.89 cm。由此可见,毛白杨造林地整地,一般以 50.0~100.0 cm,施基肥 2.3 万 kg 为宜。

三、选用良种壮苗

良种壮苗是营造毛白杨速生丰产林的重要物质基础。良种是指毛白杨良种的变种、品种。河南农学院调查表明,营造毛白杨速生丰产林时,以选用河南毛白杨为佳,密孔毛白杨次之,小叶毛白杨第三,箭杆毛白杨第四,密枝毛白杨最差。

壮苗是指生长健壮、发育良好、苗干通直粗壮、根系发达、无病虫为害的毛白杨良种的变种、品种苗木。河南农学院调查表明,毛白杨 I 级苗最好,II 级苗次之,III 级苗最差。调查结果如表 9-13 所示。

表 9-13　毛白杨苗木规格对生长影响调查

苗木规格	平均树高/m	胸径/cm	冠幅/m	枝下高/m
I 苗高 3 m 以上,地径 2.5 cm 以上	9.20	8.50	3.90	3.30
II 苗高 2~3 m,2.0~2.5 cm	6.00	7.50	2.50	2.50
III 苗高 2 m 以下,地径 2.0 cm 以下	5.20	5.00	1.90	2.20

注:3 年生毛白杨幼林。造林密度为 3.3 m×3.3 m。

四、造林时期

毛白杨造林时期,多在早春进行穴栽为宜。但在土壤肥沃、湿润、无风害条件下,冬初造林成活率高,翌年生长良好。

五、造林密度

毛白杨造林密度,依立地条件、良种名称、经营目的、抚育措施不同而有明显差异。试验表明,毛白杨幼林造林密度以 3.0 m×3.0 m 为宜。其调查结果如表 9-14 所示。

表 9-14　毛白杨造林密度对幼林生长影响调查

造林密度/m	树龄/a	平均树高/m	平均胸径/cm	树高增长/%	胸径增长/%
1.5×1.5	4	7.90	17.65	100	100
2.0×2.0	4	7.80	8.50	98.8	111
2.0×2.0	4	7.42	8.44	98.7	110.3
3.0×1.5	4	7.55	8.33	95.6	108.9
3.0×3.0	4	7.68	9.00	97.2	117.6

从表 9-14 中看出,4 年生的毛白杨速生丰产林的初植密度,以 2.0 m×2.0 m、3.0 m× 3.0 m 为宜。4 年生时应及时进行疏伐。疏伐后的植株可作"四旁"绿化用。疏伐后的密度为 4.0 m×6.0 m 或 8.0 m× 6.0 m,以培养中、大等用材。

六、抚育管理

为了提高毛白杨根系恢复能力,加速幼林生长,必须及时灌溉、抹芽、修枝和防治病虫等灾害。河南农学院1964年营造的毛白杨速生丰产林,第1年5、6月及7月上中旬,每半月灌溉1次,共8次。施化肥5次,每次每亩施硫铵25.0 kg,中耕、除草10次,防治病虫害5次,抹芽3次。第2年灌溉4次,每次每亩施硫铵15.0 kg,中耕、除草3次,防治病虫害5次,抹芽、修枝3次;树木落叶后进行隔株间伐,其密度为3.0 m×1.5 m、3.0 m×3.0 m、2.0 m×2.0 m、2.0 m×4.0 m。第3年灌溉4次施化肥2次,每次每亩施硫铵15.0 kg,中耕、除草5次,防治病虫害2次,修枝1次。第4年灌溉1次,共82次。施化肥2次,每次每亩施硫铵15.0 kg,中耕、除草2次。第5、6年没有灌溉,中耕、除草、施化肥2次。第6年冬进行间伐,其密度为3.0 m×3.0 m、3.0 m×6.0 m、2.0 m×4.0 m、4.0 m×4.0 m、6.0 m×6.0 m。第7年灌溉、施化肥2次。1975年采伐。采伐时,12年生毛白杨平均树高19.2 m,平均胸径27.4 cm,平均单株材积0.455 73 m³,平均每亩材积24.123 m³,每亩年平均材积为2.010 2 m³。

第九节　毛白杨幼林间作效应

姜岳忠等进行了毛白杨幼林间作效应的研究。本研究以毛白杨(Populus tomentosa Carr.)为对象,在立地条件较差的黄泛平原沙地上,探讨了不同肥、水投入水平的幼林间作形式对林木、土壤和作物的作用效果,以期为幼林集约经营、提高林地土壤肥力和经济效益提供技术依据。

一、试验地概况

试验地设在山东省长清县西房村,地处黄泛平原下游黄河滩区,位于北纬36°30′、东经116°45′。属暖温带季风型大陆性气候,年平均气温13.7 ℃,年平均降水量616.3 mm,年日照时数2 623.9 h,无霜期215 d。土壤为黄河冲积母质上发育的紧沙质潮土,地下水位2.0~3.0 m。造林时,林地为残次林采伐迹地,土壤较贫瘠,有机质含量4.3 kg,全N 0.44 kg,有效N 20.5 mg/kg,速效P 1.6 mg/kg,速效K 92.6 mg/kg。

二、材料与方法

(一)试验材料
使用易县毛白杨(P. tomentosa Carr. var. hopeinica)2年根2年干苗造林,株行距4.0 m×4.0 m,造林时挖树穴80.0 cm×80.0 cm,栽后浇透水,造林成活率98%。

(二)试验设计
造林后连续间种3年,间种期间不再单独对林地进行管理。不同处理的间作作物、肥水投入和管理措施分别为:
处理1,不间作(对照):不浇水、不施肥,每年松土除草3~4次。
处理2,间种大豆(1年1季):不浇水、不施肥,每年松土除草2~3次。

处理 3,间种花生、小麦(1 年 2 季):间作花生,不浇水,施过磷酸钙 375 kg/hm²、尿素 225 kg/hm²、松土锄草 2~3 次;间作小麦,浇水 2~3 次,施磷酸二铵 300 kg、尿素 300 kg/hm²、松土锄草 2~3 次。

处理 4,间种瓜菜(1 年 2 季):间作西瓜,浇水 2~3 次,施土杂肥 37.5 t/km²、过磷酸钙 900 kg/hm²、尿素 900 kg/hm²、松土锄草 2~3 次;间作蔬菜,浇水 2~3 次,施土杂肥 37.5 t/hm²、过磷酸钙 900 kg/hm²、尿素 750 kg/hm²、松土锄草 2~3 次。

(三)观测方法

(1)叶片养分含量:每年 8 月中旬采集树冠南向中部当年生枝第 6~10 片叶,每处理取 5 株,杀青、烘干。用实验室常规方法测定 N、P、K 含量。

(2)土壤养分含量:每年 10 月底,在林木行间每处理取 3 个土壤剖面,3 次重复,分别采集 0~20.0 cm、20.0~50.0 cm 土壤样品。用实验室常规方法测定土壤有机质,全 N,速效 N、P、K 含量。

(3)土壤含水量:林木生长期的每月中旬,在林木株间每处理取 1 个土壤剖面,3 次重复,分别采集 0~20.0 cm、>20.0~40.0 cm、>40.0~60.0 cm 的土样,用环刀法测定土壤含水量。

(4)作物产量:在间作作物收获季节,在林木行间按不同处理设置 1.0 m×1.0 m 样方 3~5 个,共 3 次重复,采用收获法实测作物产量,并记载各间作物的投入、产出。

(5)林木生长量:8 月中旬采用标准枝法实测单株叶片数、叶面积;年底实测林木胸径、树高、冠幅及侧枝数量和长度等。

三、结果与分析

(一)不同间作处理对林地土壤养分的影响

本试验连续间作 3 年的林地土壤养分含量测定结果及方差分析、多重比较表明:不同间作处理间林地土壤有机质、全 N、速效 N、速效 P、速效 K 含量均差异显著或极显著,西瓜-蔬菜和花生-小麦 2 个处理,由于间作时向土壤中施入一定量的过磷酸钙、磷酸二铵和尿素,特别是间种西瓜-蔬菜时以土杂肥作基肥,林地的土壤养分含量均高。按当地间种习惯,共设置 4 个间作处理,3 次重复。间种作物的林地,土壤速效 P 和速效 K 还明显高于间种大豆;间作大豆处理,虽然间作时不施肥,但由于其根瘤具有固 N 作用,作物收获后豆根及落叶均留于土壤中,明显提高了土壤中的 N 素含量,全 N 和速效 N 均与西瓜-蔬菜和花生-小麦 2 个处理差异不显著。可见,不同间作作物由于其经营强度、肥水投入及作物营养特性不同,对土壤肥力的影响也有差异,间种作物的肥水投入越大,越有利于土壤养分积累。从间种年限上看,间种当年,土壤养分已有提高,间种第 2、3 年的土壤养分含量则明显提高。

(二)不同间作处理对树体营养状况的影响

不同间作处理的林木叶片养分含量化验结果及多重比较表明(见表 9-15):不同间作处理的林木叶片 N、P、K 养分含量差异显著或极显著,西瓜-蔬菜和花生-小麦 2 个处理,叶片 N、P、K 含量均显著高于对照,其中 N、P 含量也高于间作大豆处理。该结果与前述不同间作处理土壤养分含量结果的高低相一致,即土壤养分含量高的处理,叶片养分含量也高。可见,林下间种农作物可以不同程度地提高叶片的养分含量,改善树体营养状况,而且间种作物的施肥量高,树体养分含量也较高。

表 9-15 不同间作处理林木叶片营养状况

处理	叶片 N		叶片 P		叶片 K	
	第 1 年	第 2 年	第 1 年	第 2 年	第 1 年	第 2 年
西瓜-蔬菜	28.523aA	47.293aA	0.73aA	2.5aA	4.1aA	4.0aA
花生-小麦	29.501aA	30.985bB	0.79abAB	2.1bAB	3.9aA	3.7abA
大豆	19.543bB	21.200cC	0.69bAB	1.9bBC	3.7aA	3.7abA
对照	19.543bB	19.026dD	0.64bB	1.4cC	3.7aA	3.3cA

注:小写字母不同表示在 0.05 水平下差异显著,大写字母不同表示在 0.01 水平下差异显著。

(三)不同间作处理对土壤含水量的影响

对不同间作处理土壤水分进行测定。结果表明(见表 9-16):凡是间种了农作物的林地,其土壤含水量都高于对照,间种花生-小麦、西瓜-蔬菜的处理,由于及时浇水,改善了林地水分状况,其中 0~20.0 cm 土层土壤含水率可提高 14.2%~26.3%,20.0~60.0 cm 土层土壤含水率可提高 10.3%~16.4%;间种大豆的处理,虽然没有浇水,但是土壤含水量也高于对照。在 7 月雨季到来后,由于降雨量较大,无论间种作物,林地土壤水分状况基本一致。可见,幼林期间进行农林间作能明显改善土壤水分状况,这是由于间种作物时,对作物的灌溉及时补充了土壤水分。

表 9-16 不同间作处理各月份土壤含水率　　　　　　　　　　%

土层深度/cm	处理	4 月	5 月	6 月	7 月	8 月	9 月	10 月
0~20	对照	11.8	12.1	8.3	13.4	16.2	17.0	15.0
	大豆	12.1	15.0	11.6	13.8	16.9	17.7	15.4
	花生-小麦	12.6	15.0	9.4	13.9	15.9	17.0	13.5
	西瓜-蔬菜	15.4	15.9	13.5	18.1	16.8	17.4	15.0
20~60	对照	11.7	12.7	9.8	10.4	17.2	16.0	13.2
	大豆	10.3	15.9	14.9	11.7	16.7	16.3	15.3
	花生-小麦	16.0	15.8	10.4	12.1	16.9	16.1	14.8
	西瓜-蔬菜	16.2	18.7	12.2	17.0	15.6	16.4	14.3

(四)不同间种作物对树木叶面积及林木生长量的影响

从连续间作 2 年的林木叶面积及生长状况测定结果(见表 9-17)看出:处理间差异均达显著水平。造林当年,间种西瓜-蔬菜、花生-小麦、大豆的处理,林木全株叶面积分别为对照的 3.65 倍、1.59 倍、1.59 倍;冠幅分别为对照的 2.47 倍、2.70 倍、2.22 倍;枝条数分别为对照的 1.41 倍、1.33 倍、1.0 倍;平均枝长分别是对照的 2.32 倍、1.74 倍、1.70 倍。造林第 2 年,全株叶面积分别为对照的 3.0 倍、2.51 倍、1.70 倍;林木的胸径比对照提高 136.7%,树高提高 27%~59.5%,说明幼林间种作物对林木生长有促进作用,而且间作作物的肥水投入越大,对林木生长的促进作用越显著。

表9-17　不同间作处理林木叶面积及生长状况

处理	第1年							第2年			
	单叶面积/m²	全株叶面/m²	冠幅/m	枝条数/条	平均枝长/cm	平均胸径/cm	平均树高/m	单叶面积/cm²	全株叶面积/m²	平均胸径/cm	平均树高/m
西瓜-蔬菜	41.9a	2.3a	2.3a	17a	109a	4.3a	4.1a	70.9a	3.39a	7.1a	5.9a
花生-小麦	35.2b	1.7b	1.7b	16a	82b	3.0b	4.5ab	34.1b	2.84b	5.1b	5.2a
大豆	34.5b	1.7b	1.4b	12b	80b	2.7bc	3.7bc	26.3c	1.92c	4.5c	4.7ab
对照	34.3b	0.63c	0.93c	12b	47c	2.2c	3.2c	15.2d	1.13d	3.0d	3.7b

注:小写字母不同表示在0.05水平下差异显著。

(五)土壤及树体养分状况与林木生长量相关性分析

对不同处理土壤养分含量、叶片养分含量和林木胸径平均生长量进行相关性分析,结果表明(见表9-18):土壤养分含量和叶片养分含量之间,土壤有机质与叶片N、P、K含量之间相关紧密,土壤全N、土壤速效N以及叶片N含量均与叶片P含量有很高的相关系数,说明充足的N含量有利于叶片对P的吸收。林分平均胸径与各养分间的相关系数均在0.80以上,呈显著正相关。其中与土壤有机质和叶片N、P、K的含量相关最紧密,其相关系数分别为0.967、0.955、0.988、0.972,说明土壤及树体的营养状况对林木生长有重要影响。这一结果也进一步证实了幼林期间进行农林间作对林地和树体营养状况的改善,最终导致林分生长旺盛、林木生长量增加,经济效益提高,是最为经济有效的栽培技术措施。

表9-18　不同间作处理平均胸径与土壤及树体养含量相关性分析矩阵

相关系数	土壤有机质X(1)	土壤全NX(2)	土壤速效NX(3)	土壤速效PX(4)	土壤速效KX(5)	叶片NX(6)	叶片PX(7)	叶片KX(8)	平均胸径X(9)
	1.0(1)								
	0.797	1.000							
	0.766	0.992	1.000						
0.753	0.940	0.893	1.000						
0.921	0.896	0.843	0.941	1.000					
0.989	0.831	0.788	0.827	0.965	1.000				
0.920	0.480	0.949	0.838	0.897	0.916	1.000			
0.889	0.896	0.916	0.730	0.807	0.860	0.983	1.000		
0.967	0.900	0.892	0.803	0.910	0.955	0.988	0.972	1.000	

(六)不同间种作物投入与产出比较

综上所述,间作促进了林木的生长,连续间种3年,不同间作处理的投入产出情况见表9-19。可以看出:在4.0 m×4.0 m的毛白杨幼林内实行间作,由于林分尚未郁闭,林下作物有较高收入,且能节约幼林抚育费。间种大豆、花生、小麦、西瓜-蔬菜的处理3年而不间种作物的处理反而需投入270元/hm²的抚育费。从间种作物种类看,间种花生-小麦、西瓜-蔬菜是间种大豆收入的1.6倍、5.4倍,以间种西瓜-蔬菜收益较大。可见,农林间作不仅可提高经济效益,而且具有以短养长的经济效果,间作作物以间种1年两季且高投入、高产出的农作物为好。

表 9-19　不同间种作物收支情况比较

单位:元/hm²

处理	第1年			第2年			第3年			3年合计纯收入
	收	支	纯收入	收	支	纯收入	收	支	纯收入	
不间作	0	90	-90	0	90	-90	0	90	-90	-270
大豆	3 825	333	3 492	3 750	379.5	3 370.5	3 525	360	3 165	10 027.5
花生-小麦	8 137.5	1 845	6 291	8 295	1 923	6 372	6 834	1 891.5	4 942.5	17 605.5
西瓜-蔬菜	29 850	3 262.5	26 587.5	17 250	3 183	14 067	16 125	2 857.5	13 267.5	53 922

四、结论与讨论

(1)农林间作对土壤营养状况影响的研究结果不尽一致,即有机C和N、P、K含量有显著提高,但也有人认为,低于纯农田地。本试验在相同立地条件的同一林分下间作不同作物,得到农林间作能改善土壤营养状况的结论,是基于间种作物有明显的肥水投入或间作了豆科植物,但如果在间种作物时没有肥水投入,土壤营养状况是否还能得到改善,尚需进一步探讨。

(2)农林间作系统中,林木和农作物的问题。多数研究认为,间作林地由于树木和作物均消耗水分,间作林地的土壤水分在生长季内一直低于农田。本研究结果认为,间作在雨季到来前的干旱季节能改善土壤水分状况,与间作时的及时灌溉、间作物的地面覆盖和林分对小气候的影响有直接关系。王颖、贾玉彬等对杨农间作的小气候测定表明,杨农间作日平均相对湿度提高4.1%~122%,减少水分蒸发17%~36%。本研究结果也证明了农林间作对土壤水分的改善效果。

(3)毛白杨幼林实行农林间作,通过对农作物的浇水、施肥、中耕等项抚育管理,明显改善了林地土壤的水分、养分状况,大幅度提高了林木生长量。间种的农作物还有较高的收入,可对毛白杨用材林以短养长。间种不同农作物比较,以水、肥投入高的瓜、菜效果最好,其次是花生、小麦,投入水平低的大豆效果较差。实行农林间作、以耕代抚,是提高毛白杨丰产林的集约经营水平,促进林木生长的主要技术措施。

第十节　关中平原三倍体毛白杨栽培技术

董绒叶同志进行三倍体毛白杨繁育和造林试验表明,三倍体毛白杨表现在:栽培周期短,5年即可轮伐,比普通毛白杨快2倍。三倍体毛白杨利于有效控制水土流失、防止土地荒漠,改善生态环境,也是促进经济发展、实现林木稳产的最佳树种。

一、三倍体毛白杨的繁育

三倍体毛白杨良种繁育采用多圃配套系列育苗技术,即建立采穗圃、砧木圃、繁殖圃、根繁圃,各圃互换配套育苗。采穗圃是专为生产接穗和接芽而建立的,可用 1 年生苗作定植材料,株行距一般为 0.5 m×1.0 m,3~5 年更新一次。砧木圃要用青杨,黑杨不能作为砧木。砧木要求木质化,粗度在 1.0 cm 以上,2.0 m 以上要抹芽,不能留侧枝。具备以上条件后,到每年的 8 月下旬到 9 月上旬,采用马鞭状多部位活体"一条鞭"芽接法进行嫁接。每个接芽间隔 16.0~18.0 cm,一直接到砧木顶梢 2/3 处(粗度大于 1.0 cm)。嫁接后生长约 3 个月,至 12 月可进行剪条、装箱、运输或储藏。储藏用沙藏,应注意保温和浇水。到翌年 2~3 月,插条可移入繁殖圃插苗。繁殖圃整地与扦插株数与黑杨类似,但要注意保护插条接芽,及时封土保护。繁殖圃的苗期管理要把住株芽一关:一方面要抹去砧木的芽。另一方面要抹去三倍体毛白杨苗干的一芽和嫩枝,使苗木主干下部粗壮光滑,中部有一轮匀称的侧枝,上部顶芽饱满。根系圃是以根萌苗来培育苗木的圃地,一般不单独建立,而是以繁殖圃或采穗留根促萌而实现育苗的目的。

二、三倍体毛白杨的造林

三倍体毛白杨耐水性不如黑杨。因此,立地选择要保证排水通畅、地下水位不宜太高,而水肥条件又较好的耕作土。苗木要带蔸造林,起苗时要注意尽量减少根系的损失。造林前苗木要浸水 2~3 d,并修剪去冠。由于三倍体毛白杨以培育纸浆林为主,造林密度宜选择 2.0 m×3.0 m,使每亩达 100 株以上。造林时抚育管理与黑杨基本相同,但及时排水显得格外重要。

三倍体毛白杨与传统毛白杨不同之处是造林时忌深栽。50.0~60.0 cm 是最适宜的栽植深度。浅栽造林易倒伏,造林时要密实填土,不留空隙。深栽 1.0 m 是极不可取的,因 1.0 m 深处地温太低,透气性不好,对生根成活不利,同时严重影响苗木当年的生长量。

第十一节 混交类型

毛白杨混交类型,在河南各地主要有以下几种。

一、毛白杨与紫穗槐混交

这种混交林不仅能够改良土壤结构,提高土壤肥力,充分利用空间和地力,促进毛白杨生长,如表 9-20 所示。同时,还每年可以收获条子,供编筐等用。

毛白杨与紫穗槐混交,在幼林还没有郁闭前,它们的相互有利作用比较明显。成林后,林内郁闭,由于光线不足,紫穗槐的生长受到影响,10 年后应进行隔株间伐。毛白杨与紫穗槐混交,是"路旁"造林的一种较好的混交方式。

表 9-20　毛白杨与紫穗槐混交调查

林种	株行距/m	树高/m	胸径/cm	土壤中养分含量/(mg·kg⁻¹) 磷	氮	说明
毛白杨纯林	3×3	9.2	8.5	14.1	21.3	毛白杨10 年生
毛白场与紫穗槐混交林	3×3	10.6	9.8	20.4	33.0	紫穗槐株行距 1.2 m×0.6 m

二、毛白杨与刺槐混交

这种混交林在土壤肥力差、杂草丛生的情况下,可以充分发挥刺槐的有利特性,提早幼林郁闭,提高林地土壤肥力,加速林木生长,如表 9-21 所示。

表 9-21　毛白杨与刺槐带状混交生长调查

林种		株行距/m	树高/m	胸径/cm	材积/(m³·亩⁻¹)	年材积平均生长量/(m³·亩⁻¹)	说明
纯林	毛白杨纯林	2×2	24.7	12.2	22.80	0.114	20 年生
	刺槐纯林	2×2	9.4	11.5	6.64	0.066 4	10 年生
混交林	毛白杨	2×2	13.2	13.4	16.32	0.632	10 年生
	刺槐	2×2	10.4	10.8	6.01	0.601	10 年生

从表 9-22 中看出,毛白杨与刺槐混交,在土壤肥沃条件下,刺槐生长很快,会影响毛白杨生长。所以,在最初 1~2 年内要采取平茬、截头等方法,抑制刺槐的树高生长,扩大树冠,形成林内郁闭,达到消灭杂草、促进毛白杨生长的目的,但 10 年生以后要进行间伐。

表 9-22　毛白杨与刺槐带状混交生长调查

行株距	刺槐林距离/m	平均树高/m	平均胸径/cm	单株材积/m³	根重/g	0~45 cm 土壤中养分 有机质/%	全氮/%	速效磷/(mg·L⁻¹)
1	2	6.03	6.37	0.016 08	335.4	0.918	0.559	8.0
2	4	5.50	6.13	0.009 96	57.4	0.845	0.500	6.8
3	6	4.57	4.30	0.005 38	16.4	0.736	0.397	6.0
4	8	4.33	3.93	0.004 24	9.9	0.638	0.372	5.5

三、毛白杨与侧柏混交

据原河南睢县榆厢林场材料,毛白杨与侧柏混交林生长良好,如表 9-23 和表 9-24 所示。

表 9-23 毛白杨与侧柏混交林生长调查

立木级别	林种	树高/m			胸径/cm			冠幅/m			株数	%	材积/m³	%
		最高	最低	平均	最大	最小	平均	最大	最小	平均				
I	毛白杨	25.6	22.6	24.1	36.0	26.5	30.5	6.08	3.03	4.06	15	11.2	27.10	18.7
	侧柏	13.6	9.0	11.0	14.0	8.0	12.0	3.80	1.80	3.10	41	19.0	4.56	29.6
II	毛白杨	25.1	19.1	23.6	31.0	20.0	27.0	5.22	1.98	2.67	47	35.3	57.21	30.5
	侧柏	13.6	7.6	10.0	12.0	8.0	10.0	3.30	2.00	2.40	55	25.5	5.49	35.6
III	毛白杨	24.6	15.1	23.12	9.5	16.5	22.0	4.60	1.45	2.30	55	41.3	50.34	34.7
	侧柏	11.1	7.1	8.6	10.0	6.0	8.0	3.15	1.50	2.20	93	43.2	4.65	31.1
IV	毛白杨	23.6	11.6	18.6	33.0	13.5	21.8	6.25	1.88	1.88	13	9.82	6.82	4.7
	侧柏	9.6	6.6	7.6	8.0	6.0	6.0	3.00	1.80	2.00	24	11.1	0.65	4.2
V	毛白杨	23.6	21.6	22.5	30.0	21.5	21.5	4.00	0.70	1.54	3	2.26	3.473	2.4
	侧柏	6.6	5.6	6.1	6.0	6.0	6.0	2.10	1.00	1.60	3	1.40	0.051	0.33

注:原表略有修正。原表系凌绪柏 1955 年 8 月调查材料:总面积 33 565 m²;株数:毛白杨 133 株,侧柏 216 株,毛白杨蓄积 145 m³,侧柏蓄积 15.4 m³。

表 9-23 材料表明,毛白杨与侧柏混交是比较适宜的。它不仅能够发挥它们之间的有利特性,而且在营造防风固沙林、城乡绿化中也有指导意义。

表 9-24 毛白杨与侧柏混交林生长调查

林种	树种	平均树高/m	平均胸径/cm	冠幅/m	平均材积/(m³·亩⁻¹)	说明
纯林	毛白杨	22.1	25.3	5.81	6.793	6 年生
	侧柏	9.8	13.4	3.1	4.21	
混交林	毛白杨	22.5	25.1	3.22	9.00	
	侧柏	9.3	9.5	2.4	3.08	

表 9-24 材料表明,毛白杨与侧柏混交是比较适宜的。近年来,有用毛白杨与龙柏、桧柏进行株间混栽,用于"四旁"绿化,效果良好。

四、毛白杨与柳树混交

这种混交林,对毛白杨生长、减轻天牛危害具有良好作用。如河南郑州市林场 1964 年营造的毛白杨与柳树混交林,10 年生毛白杨平均树高 12.75 m,平均胸径 21.5 cm,且无天牛危害;柳树生长受天牛危害很重。这种形式,是消灭天牛危害毛白杨的一种有效方法。

此外,毛白杨与圆柏、白蜡树等树种也可营造混交林。

五、楸叶桐与毛白杨混交试验初报

楸叶桐与毛白杨混交试验研究系杜华兵与王月海进行的,现将试验结果介绍如下。

(一)试验地概况

试验地位于黄泛区的章丘市黄河林场,土壤为沙土,pH 7.2~7.6,土层 2 m 以内无间层,地下水位在 2.0 m 以下,小区面积 0.3 hm²,2 次重复,6 个小区共 1.8 km²。

(二)材料和方法

以楸叶桐纯林为对照,楸叶桐与毛白杨混交林设计 2 种混交方式:一是隔行隔株混交,即一行纯栽毛白杨,另一行楸叶桐与毛白杨隔株混交,如此交互排列;株行距 3 m×4 m,密度为 56 株/亩,其中楸叶桐占 1/4,毛白杨占 3/4。二是隔两行隔株混交,即两行纯栽毛白杨,第 3 行楸叶桐与毛白杨隔株混交,如此交互排列;株行距为 3 m×4 m,密度为 56 株/亩,其中楸叶桐占 1/6,毛白杨占 5/6。楸叶桐对照纯林株行距 4 m×6 m,密度 28 株/亩。田间设计采用对比法,即在每个对照区两边各栽一种混交处理,每个处理都可与对照区直接比较。

(三)结果与分析

1.试验结果

(1)隔行隔株混交林。

试验结果见表 9-25。与纯林相比,混交林楸叶桐的单株材积是逐年降低的,到林龄 6.5 年时,它只为纯林楸叶桐的 55.9%。最初两年的林分蓄积量,混交林略高于纯林,以后则逐年降低,到林龄 6.5 年时,只有纯林的 70.2%。

这只是问题的一方面,看一下树冠形态情况完全不同了。毛白杨枝细、叶疏、叶小、树冠偏、窄,6.5 年生的冠幅只有 2~3 m,树干细长,高径比达 120 左右;楸叶桐除枝条较细、树冠稍窄于纯林外,其他基本正常。说明在种间关系中,楸叶桐与毛白杨竞争在总体上处于优势。

(2)隔两行隔株混交。

试验结果与隔行隔株混交基本相同,只是混交林的蓄积量和楸叶桐的单株材积降低的幅度不如隔行隔株混交林大(见表 9-26)。

楸叶桐与毛白杨地上、地下的竞争都较激烈,两者混交种间关系很难调节。但是,我们认为,在平原地区农林间作或道路两旁进行或双行混交还是可以的,在某种意义上比纯栽楸叶桐或毛白杨更具优越性。这主要是因为两者的高度和寿命(确切地说是采伐年龄)不相同。楸叶桐成年树木的高度一般在 13~15 m,毛白杨则可达到 18~20 m 以上,楸叶桐的采伐年龄多 10~15 年,毛白杨合理的采伐年龄在 20~30 年,用株间混交营造单行间作林或 1~2 行的行道树,由于树木少和树高差异大,地上、地下的矛盾变缓和,还可以增加栽植密度,减少对作物的遮阴度。而且毛白杨的一个采伐期,楸叶桐可以连作 2~3 次,调节得当。

表 9-25　楸叶桐与毛白杨隔行隔株混交林与楸叶桐纯林生长情况

混交方式	株数/ (株·hm⁻²)	株行距/ m	平均胸径 D/cm	平均树高 H/m	单株材积/m³		蓄积量/(m³·hm⁻²)		
					分树种	(混/纯) /%	树种	合计	(混/纯) /%
楸叶桐纯林	417	4×6	3.6	3.4	0.002 54		1.059	1.059	
隔行楸叶桐	208	3×4	3.6	3.4	0.002 54	100	0.528	1.182	111.6
隔株毛白杨	625		2.3	3.3	0.001 05		0.654		
楸叶桐纯林	417	4×6	4.6	4.0	0.004 54		1.893		
隔行楸叶桐	208	3×4	4.3	3.9	0.003 91	86.1	0.813	2.138	112.9
隔株毛白杨	625		3.0	4.5	0.002 12		1.325		
楸叶桐纯林	417	4×6	7.3	4.9	0.012 89		5.380		
隔行楸叶桐	208	3×4	5.8	4.0	0.007 21	55.9	1.500	4.840	89.9
隔株毛白杨	625		4.5	5.4	0.005 34		3.340		
楸叶桐纯林	417	4×6	14.0	8.0	0.066 04		27.593	27.539	
隔行楸叶桐	208	3×4	11.6	6.8	0.004 039	61.1	8.401	18.792	68.2
隔株毛白杨	625		7.0	7.8	0.016 63		10.391		
楸叶桐纯林	417	4×6	17.6	10.6	0.122 90		53.809	53.809	
隔行楸叶桐	208	3×4	13.3	8.0	0.059 60	48.5	12.397	28.764	53.5
隔株毛白杨	625		8.3	9.1	0.026 19		16.367		
楸叶桐纯林	417	4×6	20.2	11.2	0.177 48		74.009	74.009	
隔行楸叶桐	208	3×4	15.6	9.0	0.089 45	42.6	18.606	47.205	63.8
隔株毛白杨	625		10.2	11.0	0.045 76		28.599		
楸叶桐纯林	417	4×6	21.4	11.8	0.207 61		86.572	86.572	
隔行楸叶桐	208	3×4	16.4	11.1	0.116 16	55.9	24.162	60.806	70.2
隔株毛白杨	625		10.8	13.0	0.058 63		36.644		

2. 结果分析

这两个树种都是阳性树种。造林实践证明,它们中的任何一种都不能被严重遮阴。混交第 3 年(林龄 4 年)林分郁闭后,单层林中的两个喜光树种为争夺光照和空间相互挤压和干扰,混交林的蓄积量和楸叶桐单株材积都降低。

在竞争中这两个树种的表现不尽相同,按纯林的生长速度,最初几年楸叶桐的高度应该是超过毛白杨,但混交(隔两行隔株)第 3 年毛白杨的树高(8.5 m)反而超过楸叶桐(7.5 m)1.0 m,到株龄 6.5 年时,毛白杨树高 13.4 m,楸叶桐树高 11.6 m,相差 2.8 m。说明混交使毛白杨的顶端优势表现得更明显。在对光竞争中对楸叶桐有一定的抑制作用。

表 9-26　楸叶桐与毛白杨隔两行隔株混交林与楸叶桐纯林的生长情况

混交方式	株数/ (株· hm⁻²)	株行距/ m	平均胸径 D/cm	平均树高 H/m	单株材积/m³			蓄积量/(m³·hm⁻²)	
					分树种	(混/纯) /%	树种	合计	(混/纯) /%
楸叶桐纯林	417	4×6	3.6	3.4	0.002 54	1.059	1.059		
隔两行楸叶桐	139	3×4	3.6	3.4	0.002 54	0.353	1.082	102	111.6
隔株毛白杨	694		2.3	3.3	0.001 05	0.729			
楸叶桐纯林	417	4×6	4.6	4.0	0.004 54	1.893	1.893		
隔两行楸叶桐	139	3×4	4.4	3.9	0.004 09	0.569	2.078	109	112.9
隔株毛白杨	694		3.1	4.2	0.002 17	1.509			
楸叶桐纯林	417	4×6	7.3	4.9	0.012 89	5.380	5.380		
隔两行楸叶桐	139	3×4	8.1	5.1	0.016 28	2.263	7.31	135	89.9
隔株毛白杨	694		5.1	5.9	0.007 27	5.047			
楸叶桐纯林	417	4×6	14.0	8.0	0.066 04	27.593	27.539		
隔两行楸叶桐	139	3×4	13.6	7.5	0.059 49	8.269	25.542	92	68.2
隔株毛白杨	694		8.3	8.5	0.024 89	17.273			
楸叶桐纯林	417	4×6	17.6	10.6	0.122 90	53.809	53.809		
隔行楸叶桐	139	3×4	15.9	9.4	0.096 02	13.347	45.73	85	53.5
隔株毛白杨	694		10.3	11.0	0.046 66	32.383			
楸叶桐纯林	417	4×6	20.2	11.2	0.177 48	74.009	74.009		
隔两行楸叶桐	139	3×4	18.0	11.0	0.138 94	19.313	66.582	90	63.8
隔株毛白杨	694		12.4	11.1	0.068 11	47.269			
楸叶桐纯林	417	4×6	21.4	11.8	0.207 61	86.572	86.572		
隔行楸叶桐	139	3×4	18.8	11.6	0.158 06	21.970	79.641	92	70.2
隔株毛白杨	694		12.7	13.4	0.083 10	57.671	57.671		

　　毛白杨虽不像楸叶桐那样根系大部分分布在 20.0 cm 以下的土层内,但它也是深根性树种,也是吸收根分散型,与楸叶桐交叉吸收土壤养分、水分的现象不明显。因此,地下部分的竞争也较激烈。

　　综合上述,楸叶桐不宜与毛白杨搞混交,特别是不宜营造混交片林。

第十章　河南毛白杨优良类型生长情况调查

第一节　河南自然概况

河南地处中原,黄河中下游区,位于北纬 31°25′~36°20′,东经 110°20′~116°40′,全省各地年平均气温 13~15 ℃。其规律:北向南迭增,极端最高气温除山地外,各地均在 40 ℃以上;极端最低气温大都在 -12~-23 ℃,年降水量 600~1 200 mm,全年降水量的 60%~70%,集中于 6~8 月,年空气相对湿度 65%~77%,<10 ℃年活动积温 4 000~5 000 ℃,无霜期 190~230 d。河南各地气候见表 10-1。

表 10-1　河南主要地区气象因子概况

气象因子	地市							
	安阳	洛阳	郑州	商丘	许昌	驻马店	南阳	信阳
年平均气温/℃	13.5	14.5	14.2	13.9	14.6	14.8	14.9	15.0
极端最高气温/℃	40.3	44.2	43.0	43.0	41.9	41.9	40.6	40.1
极端最低气温/℃	-16.9	-12.0	-15.8	-16.7	-11.6	-17.4	-17.6	-16.9
10 ℃以上年积温/℃	4 535.0	4 784.0	4 667.14	583.14	697.54	703.74	774.24	927.5
年降水量/mm	628.5	604.6	635.9	707.8	739.4	949.6	826.7	1 107.6
无霜期/d	198	215	216	200	214	218	229	222

注:观测年份为 1951~1970 年。

河南地形错综复杂,故而形成了不同气候和土壤条件。土壤的水平分布,豫东地区主要是潮土,黄河故道两岸或近河洼地有盐碱土分布,豫西北黄土丘陵区广泛分布着褐土类;豫中、东部及南阳盆地低洼易涝区分布着砂姜黑土;淮南波状平原及山间盆地多为水稻土;伏牛山南坡、桐柏山、大别山北坡的丘陵垄岗区分布着黄刚土,山地多为黄棕壤。

第二节　调查材料及方法

一、调查材料

1983 年至 1986 年 10 月,在河南各地推广箭杆毛白杨、河南毛白杨、小叶毛白杨 3 个优良品种。

二、调查方法

采取系统抽样调查法,测定出多个样地内标准木的树高、胸径和单株材积,分析不同树龄的数量变动,找出毛白杨不同类型间生长差异和相似性。

根据不同地区气候、土壤条件,研究其生长发育与环境条件的关系,确立毛白杨优良品种的适生范围。根据毛白杨的生物学特性和不同土壤条件确定毛白杨不同品种的适生土壤。调查不同林种、不同栽培措施对毛白杨优良类型生长的影响,寻找影响及其生长的主导因子,为制定不同树种和栽培措施提供依据。

第三节　结果与分析

通过大量的调查材料分析,毛白杨 3 个优良品种在河南不同立地条件下具有适应性强、速生丰产的优点。

一、毛白杨不同类型间生长比较

毛白杨优良品种生长量均大于普通毛白杨。从 1986 年许昌等地测得的数据可以看出,毛白杨各品种 2 年生期间生长变化不大,但随着树龄的增加其差异明显加强,如:4 年生箭杆毛白杨、河南毛白杨、小叶毛白杨 3 个优良品种高生长均大于普遍毛白杨 48%～71%,胸径生长量大于 14%～54%。10 年生优良品种与普通毛白杨相比材积生产量大于101%～159%。不同优良类型间相比同样可以看出,小叶毛白杨早期速生,材积生长量高;河南毛白杨粗生长快,单株材积大;箭杆毛白杨高生长快。调查结果如表 10-2 所示。

表 10-2　不同树龄毛白杨优良品种与普通毛白杨生长情况比较

毛白杨品种	调查因子							
	株数/株	树龄/a	树高/m	胸径/cm	材积/m³	树高增长/%	胸径增长/%	材积增长/%
普通毛白杨	1 560	2	2.70	2.57	0.000 52	100	100	100
箭杆毛白杨	1 750	2	2.97	3.14	0.000 52	110	126	100
河南毛白杨	1 525	2	3.20	3.00	0.000 52	119	120	100
小叶毛白杨	1 478	2	3.31	3.62	0.002 35	144	124	452
普通毛白杨	1 356	3	3.50	4.01	0.002 35	100	100	100
箭杆毛白杨	1 431	3	4.98	4.80	0.003 16	124	120	134
河南毛白杨	1 520	3	4.88	4.79	0.003 16	139	119	134
小叶毛白杨	1 510	3	5.21	4.91	0.003 16	145	122	134
普通毛白杨	1 120	4	4.25	5.50	0.006 50	100	100	100
箭杆毛白杨	1 606	4	6.81	6.26	0.008 80	153	114	135

毛白杨品种	调查因子							
	株数/株	树龄/a	树高/m	胸径/cm	材积/m³	树高增长/%	胸径增长/%	材积增长/%
河南毛白杨	1 280	4	6.26	5.98	0.008 80	147	106	175
小叶毛白杨	1 320	4	6.51	6.59	0.008 80	153	120	135
普通毛白杨	1 320	5	7.30	7.10	0.014 45	100	100	100
箭杆毛白杨	1 601	5	7.90	8.90	0.018 56	108	125	128
河南毛白杨	1 283	5	7.60	3.00	0.018 56	104	114	108
小叶毛白杨	1 324	5	8.10	10.00	0.037 10	111	145	258
普通毛白杨	151	6	6.50	7.32	0.015 63	100	100	100
箭杆毛白杨	1 421	6	9.55	3.14	0.048 04	146	165	100
河南毛白杨	1 397	6	8.78	3.00	0.045 94	135	153	100
小叶毛白杨	1 150	6	16.261	7.38	0.166 04	250	237	106.2
普通毛白杨	230	10	13.00	16.40	0.110 55	100	100	100
箭杆毛白杨	165	10	14.70	22.80	0.234 92	113	139	212
河南毛白杨	146	10	14.00	21.78	0.221 89	108	132	201
小叶毛白杨	148	10	15.50	23.30	0.287 15	119	142	259

注:观测年份为1951~1970年。河南农学院教学实验农场林业试验站。

二、不同地区间毛白杨生长比较

毛白杨优良品种具有适应性强、速生的特点,但在不同地区其生长各有差异。从表10-3中看出,小叶毛白杨、箭杆毛白杨、河南毛白杨不管是生长在豫西浅山丘陵区、豫东北黄淮海冲积平原、豫南山地丘陵淮南平原,还是南阳盆地,都有一个共同点——生长快。如3年生小叶毛白杨在伊川县平均高生长9.5 m,平均胸径生长7.2 cm,单株材积0.021 39 m³;鲁山县生长的3年生小叶毛白杨平均树高8.0 m,平均胸径8.76 cm,单株材积0.018 5 m³;箭杆毛白杨适应性强,在安阳、郑州、洛阳、平顶山、商丘、漯河、许昌、南阳等地生长良好,3年生箭杆毛白杨平均树高6.5 m,平均胸径7.04 cm。调查中还发现,同一地区不同优良类型其生长也不同;如在温县同是3年生,小叶毛白杨长势优于河南毛白杨;获嘉县3年生河南毛白杨高生长比小叶毛白杨良好;在禹县,箭杆毛白杨生长表现良好;河南毛白杨及小叶毛白杨次之。由此可见,按照毛白杨优良类型的生态特性,因地制宜地进行推广造林,是获得速生、丰产的保证。

表 10-3 3 年生毛白杨优良品种在河南各地生长调查

地点	箭杆毛白杨			地点	河南毛白杨			地点	箭杆毛白杨		
	树高/m	胸径/cm	材积/m³		树高/m	胸径/cm	材积/m³		树高/m	胸径/cm	材积/m³
叶县	6.40	6.00	0.008 86	襄县	4.60	6.00	0.007 09	伊川	9.50	7.20	0.021 39
舞阳	6.40	8.24	0.015 63	南乐	7.69	8.30	0.001 856	禹县	5.80	6.10	0.008 24
宝丰	7.10	5.80	0.009 36	禹县	5.70	6.60	0.008 24	鄢陵	5.70	6.96	0.008 24
民权	6.60	8.60	0.016 62	平顶山	5.10	7.30	0.001 28	获嘉	6.60	7.80	0.016 62
禹县	6.20	6.90	0.008 24	获嘉	8.72	7.34	0.018 56	鲁山	8.00	8.96	0.018 56
南乐	6.30	7.10	0.008 24	鲁山	5.13	7.30	0.012 58	温县	6.30	6.60	0.008 80
许昌	6.50	6.60	0.008 80	温县	5.60	5.73	0.007 67				

注:河南农学院教学实验农场林业试验站。

三、不同土壤类型间毛白杨生长比较

毛白杨优良类型对不同土壤条件有一定适应性,但土壤对其生长有不同程度的影响。从表 10-4 可看出,3 年生箭杆毛白杨在沙壤土和黄壤土上平均高生长为 5.92 m 及 5.53 m,平均胸径生长量为 6.71 cm 和 6.21 cm,单株材积 0.008 2 m³ 及 0.007 67 m³;砂姜黑土上其平均高生长 4.04 m,平均胸径 3.4 cm,单株材积 0.007 67 m³。上述两种土壤相比,3 年生材积生长量相差 3.14 倍。同时还表明,各种土壤对箭杆毛白杨生长适生程度顺次为:沙壤土>黄壤土>两合土>黏土>砂姜黑土。

河南毛白杨在各种土壤中生长也有差别,如生长在黄壤土上的 3 年生单株材积生长量比砂姜黑土上要强 3.35 倍。河南毛白杨在不同土壤条件下生长表现顺次为:沙壤土>黄壤土>两合土>砂姜黑土。

小叶毛白杨在沙壤土和黄壤土条件下生长表现良好,其 3 年生高生长和胸径生长都超过其在两合土砂姜黑土的生长量。小叶毛白杨的适生土壤为:沙壤土>黄壤土>两合土>黏土>砂姜黑土。

在不同土壤类型间不同优良类型生长表现顺次为:

沙壤土,箭杆毛白杨、小叶毛白杨、河南毛白杨 3 个优良品种生长势均良好。

黄壤土,河南毛白杨>小叶毛白杨>箭杆毛白杨。

两合土,河南毛白杨>小叶毛白杨>箭杆毛白杨。

黏土,小叶毛白杨>河南毛白杨>箭杆毛白杨。

砂姜黑土,河南毛白杨>小叶毛白杨>箭杆毛白杨。

从表 10-4~表 10-7 中可以看出,同一土壤上不同毛白杨品种生长有所不同,如在沙壤土上小叶毛白杨生长最好;在沙壤土上河南毛白杨生片最快,箭杆毛白杨、小叶毛白杨次之。这种差异,主要是土壤肥力不同造成的。5 年生优良种林木,平均胸径大于普通毛白杨 12.7%~52.1%,材积大 34.0%~156.7%;10 年生优良种林木,平均胸径大于普通毛

白杨 26.8%～45.0%,材积大 81.9%～140.6%。

表 10-4　土壤对不同优良品种毛白杨生长的影响

不同类型	调查因子				
	树龄/a	土壤	树高/m	胸径/cm	材积/m³
箭杆毛白杨	3	黏土	3.98	3.86	0.002 62
		两合土	4.91	5.17	0.007 09
		沙壤土	5.92	6.17	0.008 24
		砂姜黑土	4.04	3.40	0.002 62
河南毛白杨	4	黄壤土	5.53	6.21	0.007 67
		两合土	5.70	6.00	0.008 24
		沙壤土	5.91	6.11	0.008 24
		砂姜黑土	4.27	4.11	0.002 62
小叶毛白杨	4	黏土	6.51	6.20	0.008 80
		两合土	5.16	4.82	0.003 16
		沙壤土	5.71	6.50	0.008 24
		砂姜黑土	4.60	4.02	0.002 62
		黄壤土	5.92	6.73	0.008 24
		黏土	4.80	4.17	0.003 16

注:河南农学院教学实验农场林业试验站。

表 10-5　土壤对箭杆毛白杨生长的影响

树龄/a	土壤名称	树高/m	胸径/cm	材积/m³	增长率/%		
					树高	胸径	材积
3	黏土	3.90	83.86	0.002 78	100.0	100	100
	潮土	4.20	64.02	0.003 24	107.0	104.1	116.5
	沙壤土	4.20	74.59	0.003 69	107.4	118.9	132.7
4	潮土	4.90	85.11	0.006 13	100	100	100
	沙壤土	5.70	5.49	0.008 09	114.5	107.4	132.0
	两合土	6.12	5.59	0.009 02	122.9	109.4	147.1
	壤土	7.47	7.16	0.063 7	150.0	140.1	267.0
6	淤土	8.02	9.26	0.027 01	100	100	100
	沙壤土	8.33	9.66	0.030 50	103.9	104.3	112.9
	壤土	12.97	13.66	0.850 4	161.7	147.5	314.8

注:河南农学院教学实验农场林业试验站。

表 10-6　土壤对河南毛白杨生长的影响

树龄/a	土壤名称	树高/m	胸径/cm	材积/m³	增长率/%		
					树高	胸径	材积
3	潮土	4.5	45.53	0.004 42	100	100	100
	沙壤土	5.6	35.20	0.007 39	124.0	114.8	8 167.2
	壤土	5.9	35.80	0.008 94	129.9	128.0	202.3
4	潮土	4.8	34.95	0.005 58	100	100	100
	两合土	7.3	38.20	0.019 36	151.8	165.7	346.9
	壤土	7.5	17.32	0.015 80	155.5	147.9	283.2
7	沙土	7.60	13.30	0.047 51	100	100	100
	沙壤土	10.0	14.29	0.072 17	131.6	107.4	151.9
	壤土	10.19	15.13	0.082 44	134.1	113.8	173.5
	黏壤土	10.40	14.30	0.075 17	136.8	107.5	158.2

注:河南农学院教学实验农场林业试验站。

表 10-7　土壤对小叶毛白杨生长的影响

树龄/a	土壤名称	树高/m	胸径/cm	材积/m³	增长率/%		
					树高	胸径	材积
3	黏土	4.80	4.17	0.003 93	100	100	100
	潮土	5.16	4.82	0.005 65	107.5	115.6	143.8
	壤土	5.71	6.57	0.011 62	119.0	157.6	295.7
	沙壤土	6.24	6.74	0.013 32	130.04	161.6	338.9
4	潮土	4.70	4.96	0.005 449	100	100	100
	壤土	6.22	6.10	0.010 907	132.3	123.0	200.2
	沙壤土	7.70	6.22	0.014 04	163.8	125.4	257.7

注:河南农学院教学实验农场林业试验站。

　　从表 10-8 中可以看出,3 年生优良种林木,平均胸径大于普通毛白杨 5%～40%,材积大 15.5%～105.5%;5 年生优良种林木,平均胸径大于普通毛白杨 12.7%～52.1%,材积大 34.0%～156.7%;10 年生优良种林木,平均胸径大于普通毛白杨 26.8%～45.0%,材积大 81.9%～140.6%。

　　为了进一步了解和掌握毛白杨优良品种生长特点和生长规律,现将小叶毛白杨 3 个优良品种与普通毛白杨 2～10 年生生长情况列于表 10-9。

表 10-8　不同年龄毛白杨优良品种生长调查

树龄/a	品种名称	株数	树高/m	胸径/cm	材积/m³	增长率/%		
						树高	胸径	材积
3	普通毛白杨	1 150	4.1	4.0	0.003 09	100	100	100
	箭杆毛白杨	1 792	4.3	4.2	0.003 57	104.9	105.0	115.5
	河南毛白杨	2 541	4.1	5.1	0.005 03	100.0	127.5	162.8
	小叶毛白杨	1 342	4.3	5.6	0.006 35	104.9	140.0	205.5
5	普通毛白杨	1 321	7.3	7.1	0.014 45	100	100	100
	箭杆毛白杨	1 620	7.9	7.9	0.019 36	108.2	112.7	134.0
	河南毛白杨	1 283	7.6	9.9	0.029 25	104.1	139.4	202.4
	小叶毛白杨	1 324	8.1	10.8	0.037 10	111.0	152.1	256.7
10	普通毛白杨	2 301	3.01	6.4	0.123 58	100	100	100
	箭杆毛白杨	162	14.7	20.8	0.224 77	113.1	126.8	131.9
	河南毛白杨	146	14.0	23.8	0.279 80	107.7	145.0	226.4
	小叶毛白杨	148	15.5	23.3	0.297 40	119.2	142.1	240.6

注:河南农学院教学实验农场林业试验站。

表 10-9　5~20 年生毛白杨优良品种生长调查

年龄/a	箭杆毛白杨/m³	小叶毛白杨/m³	河南毛白杨/m³	平均/m³	普通毛白杨/m³	增长材积/m³	材积比普通毛白杨增长率/%
5	0.016 62	0.018 56	0.021 46	0.018 39	0.017 69	0.001 80	9.28
10	0.188 87	0.238 33	0.173 76	0.189 88	0.144 27	0.045 61	24.02
15	0.764 74	0.693 92	0.783 04	0.750 99	0.441 55	0.309 38	41.20
20	1.201 07	1.180 03	1.509 73	1.289 59	0.964 96	0.324 63	25.17

注:河南农学院教学实验农场林业试验站。

从表 10-9 中可以看出,20 年生毛白杨优良品种林木,平均普通毛白杨材积 0.964 96 m³,箭杆毛白杨为 1.201 07 m³,小叶毛白杨为 1.180 03 m³,河南毛白杨为 1.509 73 m³。三个毛白杨优良品种单株材积均高于普通毛白杨单株材积。

第四节　毛白杨优树生长比较

了解毛白杨优树生长规律与生长量的差别,是实现毛白杨良种壮苗的基础。为此,我们进行了毛白杨优树生长规律与生长量的调查。现将调查结果列于表 10-10 和表 10-11。

表 10-10　8~9 年毛白杨胸径生长调查

调查日期 1961	春季营养生长期					夏季营养生长期					越冬准备期				
	04-06~04-11	14-11~04-17	04-17~04-26	04-26~05-06	05-06~05-16	05-16~05-26	05-26~06-01	06-01~06-11	06-11~06-21	07-01~07-11	07-21~08-01	08-01~08-07	08-07~08-18	08-18~09-02	09-02~09-12
生长量/cm	0.045	0.100	0.221	0.200	0.177	0.122	0.070	0.194	0.140	0.188	0.178	0.165	0.055	0.45	0.10

表 10-11　毛白杨优树调查

标准地	优树		5 株优树			标准地平均木		5 株优树		平均木百分率/%	
	树高/m	胸径/cm	树高/m	胸径/cm	株数	树高/m	胸径/cm	树高/m	胸径/cm	树高/m	胸径/cm
1	17.50	20.70	16.60	18.58	161	6.10	15.581 0	5.421	11.41	100	100
2	18.50	22.60	15.20	17.0	861	5.25	14.701 2	1.171	32.32	100	100
3	15.50	23.10	14.50	20.5	461	4.05	19.561 0	6.891	12.46	100	100
4	15.50	24.50	14.40	20.3	6 171	3.84	15.001 0	7.641	20.33	100	100
5	18.00	25.50	14.82	22.3	631	4.50	20.091 2	1.461	14.04	100	100
6	15.20	24.20	14.42	21.4	819	11.80	15.561 0	0.671	12.66	100	100
7	16.50	25.60	14.54	22.3	215	13.46	16.351 1	3.481	14.69	100	100
8	16.50	23.90	15.34	22.4	839	14.09	18.721 0	7.561	0.63	100	100
9	15.20	23.70	13.44	19.80	61	4.33	18.301 1	3.091	19.64	100	100

注:河南农学院教学实验农场林业试验站。

表 10-11 调查材料表明,毛白杨优树比平均木树高大 105.42%~121.46%,胸径大 100.63%~132.32%,而优树则更高。

第五节　不同林种间毛白杨生长比较

一、不同林种间毛白杨生长比较

不同林种选用不同优良类型毛白杨其生长差异明显,从表 10-12 中看出,进行"四旁"造林时,选用 3 个优良类型生长表现最好,在不同林种内选用小叶毛白杨造林其生长表现为:"四旁">片林>林网;河南毛白杨单株材积生长片林 0.006 30 m³,"四旁"0.006 61 m³,林网 0.005 62 m³。其顺次为"四旁">片林>林网;箭杆毛白杨顺次为:"四旁">林网>片林。现将调查结果列于表 10-12~表 10-17。

表 10-12　不同林种 3 年生毛白杨优良类型生长调查

林种	小叶毛白杨			河南毛白杨			箭杆毛白杨		
	树高/m	胸径/cm	材积/m³	树高/m	胸径/cm	材积/m³	树高/m	胸径/cm	材积/m³
片林	5.1	64.81	0.005 6	35.2	45.05	0.006 30	4.19	3.50	0.002 42
林网	5.5	94.17	0.004 5	85.2	64.76	0.005 62	4.02	4.05	0.003 10
四旁	6.0	35.45	0.008 4	44.9	65.35	0.006 61	4.91	5.12	0.006 07

注:河南农学院教学实验农场林业试验站。

表 10-13　毛白杨壮苗木造林后 3 年生长调查

苗木规格	树高/m	胸径/cm	冠幅/m	枝下高/m
苗高 3 m 以上,胸径 2.5 cm 以上	9.20	8.50	3.90	3.30
苗高 2~3 m,胸径 2~2.5 cm	6.00	7.50	2.50	2.50
苗高 2 m,胸径 2.0 cm 以下	5.20	5.00	1.90	2.20

注:河南农学院林业局试验站材料。

表 10-14　毛白杨不同密度下幼林年生长进程调查

株行距/m	间伐后密度/m	树龄/a	调查日期(月-日)									
			04-06	04-16	05-01	05-16	06-01	06-16	07-01	07-16	08-01	08-16	09-01
2×2		4	6.40	6.52	6.31	7.22	7.50	7.71	8.00	8.21	8.40	8.50	
2×2		4	5.01	5.01	5.40	5.61	5.76	5.91	6.11	6.27	6.30	6.43	
1.5×1.5		4	6.27	6.36	6.60	6.86	7.05	7.17	7.36	7.43	7.58	7.75	
1.5×1.5	3.0×1.5	4	6.58	6.75	7.04	7.30	7.53	7.75	7.97	8.10	8.25	8.33	
1.5×1.5	3.0×3.0	4	6.37	6.51	6.81	7.19	7.39	7.60	7.80	7.95	8.20	8.30	8.33
1.5×1.5	3.0×3.0	4	6.80	6.93	7.31	7.63	7.90	8.21	8.53	8.76	8.86	8.96	9.00
2×2	2.0×2.0	4	5.40	5.48	5.84	6.26	6.37	6.82	6.93	7.11	7.16	7.17	7.18
2×2	2.0×2.0	4	6.05	6.17	6.57	7.16	7.23	7.25	7.62	7.77	7.88	7.99	
2×2		3	4.95	5.00	5.23	5.56	5.65	5.65	6.35	6.62	6.66	6.68	6.72
2×2		3	4.83	5.09	5.60	5.89	5.97	6.08	6.15	6.75	6.76	6.82	6.90
2×2		2	2.66	2.71	2.93	3.08	3.18	3.25	3.31	3.40	3.42	3.45	
2×2		2	3.83	3.96	4.28	4.53	4.68	4.85	5.01	5.25	5.31	5.46	
1.5×1.5		2	3.15	3.25	3.52	3.73	3.91	3.98	4.10	4.17	4.23	4.30	
2×1.5		2	1.53	1.70	1.72	1.73	1.75	1.75	1.76	1.79	1.82	1.86	

注:河南农学院林业局试验站材料。

表 10-15　毛白杨不同密度下幼林年生长影响调查

株行距/cm	原苗高/m	胸径/cm	1959年		1960年		1961年		1962年		1963年	
			树高/m	胸径/cm	树高/m	胸径/cm	树高/m	胸径/cm	树高/m	胸径/cm	树高/m	胸径/cm
1×1	3.24	1.60	4.12	2.59	7.31	4.10	9.30	5.04	9.68	5.71	10.17	6.21
2×2	3.21	1.60	3.35	2.31	5.69	4.48	8.16	6.41	10.23	7.72	10.98	8.66
3×3	3.30	1.64	3.36	2.49	5.31	4.83	7.37	7.45	9.45	9.13	10.95	10.75

注:原河南省林业科学研究所资料。

表 10-16　毛白杨不同密度对胸径生长进程的影响调查

株行距/m	调查日期(月-日)										
	04-01	04-15	05-01	05-15	06-01	06-15	07-01	07-15	08-01	08-15	09-01
1.5×1.5	6.27	6.35	6.60	6.90	7.05	7.18	7.36	7.43	7.58	7.75	
3.0×1.5	6.65	6.75	7.04	7.30	7.50	7.75	7.97	8.10	8.25	8.33	
3.0×3.0	6.38	6.51	6.88	7.19	7.42	7.59	7.86	8.03	8.21	8.31	8.40
平均值	6.43	6.541	6.84	7.13	7.36	7.51	7.73	7.85	7.79	8.10	

注:河南农学院林业试验站材料。

表 10-17　毛白杨不同年龄生长调查

	年龄/a	2	4	6	8	10	12	14	16	18	20	22	24	26	带皮
树高/m	总生长量	3.3	4.63	5.56	6.30	6.97	8.30	10.30	12.30	13.36	15.30	17.30	18.63	19.40	
	平均生长量	1.65	1.16	0.94	0.79	0.70	0.69	0.74	0.77	0.78	0.77	0.79	0.73	0.75	
	连年生长量		0.67	0.50	0.54	0.34	0.69	1.00	1.00	0.83	0.57	1.00	0.69	0.39	
胸径/cm	总生长量	1.0	2.9	4.6	5.8	7.4	9.0	13.3	20.2	25.3	31.3	36.3	40.2	42.6	44.3
	平均生长量	0.8	0.73	0.77	0.73	0.74	0.75	0.95	1.20	1.48	1.57	1.65	1.68	1.64	
	连年生长量		0.65	0.85	0.65	0.80	0.80	2.15	3.45	3.55	3.00	2.50	2.00	1.20	
材积/m³	总生长量	0.000 049	0.001 89	0.005 10	0.009 87	0.017 92	0.026 71	0.016 10	0.168 00	0.292 31	0.466 82	0.663 83	0.859 32	1.024 72	1.110 54
	平均生长量	0.002 5	0.000 47	0.000 85	0.001 23	0.001 79	0.002 23	0.004 01	0.015 00	0.016 24	0.023 34	0.035 81	0.035 81	0.039 41	
	连年生长量		0.000 70	0.001 61	0.002 39	0.004 03	0.004 40	0.017 45	0.053 20	0.062 16	0.087 26	0.977 5	0.097 75	0.082 70	

注:河南农学院林业局试验站材料。

　　同一林种间不同毛白杨优良类型表现为:片林,河南毛白杨>小叶毛白杨>箭杆毛白杨;林网,河南毛白杨>小叶毛白杨>箭杆毛白杨;"四旁",小叶毛白杨>河南毛白杨和箭杆毛白杨。作为公路和"四旁"绿化时,从主干和树姿方面考虑,箭杆毛白杨优胜于小叶毛白杨和河南毛白杨。

二、不同管理措施对毛白杨优良品种生长的影响

　　毛白杨优良品种在集约管理的条件下,其生长更能发挥优势。从调查材料看出,6年

生箭杆毛白杨由于加强了林地管理,及时间伐,其材积生长量比管理水平差的提高44%。在当前大面积营造毛白杨优良类型速生丰产林时,要发挥速生丰产的优势,除选择适生的气候、土壤外,加强集约管理也十分重要。

三、结语

毛白杨3个优良类型在河南各地多点推广的经验证明,河南毛白杨速生成大材,箭杆毛白杨适应性强、单位面积材积高,小叶毛白杨早期生长最快、单株材积大,3个优良品种与普通毛白杨相比,具有适应性强、速生丰产的优点,是河南平原区大力推广的优势树良种。

河南土壤多样,土地生产力各异,推广毛白杨优良品种前,一定要搞好土壤调查,做到适地适树。在沙壤土上可推广3个优良类型。黄壤土以河南毛白杨和小叶毛白杨为主。两合土以栽植河南毛白杨和小叶毛白杨最好。黏土可发展小叶毛白杨。砂姜黑土栽植优良品种时要加强土壤改造,提高土壤肥力。

营造不同林种,要选择相应的优良类型,才可达到速生丰产的目的。"四旁"造林以河南毛白杨、小叶毛白杨为主,箭杆毛白杨树干通直高大、树姿雄伟,是公路绿化的理想树种。片林、丰产林、林网以箭杆毛白杨、小叶毛白杨较好。

建议今后在推广毛白杨优良类型造林时,要充分利用土地资源,搞好林业区划,因地制宜地发展。

从经济效益出发,平原区应充分挖掘土地资源潜力,利用荒沟、废河渠道大力营造毛白杨优良类型速生丰产林基地,以解决平原木材紧缺问题。

建立良种繁育基地和科研基地,实行科研、生产、推广相结合,加速良种推广,在大范围内进行区域化栽培试验。毛白杨造林后生长情况如表10-13~表10-17所示。

第十一章　毛白杨木材物理力学性质

第一节　毛白杨几个品种与沙兰杨木材物理力学性质

箭杆毛白杨等几个品种木材纹理细直,结构紧密,白色,易干燥,易加工,不翘裂,是制造箱、柜、桌、椅、门、窗以及檩、梁、柱等大型建筑材料。木材纤维长度,近似沙兰杨,但比加杨、大官杨、小叶杨等好,是人造纤维、造纸和火柴等轻工业的优良原料。毛白杨木材的物理力学性质是杨属中最好的一种,箭杆毛白杨的木材物理力学性质在毛白杨中属于中等,比河南毛白杨、密孔毛白杨等稍低,气干容重与小叶毛白杨相近(见表11-1)。

第二节　毛白杨雄株和雌株木材材性比较试验

朱振文等进行了毛白杨雄株和雌株木材材性比较试验,现将研究结果介绍如下。

一、绪言

杨树是一种生长迅速、繁殖容易、应用广泛的树种,也是阔叶树材中的主要木纤维用材和其他用途,例如胶合单板、层积塑料、旋切制品等的优质材料。因此,随着国民经济建设的发展,发展杨树越来越显得重要。

毛白杨在杨树中最能成大材,与其他杨树比较,它的木材的材质一般也比较好。

毛白杨雌雄异株。雄株材质好还是雌株材质好？从材性来说,雌株和雄株木材的物理力学性质有无差别？差别多大？要怎样根据用途的不同来加以选择和发展？针对这些问题,我们进行了试验研究。

二、试材采集、试样制作及试验方法

(一)试材采集

毛白杨(Populus tomentosa Carr.)试材采自郑州市郊区司赵村,采取生长中庸的雌株和雄株各3株。

试材采集记录见表11-2。

采集方法:按照中国林业科学研究院的"木材物理力学试材野外采集方法"进行。

(二)试样制作

试样制作按照中国林业科学研究院"木材物理力学性质试验、试材、锯解及试样切取方法"进行。

硬度试材的尺寸采用5.0 cm×5.0 cm×5.0 cm。每一树株在它的胸径(1.3 m)处朝下取一圆盘,另外进行纤维形态的研究。

表 11-1　毛白杨几个变种与沙兰杨、加杨、大官杨等木材物理力学性质比较

树种名称	木纤维			气干容重/(g·cm⁻³)	干缩系数/%			顺纹压力极限强度/(kg·cm⁻³)	静曲(弦向)		顺纹剪力极限强度/(kg·cm⁻³)		横纹拉力极限强度/(kg·cm⁻³)		硬度/(kg·cm⁻³)		
	长度/μm	宽度/μm	长宽比	气干容重/(g·cm^{-3})	径向	弦向	端面	极限强度/(kg·cm^{-3})	极限强度/(kg·cm^{-3})	弹性模量/(kg·cm^{-3})	径向	弦向	径向	弦向	径向	弦向	端面
箭杆毛白杨	1 167	19	61	0.477	0.112	0.252	0.371	346	506	43	59	78	77	27	246	257	287
河南毛白杨（♂）	1 108	19	58.3	0.510	0.113	0.249	0.389	334	580	45	65	93	81	32	202	231	251
河南毛白杨（♀）				0.493				343			67	87	76	32	321	309	326
小叶毛白杨	1 154	19	61	0.478	0.097	0.234	0.367	309	537	38	65	81	59				
密孔毛白杨				0.527				326			74	92	77	33	291	318	332
密枝毛白杨				0.528				325	521		65	98	86	34	247	254	271
沙兰杨	1 142	19	60	0.376	0.122	0.231	0.381	289	561	38.4	59	74	59	37	144	152	214
大官杨	934	17.7	52	0.412	0.127	0.271	0.426	210	596	82			52	31	162	199	247
加杨	1 141	27	42	0.458	0.141	0.268	0.430	336	729	114	67	79	58	32	186	193	248
小叶杨*	960	17.7	54	0.434		0.252	0.429	350	595	73	66	76	33	17	208	223	346

注：* 本表材料根据 1974 年 7 月河南农学院造林组、木材利用组《毛白杨不同类型材性试验研究》一文整理而成。

小叶杨木纤维数值，引自朱惠方教授的材料。

表 11-2 试材采集记录

性别	株号	树龄/a	树高/m	胸径/cm
雄株	Ⅲ-1	31	12.8	29.5
	Ⅲ-2	14	11.1	19.0
	Ⅲ-3	33	14.7	33.5
雌株	Ⅲ-4	29	14.2	30.7
	Ⅲ-5	34	13.3	40.7
	Ⅲ-6	14	13.2	20.0

三、试验结果及分析

(一)试验结果

根据试验所得数值,经过计算统计及整理,将毛白杨雄株和雌株的木材物理力学性质的主要数值及雄株和雌株的均值比较,列于图 11-1。

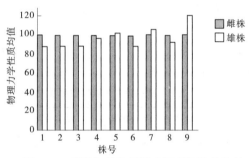

图 11-1 雄株和雌株材性主要项目均值比较

(二)试验结果分析

综合分析可知:

(1)毛白杨雌株的木材物理力学性质的均值在多数项目中比雄株的高。概括地说,雌株的材性指标比雄株的普遍要高,但多数项目高的并不多。

在所试验的 13 个项目(每厘米年轮数未包括在内)的 22 个均值中(包括有关的不同的受力方向和受力面),雌株的均值高于雄株的有 15 个,15 个中有 4 个差异显著,即气干容重、公定容重、顺纹压力极限强度及径向局部受压公定极限强度的差异可靠性超过前 3 个,前 3 个均值常用以代表木材的物理力学性质,差异显著可以说明雌株的材性总的来说比雄株的高。

雄株有 7 个均值比雌株的略大(顺纹拉力极限强度、径面硬度、弦面硬度、端面硬度、冲击弯曲比能量、劈开强度及 24 h 吸水率),但差异都不显著,差异可靠性均小于 3。

雌株的材性指标虽较高,但一般地说,在多数项目内高得并不多。高出的均值的差异可靠性,除上述 4 个超过 3 以外,其余的 11 个均值的差异可靠性均在 3 以下。

雌株的气干容重(含水率 15%)和公定容重比雄株的高 11%。木材的容重高,它的力学强度及干缩性也较大。因此,雄株的顺纹压力极限强度比雄株的大12%,静曲极限强度大3%,体积干缩系数大11%,由此,可以得到说明。

(2)雄株的质量系数,在多数项目内比雌株的高,但高得均不多。如以顺纹压力极限强度作为计算质量系数的基础,则以其他6项主要力学性质的质量系数为例列于表11-3。

表11-3　雄株和雌株质量系数比较(以含水率15%的容重均值为基础)

性别	质量系数									
	顺纹压力极限强度	静曲极限强度	顺纹拉力径面	极限强度弦面	顺纹剪力径面	极限强度弦面	横纹拉力径面	极限弦面	强度端面	硬度
雄株	854	1 670	2 307	119	200	129	56	587	616	731
雌株	857	1 532	1 981	119	165	124	63	486	527	634
雄雌株比/%	99.6	109	116	100	121	104	89	121	169	153

(3)雄株的差异干缩比雌株的大(弦向干缩系数与径向干缩系数之比)。雄株的差异干缩为2.43,雌株为2.19,雄株比雌株大11%。

(4)木材力学性质之间的联系,雄株和雌株差别极微小,基本相同,由表11-4所列的各项数值为例可以知道。

(5)在相同的物理力学性质项目内,雌株的变化幅度一般比雄株的大,即雄株的材性均值一般比较集中,雌株的比较分散,特别是在气干容重和公定容重中表现最明显。

表11-4　雄株和雌株力学性质之间的联系(以顺纹压力极限强度均值为1)

性别	静曲	顺纹拉力	顺纹剪力		横纹拉力		局部受压		硬度		
			径面	弦面	径面	弦面	径面	弦面	径面	弦面	端面
雄株	1.96	2.70	1/7	1/4	1/7	1/14	1/6	1/10	1/15	1/14	1/11
雌株	1.86	2.44	1/7	1/5	1/13	1/5	1/10	1/16	1/15	1/12

从计算统计中可以知道,许多项目的变异系数雌雄株差异较大。

四、讨论

从材性的要求来说,雌株的指标比雄株的一般要高。但是,从木纤维形态的要求来说,雄株比雌株好。根据试验,相同树株的毛白杨雄株和雌株的纤维形态经比较得出以下结论:雄株的纤维比雌株的平均长3.1%,纤维长宽比平均大3.2%。因此,雄株的材质好或雌株的材质好,应该根据不同用途对材质的要求而定,不能绝对肯定。木材如果用在力学强度大的用途上,其他条件相同,发展雌株比雄株要好些;如果用在纤维利用方面,发展雄株比雌株好些。这只是从材性方面来考虑的。一种木材,它的材质好坏,材性是一个重要因素,但不是唯一的决定因素;树干的外形关系也很大。毛白杨雄株的主干比雌株的一般较好,较直、少节、少肿瘤病。不过育林和营林措施能跟上,雄、雌株的树干外形可以差别很小或基本没有差别。

雄株和雌株的材性各具特点。雌株的力学强度虽较高但干缩大,质量系数低,材性均值的变异幅度较大;雄株的力学强度虽比较低,但质量系数较高,差异干缩大些,材性均值的变异幅度比雌株小。

雄株和雌株材性对比所得出的一般规律颇为明显,例如:雌株的材性指标,特别是容重和顺纹压力极限强度等,普遍比雄株的高;雄株的质量系数普遍大于雌株的;雄株的硬度全部大于雌株的,不论径面硬度、弦面硬度或端面硬度均毫无例外,以及雄株和雌株力学间的联系基本无差别等。

雌株的材性与雄株的比较所反映出来的一般趋势和相同树株的雄株纤维形态与雌株的纤维形态相比较所反映的一般趋势基本相一致。例如,雌株的物理力学性质指标在多数项目内比雄株的高,但多数高得不多;雄株的纤维比雌株的长、长宽比大,但长得不多,大得也不多,普遍一致,很相似。

五、结论

(1)雌株木材物理力学性质的均值在多数项目内比雄株的高,特别是公定容重、气干容重、顺纹压力极限强度及径向局部受压公定极限强度高得比较多,差异显著。在其他的高出项目内,虽大些,但大得不多。雄株有少数项目的强度均值大于雌株的,但差异均不显著。

(2)雄株的质量系数,多数比雌株的高。

(3)雄株的材性均值的变异幅度较小,比较集中,比雌株的变异幅度小。

(4)雄株的差异干缩大于雌株的差异干缩。

(5)雄株和雌株的力学性质之间的联系基本没有差别。

(6)雄株和雌株的材质,要根据不同用途对材性的要求而定。如果用在力学强度更大的用途上,则发展雌株好些;如果用于纤维利用,则发展雄株要好些。

六、毛白杨材质优良、用途广

箭杆毛白杨木材纹理细直,结构紧密,白色,易干燥,易加工,不翘裂,是制造箱、柜、桌、椅、门、窗以及檩、梁、柱等大型建筑材。木材纤维长度,近似沙兰杨,但比加杨、大官杨、小叶杨等好,是人造纤维、造纸和火柴等轻工业的优良原料。毛白杨木材的物理力学性质是杨属中最好的一种,箭杆毛白杨的木材物理力学性质在毛白杨中属于中等,比河南毛白杨、密孔毛白杨等稍低,气干容重与小叶毛白杨相近(见表11-1)。

此外,徐纬英在《杨树》中记载,毛白杨木材的主要物理力学性质如下:

(1)河南郑州,试材7株。年轮宽度4.4 cm。密度(g/cm³)基本:0.409,4.4,0.7,气干0.502,5.2,0.8。干缩系数(%):径向0.131,8.4,1.4;弦向0.285,6.0,1.0。体积:0.432,5.3,0.9。顺纹抗压强度(kgf/cm³):401,6.8,0.8。抗弯弹性模量(1 000 kgf/cm³):94,6.0,6.8。顺纹抗剪强度(kgf/m³):径面76,8.5,1.2;弦面101,8,8,1.2。横纹抗压强度:局部径向76,15.5,2.1,弦向38,14.4,1.9;全部径向49,16.6,2.3;弦向26,14.8,1.9。冲击韧性(kgf-M/cm³):0.784,19.1,2.4。硬度(kgf/cm³):端面404,11.4,1.9;径面357,9.8,1.6;弦面345,11.5,1.9。抗劈力(kgf/cm):径面10.9,10.1,

1.2;弦面 14.1,9.9,1.2。

(2)河南郑州,试材 6 株。密度(g/cm^3):基本 0.40.457,12.9,1.7;气干 0.505,12.8,1.6。干缩系数(%):径向 0.102,3.0;弦向 0.230,27.8,2.3。体积 0.349,18.1,2.3。顺纹抗压强度(kgf/cm^3):435,9.9,1.3。抗弯强度(kgf/cm^3):812,8.0,1.0;抗弯弹性模量 98,13.1,1.6。顺纹抗剪强度(kgf/cm^3):径面 61,23.8,2.8;弦面 93,13.0,1.7。横纹抗压强度(kgf/cm^3):局部径向 71,22.0,3.8;弦向 41,27.0,3.2;全部径向 60,19.2,2.2;弦向 38,14.7,1.9。顺纹抗拉强度(kgf/cm^3):1 086,22.4,2.7。冲击韧性(kgf-M/cm^3):0.791,10.7,4.4。硬度(kgf/cm^3):端面 349,13.5,1.9;径面 272,13.1,1.6;弦面 290,14.8,1.8。抗劈力(kgf/cm):径面 13.1,12.0,1.5;弦面 17.4,14.4,1.5。

(3)安徽萧县,试材 5 株。年轮宽度 6.2 cm。密度(g/cm^3):基本 0.467,7.5,1.3;气干 0.544,7.4,1.2。干缩系数(%):径向 0.164,14.4,2.5;弦向 0.281,7.1,1.2;体积 0.404,12.9,2.1。顺纹抗压强度(kgf/cm^3):383,8.5,1.4。抗弯强度(kgf/cm^3):239,7.4,1.2;抗弯弹性模量 99,11.5,1.8。顺纹抗剪强度(kgf/cm^3):径面 75,12.6,2.2;弦面 101,15.5,2.7。横纹抗压强度(kgf/cm^3):局部径向 61,14.2,2.4;弦向 35,16.3,2.9;全部径向 44,14.2,2.4;弦向 23,15.0,2.8。顺纹抗拉强度(kgf/cm^3):910。冲击韧性(kgf-M/cm^3):1.208,23.6,3.3。硬度(kgf/cm^3):端面 308,10.9,1.9;径面 281,14.1,2.5;弦面 290,11.2,2.0。抗劈力(kgf/cm):径面 15.0,15.0,2.4;弦面 19.0,10.0,1.6。

(4)北京海淀,毛新杨试材 5 株。密度(g/cm^3):气干 0.445,9.0,1.5。干缩系数(%):径向 0.126,11.4,1.9;弦向 0.269,8.6,1.4;体积 0.419,7.8,1.3。顺纹抗压强度(kgf/cm^3):314,7.3,1.2。抗弯强度(kgf/cm^3):239,7.4,1.264 2,8.9,1.5;抗弯弹性模量 83,11.5,2.0。顺纹抗剪强度(kgf/cm^3):径面 67,10.6,1.4;弦面 92,11.8,1.6。横纹抗压强度(kgf/cm^3):局部径向 51,24.5,4.0;弦向 30,15.3,2.2;全部径向 29;弦向 20。顺纹抗拉强度(kgf/cm^3):928。冲击韧性(kgf-M/cm^3):0.552。硬度(kgf/cm^3):端面 304,112.3,1.9;径面 219,26.4,4.3;弦面 220,22.7,4.0;抗劈力(kgf/cm):径面 10.9,13.0,2.1;弦面 14.0,18.8,3.2。

第十二章　毛白杨化学机制浆

第一节　毛白杨化学机制浆的研制

聂勋载等于 2005 年进行 APSP 毛白杨化学机制浆（简称化机浆）的研制,现将结果摘编如下。

APSP 为碱性过氧化氢多功能制浆机制浆法,是 HAP（高浓碱性过氧化氢法）与 SLG（多功能制浆机）设备"杂交"产生的一种新型制浆方法。APSP 毛白杨化机浆的质量超过(参考)质量要求。

一、实验原材料、仪器设备和方法

(一)原料和药品

(1)原料:毛白杨 Populus tomentosa Carr.。毛白杨的纤维形态如表 12-1 所示。

表 12-1　毛白杨的纤维长度、宽度、长宽比及细胞壁的有关测定

平均纤维长度/μm	平均纤维宽度/μm	长宽比	细胞壁厚/μm	壁腔比
0.97	22.87	42	4.90	0.81

(2)主要化学药剂:NaOH（化学纯）、双氧水（30%）、水玻璃（化学纯）、硫酸镁（化学纯）、EDTA（化学纯）。

(二)主要设备

汽蒸仓、汽蒸加药器、保温器、SLG-78 多功能制浆机、消潜罐、ZQSS2-231 打浆机、ZQS5-Q300 筛浆机、ZQJ-B 抄片机。

(三)实验仪器与方法

1. 物理性能检测方法

按屈维等编著《制浆造纸实验》的方法进行。

2. 物理性能检测仪器

ZLD-100、300 电子式纸拉试验机,ZSE-100 纸张撕裂度测定仪,ZP-100 耐破度仪,DN-B 白度仪,ZZD-25 B 纸张耐折度测定仪,XWY-Ⅳ型纤维测量仪,TTT400-Ⅲ型立式投影仪。

二、本研究质量要求

本研究 APSP 毛白杨化机浆质量要求:抗张指数(N·m/g) 37,撕裂指数(N·m²/g) 3.9,白度 54%,打浆度(oSR) 64.67,吨磨浆能耗(kWh/ADMT) 1 500。

三、实验研究

(一)实验流程

木片—水泡—脱水—汽蒸仓—CS 撕裂机—汽蒸加药器—1 * SLG—保温器—(汽蒸加药器—2 * SLG—保温器)—消潜罐—筛浆机—打浆机—抄片机—抄片物检,为两段制浆。

(二)工艺条件

水泡、脱水去除游离水,汽蒸温度 95 ℃,时间 20 min,撕裂,将料撕裂成松散状。

1. 一段制浆

在设备 1 * SLG 中加入 6%NaOH、2%双氧水、1.5%水玻璃、0.5%硫酸镁、0.3%ED-TA。

混匀,汽蒸温度 95 ℃,时间 30 min,保温反应温度 85 ℃,时间 20 min,消潜温度 70~75 ℃,时间 20 min,浓度 3%~4%,原浆白度 45%,打浆浓度 2%,经硫解、打浆、抄片测强度。

物理性能检测结果见表 12-2。

表 12-2　物理性能检测结果

打浆度/°SR	定量/(g·cm²)	耐破指数/(kPa·m³·g⁻¹)	裂断长/m	抗张指数/(N·m·g⁻¹)	耐折度/次	撕裂指数/(nN·m³·g⁻¹)
30	82	2.00	4 832	47.35	19	9.76
43	79	3.22	6 226	61.01	30	10
56	83	3.70	7 189	70.45	77	7.07

2. 二段制浆

在设备 1 * SLG 中加入 6%NaOH、2%双氧水、1.5%水玻璃、0.5%硫酸镁、0.3%ED-TA,在设备 2 * SLG 中加入 2%NaOH、3%双氧水、1.5%水玻璃、0.5%硫酸镁、0.3%EDTA。

混匀,汽蒸温度 95 ℃,时间 30 min,保温反应温度 85 ℃,时间 20 min,消潜温度 70~75 ℃,时间 20 min,浓度 3%~4%,原浆白度 45%,打浆浓度 2%,经硫解、打浆、抄片测强度,结果见表 12-3。

表 12-3　物理性能

打浆度/°SR	定量/(g·cm⁻²)	耐破指数/(kPa·m³·g⁻¹)	裂断长/m	抗张指数/(N·m·g⁻¹)	耐折度/次	撕裂指数/(nN·m³·g⁻¹)
33	82	2.86	6 208	60.84	18	7.65
45	79	3.44	6 913	67.75	29	6.69
58	83	3.37	7 266	71.21	27	5.06

四、结论

(1)APSP 毛白杨化机浆质量是可行的。

（2）推广 APSP 法技术可为造纸企业带来好的效益。

第二节　不同树龄三倍体毛白杨纤维形态与制浆性能

庞志强等进行了三倍体毛白杨纤维形态与制浆性能试验,现介绍如下。

一、实验原料及方法

（一）原料

实验用原料由山东太阳纸业提供,取自河北威县,原料基本情况见表 12-4。手工削片,木片规格为 25 mm×20 mm（3~5）mm,木片合格率在 90% 以上。

表 12-4　实验原料基本情况

树龄/a	胸径/cm	基本密度/（g·cm⁻³）	树高/m	木粉白度/%iso
3	17.8	0.412	9.2	53.8
4	18.7	0.414	10.8	54.9
5	20.2	0.422	13.6	54.2

（二）原料化学成分及纤维形态分析

化学成分分析按国家标准测定。纤维形态分析时,先把木片劈成火柴杆大小,用 H_2O_2、冰醋酸混合液（液比 1:1）在 60 T 的恒温水浴槽中处理 48 h 以上,视纤维分散情况而定。用加拿大 OpTest 公司纤维质量分析仪进行测量（型号 S\NLD960964）。

（三）化学法制浆

采用 15 L 电热回转式蒸煮锅蒸煮,内装 4 个 1 L 不锈钢罐。Soda-AQ 法用碱量为 20%（Na_2O 计）,AQ 用量 0.05%,最高温度 165 ℃,液比 1:4;KP 法用碱量为 20%（Na_2O 计）,硫化度 20%,最高温度 170 ℃,液比 1:5。升温曲线相同:升温 90 min,保温 120 min。煮后浆料充分洗涤、筛选。

（四）化学机械浆

1. 制浆流程

SCMP:磺化处理—常压磨浆消潜—打浆抄片。

APMP:冷水浸泡（48 h 以上）—热水预浸渍（95~100 min）— 一段挤压疏解、一段化学预处理—二段挤压疏解、二段化学处理磨浆消潜—打浆抄片。

2. SCMP 磺化处理

在 15 L 电热蒸煮锅中进行,处理条件:Na_2SO_3 用量 18%,NaOH 用量 2%（对绝干原料）,最高温度 140 ℃,液比 1:4,升温（50 T 开始计时）60 min,保温 30 min。APMP 化学处理在 15 L 电热蒸煮锅中进行,木片与药液混合后,置于蒸煮锅中,在预定温度下至预定时间,处理条件如表 12-5 所示。

表 12-5　APMP 化学处理工艺条件

NaOH 用量/%		H₂O₂ 用量%		Na₂SiO₃ 用量/%		MgSO₄ 用量/%	
一段	二段	一段	二段	一段	二段	一段	二段
3.3	3.0	3.0	3.0	1.0	2.0	0.2	0.3

EDTA 用量/%		时间/min		温度/T		液比	
一段	二段	一段	二段	一段	二段		
0.2	0.3	50	60	70	60		1:4

3. APMP 挤压疏解

采用某公司生产的 JS10 型螺旋挤压疏解机进行挤压疏解,压缩比为 4:1;磨浆在 ZSP-300 型高浓磨浆机中进行,磨浆浓度为 20%~25%,主轴转速 3 000 r/min;三段磨浆,磨浆间隙分别为 0.50 mm、0.30 mm、0.15 mm;消潜条件为磨浆浓度 2.0%、80 T:处理 30 min。

二、结果与讨论

(一)化学组成与纤维形态

三倍体毛白杨抽出物、木素和戊聚糖含量较低,综纤维素含量较高,这些特点使三倍体毛白杨易于蒸煮、化学药品消耗低、制浆得率高、打浆容易。同时,各树龄化学成分之间差异较小,与其他某些纤维原料(如竹子、洋麻和大麻等)相反,抽出物含量随树龄增大而稍许增大,这对其制浆性能产生不利影响。综纤维素含量差别较小,戊聚糖随树龄有增大趋势。

纤维长度是衡量造纸原料优劣的一项重要指标,已有研究表明,与其他品种速生杨相比较,三倍体毛白杨纤维较长,且分布均一,长宽比大,壁腔比小,为品质优良的造纸原料。衡量纤维的长度特性通常采用的有算术平均值、长度加权平均值和质量加权平均值等参数。由于长度加权平均长度同纸张的物理性能有密切的关系,故通常采用长度加权平均值表示纤维的平均长度。各树龄间长度加权平均值差别较小,粗度有逐渐增大的趋势,而细小组分含量随树龄增长,含量增大。综合抽出物及细小组分含量的变化趋势,随树龄增大,对制浆性能稍有不利影响,但影响不大。

考虑纤维长度的影响时,只看纤维平均长度是不全面的,还须注意其不均一性。不均一性常用频率分布图表示,三倍体毛白杨纤维长度一般为 0.07~1.82 mm,以 0.70~1.20 mm 分布较为集中,而 0~0.25 mm 的细小组分所占比例较大,都在 22% 以上。

(二)化学法制浆性能

实验中采用相同的蒸煮条件对其 KP 法制浆和 Soda-AQ 法制浆进行了研究。由表 12-6 可以看出,随树龄增大,细浆得率降低,碱耗升高,相应残碱降低,这与前面对其化学成分分析的结果一致。

表 12-6　不同树龄三倍体毛白杨 KP 法及 Soda-AQ 法蒸煮结果

制浆方法	树龄/a	粗浆得率/%	细浆得率/%	筛渣率/%	细浆卡残碱/g	碱耗（Na$_2$O 计）
KP 法	53.49	52.82	0.67	19.43	9.28	0.379
	53.22	52.48	0.74	19.52	9.22	0.381
	53.14	52.41	0.73	19.21	9.17	0.382
Soda-AQ 法	53.51	52.42	1.09	21.32	16.02	0.382
	53.41	52.18	1.23	21.09	15.82	0.383
	53.18	51.90	1.28	20.99	15.79	0.385

不同制浆方法脱木素机制是不同的,这使脱木素历程及浆料的性能均有差异。由于三倍体毛白杨基本密度较小,药液容易渗透,Soda-AQ 法和 KP 法制浆均表现为容易蒸煮。

从表 12-7 可以看出,三倍体毛白杨的化学浆都表现出较好的强度性能。由以上对其纤维形态分析可知,不同树龄差别较小,因此不同树龄间强度性能的差别也很小。由于制浆方法的差异,KP 法浆比 Soda-AQ 法浆表现出更好的强度性能。

表 12-7　不同树龄三倍体毛白杨 KP 法及 Soda-AQ 法浆手抄片性能

制浆方法	树龄/a	打浆度/°SR	紧度/g.cnT^3	白度/%iso	耐折度/次（180°）	裂断长/km	撕裂指数/（mN·m^2·g^{-1}）
KP 法	3	46.0	0.618	29.5	1 026	7.43	8.84
	4	44.6	0.614	30.2	1 149	7.21	8.56
	5	45.3	0.624	30.7	1 243	7.56	8.93
Soda-AQ 法	3	44.2	0.548	31.9	987	5.48	8.96
	4	45.0	0.560	32.0	956	5.40	8.48
	5	45.0	0.559	32.4	874	5.46	8.72

（三）化学机械法制浆性能

化学机械法制浆包括化学预处理和机械后处理两部分。用于化学预处理的主要化学药品是氢氧化钠、亚硫酸钠和过氧化氢,不同的化学处理可生产出不同光学性能和强度性能的纸浆。本研究对不同树龄三倍体毛白杨在较佳工艺条件下的 SCMP 和 APMP 制浆性能进行了分析。不同树龄三倍体毛白杨 SCMP 磺化结果及纸浆性能如表 12-8 所示。结果表明,其制浆得率和成浆白度高,强度性能好。

表 12-8　不同树龄三倍体毛白杨磺化结果

树龄/a	残留 Na_2SO_3/ ($g \cdot L^{-1}$)	残液 pH 值	消耗 Na_2SO_3/ ($g \cdot L^{-1}$)	磺化得率/%
3	39.47	7.89	5.53	95.47
4	39.52	7.81	5.48	95.42
5	39.45	7.96	5.55	95.36

APMP 制浆最大的优点就是将制浆和漂白合二为一,制浆的同时完成漂白过程,制浆和漂白是通过碱性过氧化氢溶液完成的。根据材种和浆料所要求的强度和白度来选择浸渍段数、NaOH 与 H_2O_2 用量。APMP 的化学预处理较为温和,预处理对纤维原料中的木素无明显溶出,溶出的只是抽提物和部分短链半纤维素。由表 12-9、表 12-10 可以看出,三倍体毛白杨 APMP 制浆得率较 SCMP 低,但因 APMP 制浆的同时完成漂白过程,其纸浆白度高,可以省去漂白工序,但不透明度和光散射系数较 SCMP 低。

表 12-9　不同树龄三倍体毛白杨 SCMP 纸浆性能

树龄/a	得率/%	打浆度/°SR	紧度/($g \cdot cm^{-3}$)	白度/%iso	不透明度/%	光散射系数/($m^2 \cdot kg^{-1}$)	裂断长/km	撕裂指数/mNT
3	92.3	45.3	0.442	56.1	90.8	49.73	4.28	5.38
4	91.6	44.8	0.447	56.5	90.7	50.12	4.34	5.01
5	91.3	46.8	0.440	55.2	91.3	50.39	4.25	5.12

表 12-10　不同树龄三倍体毛白杨 APMP 纸浆性能

树龄/a	得率/%	打浆度/°SR	紧度/($g \cdot cm^{-3}$)	白度/%iso	不透明度/%	光散射系数/($m^2 \cdot kg^{-1}$)	裂断长/km	撕裂指数/mNT
3	86.2	45.2	0.447	78.3	85.8	40.60	4.68	5.62
4	85.7	46.1	0.462	78.5	86.5	40.78	4.64	5.46
5	85.3	45.7	0.459	78.9	86.2	42.02	4.75	5.44

不同树龄间的 SCMP 和 APMP 制浆性能表现出与化学法制浆相似的规律,其制浆性能的差别也较小。综合其生长情况,以 5 年生的较优。同时也表明,成材期内不同树龄三倍体毛白杨可混合制浆,并且对纸浆质量无大的影响。

三、结论

(1)三倍体毛白杨的抽出物、木素和戊聚糖含量较低,综纤维素含量较高。各树龄成分之间差异较小,抽出物和戊聚糖含量随树龄增大而有稍许增大。

（2）三倍体毛白杨各树龄间纤维加权平均长度差别较小,粗度随树龄增大有逐渐增大趋势,而细小组分含量随树龄增长,含量明显增大。

（3）三倍体毛白杨各树龄化学法制浆和化学机械法制浆都表现出较好的性能。因化学成分、纤维长度差别较小,各树龄间的制浆性能差别较小。综合生长情况,以 5 年树龄的木材制浆造纸效果好,同时成材期内不同树龄三倍体毛白杨可混合制浆,纸浆质量无大的波动。

第十三章　毛白杨病虫害及其防治

根据河南农学院园林系森林保护教研室历年来在全省各地的调查研究资料,为害杨树病虫害达 70 种以上。现将毛白杨的主要病虫害及其防治介绍于后。

第一节　毛白杨病害

根据调查,毛白杨病害主要有以下几种。

一、毛白杨锈病

毛白杨锈病(Melampsora rostrupii Wagner.)主要为害苗木或幼树上的幼叶、嫩枝和侧芽。发病前,在芽内潜伏越冬。翌年春季发芽时,发病时先在幼叶上产生黄色粉状病斑(夏孢子堆),后逐渐增多,布满嫩叶、幼枝和幼芽,常引起叶片早落和枯梢,如图 13-1 所示。

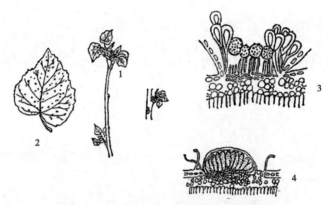

1—病芽和病枝;2—病叶;3—夏孢子堆;4—冬孢子堆。

图 13-1　毛白杨锈病

(一)感染及发病条件

病菌在落叶、病枝上的病斑内和芽内过冬。翌年 4 月上旬到 5 月上旬出现中心病株。如病芽萌发后,长满锈菌,似一朵黄花。病斑破裂,散出大量黄粉(夏孢子),借风力传播,继续为害其他幼叶和新梢。5~6 月形成第一次发病高潮。7~8 月病斑变黑停止感染,病情下降。雨季后,锈病再次发生,形成第二次发病高潮,为害到秋末落叶为止。

(二)防治方法

(1)摘除病芽,剪除带病种条。

(2)春季苗木或幼树发芽时,及时检查,发现中心病株或病叶,立即拔除或摘下烧掉。

(3)秋季落叶或春季发芽前,及时清扫落叶。剪掉病枝烧掉或深埋。

（4）锈病发生前，每隔 10~15 d 喷 0.5% 的石灰倍量式波尔多液，保护新梢、幼叶感染锈病。发病期间，可喷 0.2%~0.3% 的石硫合剂 2~3 次，或喷敌锈钠 20 倍药液，或 65% 代森锌 500 倍药液，50% 退菌特 500~1 000 倍液，敌锈钠 200 倍药液，保护叶片，减少为害。

（5）选择抗锈品种或单株。

二、杨树黑斑病

杨树黑斑病（Marssonina populicola Miura）为害多种杨树叶片。病菌常使叶片布满黑色圆斑，引起叶片旱落。

（一）感染及发病条件

5 月中下旬开始发病。叶片感病后初生大量紫红色针刺状小点，后扩大为 1 mm 左右的黑色圆形病斑；叶柄和主脉上病斑梭形。病斑中灰白色小点（分生孢子盘）破裂后，孢子由风雨传播。7、8 月严重，常使叶片提早 1~2 个月落叶，病菌在病落叶上过冬。

（二）防治方法

（1）深翻土壤，施足基肥，提高苗木抗病能力。

（2）落叶时及时清扫烧掉。

（3）发病期间，喷 0.5~1 倍量式波尔多液，或 56% 代森锌 260 倍药液多次，保护叶片，减少为害程度。

（4）选择抗病单株和培育抗病品种。

三、毛白杨褐斑病

毛白杨褐斑病（Septoria populi Desm.）的受害苗木和幼树的叶片正面散生许多多角形或近圆形的褐色病斑。病斑大小为 2~5 mm，病斑中心灰褐色，有的呈轮纹，内生黑色小点（分生孢子器）。受害叶片大量旱落，影响苗木和幼树生长。毛白杨褐斑病病状如图 13-2 所示。

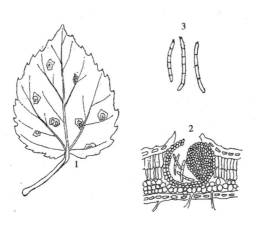

1—病叶；2—分子孢子器；3—分子孢子。

图 13-2　毛白杨褐斑病

(一)感染及发病条件

本病由一种半知菌引起,在病落叶内过冬。5月下旬开始发病为害,7~9月是为害盛期,先由苗木或树木下部叶片发病,逐渐向上蔓延。苗木或林木过密,则发病严重。

(二)防治方法

(1)秋末落叶时及时清扫烧掉。

(2)药剂防治同杨树黑斑病。

(3)选育抗病品种和单株。

四、灰斑病

灰斑病(Coryneum populinum Bres.)的受害苗木和幼树的叶片,在其正面散生有灰白色近圆形病斑。病斑4~15 mm,斑中有散生黑色霉点,为病菌的分生孢子盘。孢子梭形、黑色,存2~3个隔膜,中间细胞较大。毛白杨受害较轻。

防治方法:

(1)秋末落叶时及时清扫烧掉。

(2)药剂防治同杨树黑斑病。

(3)选育抗病品种和单株。

五、毛白杨煤病

毛白杨煤病(Fumago vagans Pers.)的受害叶片和枝条表面黏附一层黑色煤状粉物,严重时病叶早落,影响苗木和幼树生长。

(一)感染及发病条件

本病由一种霉菌引起。病菌附生在蚜虫分泌物上,不侵入植物组织。当蚜虫大量发生时,煤病也随着发生。7~8月高温,苗木或幼林通风不良时发病严重。煤菌在病枝和病落叶上过冬。

(二)防治方法

(1)秋后及时扫除落叶烧掉。

(2)及时消灭蚜虫,以免诱发煤病。

(3)实行苗木轮作,剔除感病插条,可减少煤病为害程度。

(4)煤病发生时,喷0.3%~0.5%度石硫合剂1~2次,进行防治。

六、毛白杨黑斑病

毛白杨黑斑病(Alternaria sp.)通常由毛白杨锈病伤口处入侵,在叶片表面形成近圆形黑斑,直径1~5 mm,常有一轮纹,斑内生有黑霉。病菌的分生孢子倒棒状,深褐色,有纵横隔膜。

(一)感染及发病条件

本病由一种霉菌引起。病菌附生在蚜虫分泌物上,不侵入植物组织。当蚜虫大量发生时,煤病也随着发生。7~8月高温,苗木或幼林通风不良时发病严重。煤菌在病枝和病落叶上过冬。

（二）防治方法

（1）秋后及时扫除落叶烧掉。

（2）及时消灭蚜虫，以免诱发煤病。

（3）实行苗木轮作，剔除感病插条，可减少煤病为害程度。

（4）煤病发生时，喷 0.3%~0.5% 度石硫合剂 1~2 次，进行防治。

七、毛白杨花叶病

毛白杨幼树病株上的枝条，通常于 5 月上中旬，其全部或部分叶片，沿主脉一侧或在 3 侧脉之间变为黄白色，严重的有扭曲皱叶现象。5 月下旬气温升高后，花叶隐蔽转绿。

（一）感染及发病条件

本病由一种霉菌引起。病菌附生在蚜虫分泌物上，不侵入植物组织。当蚜虫大量发生时，煤病也随着发生。7~8 月高温，苗木或幼林通风不良时发病严重。煤菌在病枝和病落叶上过冬。

（二）防治方法

（1）秋后及时扫除落叶烧掉。

（2）及时消灭蚜虫，以免诱发煤病。

（3）实行苗木轮作，剔除感病插条，可减少煤病为害程度。

（4）煤病发生时，喷 0.3%~0.5% 度石硫合剂 1~2 次，进行防治。

八、毛白杨根癌病

毛白杨根瘤病 [Agrobacterium tumefaciens (Smith et Towns.) Conn.] 的病株根颈、树干及枝条上呈现木质癌肿。初青灰色，后逐渐扩大、硬化，大者达 20.0 cm 以上。瘤皮脱落，露出许多小木瘤。瘤很硬，斧砸后即成小的碎块，如图 13-3 所示。

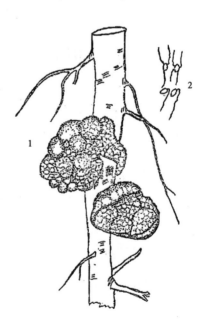

（一）感染及发病条件

本病由根瘤细菌寄生引起。病菌存在活的病瘤皮层内。当瘤皮破裂后，即留在土壤内，可活 1 年以上。一般 2 年内若遇不上寄主，即丧失生活力。靠流水及地下虫等传播，由伤口侵入（如剪口、锄伤、虫咬等）。在皮层内繁殖，而形成病瘤。碱性地、低湿地和毛白杨连作苗圃地发病率较高。

1—根癌；2—根癌细菌。

图 13-3 毛白杨根癌病

（二）防治方法

（1）发现病株及时拔除烧掉。

（2）育苗时，插条要用 0.1% 升汞水消毒。

（3）老苗圃应进行轮作或休闲。

九、毛白杨炭疽病

毛白杨炭疽病[Glomerella cigalata(Stonem.) Spauld. et Schr.]为害茎梢和叶片,在梢端常围绕冬芽和两芽之间生黄褐色病斑,微凹陷,长3.0~5.0 cm,内轮生小黑点(分生孢子盘),阴雨天排出淡红色黏性孢子堆。斑相连或环割后使茎梢枯死。

防治方法:

(1)冬春季节,剪去苗木病部,减少越冬病源。

(2)4月下旬至5月上旬,结合防治毛白杨锈病,向新梢喷1:2:200倍波尔多液1~2次。

十、紫纹羽病

紫纹羽病[Helicobasidium purpureum(Tul.)Pat.]的被害苗木根系表面生有紫褐色线状(菌索),或薄膜状病菌菌丝组织(菌毡)及紫色小米粒状突起的菌核,使根皮变色腐烂,病株枯死,如图13-4所示。

(一)感染及发病条件

紫纹羽病菌是一种卷担子菌,以菌索、菌核在病根上或残留土中过冬,靠病根与健根接触和菌索蔓延传播,以菌丝穿透根皮内为害。还可在根颈处形成菌毡和担子、担孢子,靠流水传播为害。寄主很广,为害各种杨树苗木。低湿凹地和林地感病植株严重。6~7月为为害盛期。

(二)防治方法

(1)圃地应选择地势高燥处,或在灌溉及雨后,及时中耕松土,保持林地或圃地土壤疏松。

(2)病害严重圃地应及时用赛力散进行消毒(每平方米撒5 g)或实行苗木轮作。

(3)病苗应用波尔多液(1:1)消毒,严重者拔掉烧去。

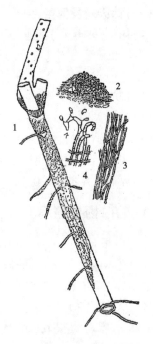

1—病根;2—菌核切面;
3—菌索;4—担子和担孢子。
图13-4 杨苗紫纹羽病

十一、杨树溃疡病

杨树溃疡病[Botryosphaeria ribis(Tode)Gross. et Dugg.]于4月下旬或5月上中旬,在幼树主干上开始出现褐色圆形泡斑,直径5~8 mm,大者达15 mm。病斑破裂后,流出液体,病斑下陷呈红褐色。病斑深达木质部,严重时病斑相连,使树木枯死。

(一)感染及发病条件

此病由一种细菌引起。由树皮皮孔或伤口入侵。4月下旬开始发病,5~6月上旬为为害盛期,7~8月停止蔓延。9月再次发生为害。病菌在活的病斑内过冬。随病苗、种条外传。

（二）防治方法

（1）春季在幼树树干上涂白涂剂或涂 1~3 度石硫合剂。

（2）造林时将病苗拣出。

（3）选择抗病强的单株。

十二、毛白杨条斑病

毛白杨条斑病（Coniothyrium populicola Miura）为害毛白杨 2~3 年生苗木叶片，沿叶脉生长条状灰色枯斑。斑内散生小黑点，为病菌的分生孢子器。分生孢子小，近圆形，淡褐色。6 月中下旬发生，常使新枝上叶全部发病。

防治方法：

（1）剪除全部发病枝叶，进行深埋或烧掉。

（2）选择抗病变种或品种。

十三、毛白杨破腹病

毛白杨破腹病，通常发生在大树的树干上，开始时树皮纵裂，流出树液。弱树裂口逐年扩大，长达数米。春季树液流动时，流出褐色的臭味树液，并诱发木材的红心病。严重影响树木生长和材质。

（一）感染及发病条件

此病的发生，常与大风、日灼和冻害有密切关系。土壤肥力差的地方树木感染病害也较严重。

（二）防治方法

（1）树干涂白涂剂或扎草绳，可以减少此病为害。

（2）选择抗病类型，如小叶毛白杨感染此病很轻。

十四、杨树红心病

感染红心病的植株，常使木材变成红色或红褐色，后期有红棕色的臭黏液流出。严重者整个树木的木质部变成橘黄色或红褐色，降低材质。如作板材，容易开裂。其中以毛白杨、小叶杨和山杨等感病较重。

（一）感染及发病条件

发病原因目前还不清楚。一般来说，树木生长弱，虫害严重时，而红心病也较严重。

（二）防治方法

杨树红心病的防治，目前还没有有效经验，但根据调查材料，如毛白杨有的感病很重，有的较轻，如小叶毛白杨。山杨有不感染红心病的类型，可加以选择，繁殖推广。

十五、杨树腐烂病

杨树腐烂病（Valsa sordida Nits.）为害毛白杨幼株和大树的枝干。病株皮部变红褐色，散生有突起的小黑点，为病菌的子座，内生不规则分生孢子器，分生孢子香蕉状，很小，长（0.7~1.4）μm×（4~7）μm。幼树在干旱、积水、日灼的弱树容易发生。病菌可在死树上生活。

防治方法：

（1）毛白杨幼株选栽在高燥地方。

（2）树干涂白涂剂或扎草绳，防止日灼或冻害，可以减少此病为害。

（3）选择抗病变种或品种。

十六、木腐病

木腐病（Trametes hispida Bagl.）为害毛白杨幼株和大树的枝干伤口、锯口处。病株树皮变黑腐烂，边材木质变白腐朽，有的深入心材。或发病于主干、枯枝上，生出黄褐色贝壳状多孔菌子实体，有的平铺为木栓质，宽 5.0~7.0 cm，菌盖上密生褐色粗毛，后变灰色，菌管长 1~10 mm 不等，菌孔不规则形。此菌也能为害枯立木和伐木。

防治方法：

（1）毛白杨幼株枝干伤口、锯口处，涂抹防腐剂。

（2）木材放置在高燥地方。

（3）病枝可烧掉。

此外，还有细菌性溃疡病（Pseudomonas syriagae VanHall. f. populea Sabet.）等。

第二节　毛白杨虫害

根据调查，毛白杨虫害主要有以下几种。

一、毛白杨蚜虫

（一）形态

为害毛白杨的蚜虫有 2 种：

（1）毛白杨蚜虫。虫体白色，腹部背面有 5 条黑色斑纹，靠近胸部有 2 条形似眉状，在其下方有 3 条呈"品"字形排列。复眼深红色。

（2）花毛蚜。虫体浅绿色，腹部和胸部有 2 条赤褐色帽形斑纹。复眼赤褐色。

两种蚜虫为无翅孤雌胎生。常于 4 月下旬开始为害，而诱发煤病，影响毛白杨等树种生长。

（二）习性

雌蚜秋季产卵于当年枝条上，芽腋处。卵粒较大，灰色。翌春 4 月初芽萌发时，幼蚜孵化后，群集枝条、嫩芽、幼叶吸食汁液，并排出大量黏液，布满叶面及树皮，招致煤病发生、变黑，引起早期落叶。

（三）防治方法

发现幼蚜，立即喷 6% 的可湿性六六六粉 180 倍药液，或乐果乳剂（20%） 800~1 200 倍液喷洒。

二、蝼蛄

蝼蛄可分为华北蝼蛄 Gryllotalpa unispina Saussure 和非洲蝼蛄 Gryllotalpa Africana

Palisot de Beauvois。

(一)形态

成虫梭形,黄褐色。前胸背板发达。前翅平叠背上,后翅在前翅下面,纵卷呈筒状。腹部末端有两根尾毛。前足发达,后足胫上有刺,华北蝼蛄胫节上有 1~2 根刺,非洲蝼蛄 4 根刺。若虫体小。

(二)习性

成虫、若虫均能为害,咬食幼根和幼茎,并在地表钻成土洞,造成缺苗断垄。成虫有趋光性。全省各地都有分布,主要为害林木幼根和嫩茎。

(三)防治方法

(1)毒饵诱杀。用 6% 的可湿性六六六粉 0.5 kg,麸皮 50 kg,加水 4 kg 拌匀,或用干谷子 7.5 kg 煮成半熟后,加入 6% 的可湿性六六六粉 0.5 kg 拌成毒谷,傍晚撒在地表,每亩 1.5~2.5 kg。

(2)用黑光灯诱杀成虫。

(3)发现虫洞后,用壶灌满虫洞,加入 1~2 滴煤油,蝼蛄出洞后杀死。

三、大灰象鼻虫

(一)形态

成虫长椭圆体状,灰褐色。体长 7~12 mm。头管延伸呈管状粗短,背面中央有纵沟。每个翅鞘上有 10 条纵沟,并有不规则的黑褐色块斑,如图 13-5 所示。

(二)习性

每 1~2 年一代。以成虫或幼虫在土中过冬。5~6 月是成虫为害盛期。全省各地都有分布,主要为害杨树插条上的幼芽和嫩叶。

(三)防治方法

(1)整地时,可用 6% 的可湿性六六六粉进行土壤消毒,每亩 1.5~2.5 kg。

(2)幼苗期间,用 1% 的六六六粉剂,喷粉于苗床或苗行上杀死成虫。

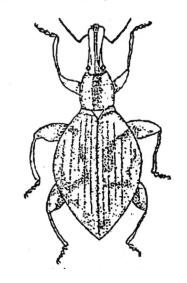

图 13-5　大灰象鼻虫

四、金龟子类

(一)形态

金龟子俗称苍虫、瞎碰,其成虫主要形态特征如下:

(1)铜绿金龟子:铜绿色,具光泽,长椭圆体状,翅鞘颜色及花纹铜绿色。

(2)黑绒金龟子:黑色,具光泽,卵球状,翅鞘被黑色绒毛,上具很多纵沟。

(3)苹毛金龟子:紫铜色,具光泽,长椭圆体状,翅鞘茶褐色,体侧有囊状长柔毛。

(4)赤绒金龟子:赤褐色,具光泽,卵球状,翅鞘被赤褐色绒毛。

(5)朝鲜黑金龟子:黑褐色,具光泽,长椭圆体状,翅鞘颜色黑褐色,具纵棱线。

(6)黑金龟子:黑色,无光泽,长椭圆体状,翅鞘颜色黑色,具纵棱线。

(7)黄褐金龟子:黄褐色,具光泽,长椭圆体状,翅鞘颜色黄褐色。

(二)习性

金龟子类大多是一年发生一代,多数是以幼虫越冬。幼虫俗称蛴螬。金龟子成虫有趋光性。4~7月为害最烈,主要为害苗木和幼树的幼根、幼叶和叶片。

(三)防治方法

(1)发现金龟子成虫为害时,可在苗圃内或林地内每亩撒入6%的六六六粉2.5 kg,均匀撒开,即可杀死钻入地表的成虫。

(2)金龟子成虫有趋光性,可利用其成虫的趋光性,夜间可用火光或设黑光灯诱杀。

(3)可利用其成虫有假死性,于傍晚组织人力捕捉。

(4)成虫出现后,可喷洒一六零五的2 000倍药液,或25%的滴滴涕和6%的可湿性六六六粉混合药液150~200倍,效果较好。

五、地老虎

(一)形态

成虫暗灰色。体长8 mm左右。前翅深灰色,肾形,纹外方有一个三角形小斑。后翅灰白色。幼虫灰色或褐灰色等。体表粗糙,密布黑色颗粒。地老虎俗称土蚕,主要为害苗木的嫩茎。

(二)习性

一年4代。以成虫或幼虫过冬。翌春3月为害严重。幼虫最初啃叶,后咬断茎尖,有假死性,受惊后将身卷曲。老熟后入土化蛹。成虫有趋光性和趋化性。产卵于杂草或土块上。

(三)防治方法

(1)清除苗圃杂草,消灭产卵场所。

(2)清晨在被害苗木附近土中捕捉幼虫。

(3)用青鲜草诱杀。傍晚把青鲜草放在苗床内,翌日早上翻草捕杀。

(4)用黑光灯诱杀成虫。

六、杨树天社蛾

(一)形态

成虫灰褐色。前翅有灰白色横波状纹4条,翅角有一暗褐色三角形大斑,下有一黑色圆点。后翅灰褐色,翅中有一条深色横波状纹。卵球状,成块在一起,初产时橙红色,孵化前暗褐色。幼虫头部黑褐色。体灰褐色,被白色细毛,每节有环形排列的红色毛瘤8个,第四节和第十一节背面各有一个大型红褐色毛虫。

(二)习性

每年发生3~4代。各代出现日期很不一致。但以7~9月为害较重。成虫黄昏后活动,产卵于叶上,呈块状。初孵幼虫吐丝结茧,群集为害。幼虫长大后,分散取食。成虫有趋光性。杨树天社蛾在全省各地都有分布,是杨树叶部的主要虫害之一。

(三)防治方法

(1)初孵幼虫,群集为害时,可摘除苞叶捕杀。

(2)幼虫发生时,喷6%的可湿性六六六粉150~200倍药液。大面积人工林用飞机喷25%滴滴涕乳剂和敌百虫的15倍混合液防治。

(3)发现卵块,及时摘除。

(4)放寄生蜂。在成虫产卵期间,可施放大量寄生蜂,消灭杨树天社蛾。

此外,还有杨褐天社蛾和双尾天社蛾。前者成虫浅褐色,前翅上有两条细小的灰白色波状纹。后者成虫灰白色,前翅上有"人"字形黑色波状纹。幼虫大方头,尾足枝状向上翘,形似尾巴。防治同杨树天社蛾。

七、杨尺蠖

(一)形态

成虫雌蛾没翅,体长15~17 mm,如图13-6所示。雄蛾灰褐色,体长15 mm左右,翅展25~27 mm。前翅灰褐色,上有3条黑褐色波状横纹。幼虫体长30 mm左右。体侧各有一灰黑色纵带。体色有灰黄、浅褐等色。头部有两个突起。腹足两对,着生在第六节和第十节上,行走呈弓形。

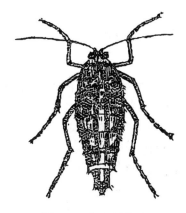

图13-6　杨尺蠖雌成虫

(二)习性

每年一代。蛹在土中过冬,翌年2月羽化。雌蛾常产卵于树皮裂缝内。幼虫受惊即吐丝下垂。4月为害较重。杨尺蠖主要为害杨树的幼芽和嫩叶。

(三)防治方法

(1)幼虫时,可喷6%可湿性六六六150~200倍药液防治。

(2)人工林内,可放六六六烟剂。

八、柳兰金花虫

(一)形态

成虫椭圆体状,翅鞘深蓝色,有金属光泽,上具多数不规则细点。幼虫体扁形,胸宽尾细。灰黑色,两侧黄色,有小瘤状突起。背上每节有四个黑点。形态特征如图13-7所示。

(二)习性

每年发生6代,以成虫过冬。幼虫常群集为害。老熟幼虫将尾部贴在叶上化蛹。成虫有假死性。7~9月是为害盛期。柳兰金花虫的成虫和幼虫是为害杨树叶部的主要虫害之一。

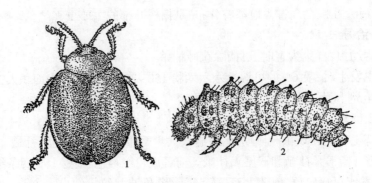

1—成虫;2—幼虫。

图 13-7　柳兰金花虫

(三)防治方法

成虫和幼虫为害期间,喷 6% 的可湿性六六六粉 150~200 倍药液,或乐果 800~1 200 倍药液,效果较好。

九、杨梢金花虫

(一)形态

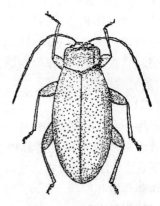

成虫长椭圆体状。体长 7 mm 左右。头胸、翅鞘均为黄褐色,被黄色短绒毛,如图 13-8 所示。幼虫体长 10 mm 左右,乳白色,略弯曲。

(二)习性

每年一代。5 月上旬成虫羽化后,咬食叶柄和嫩梢,常使叶片或嫩梢脱落。幼虫孵化后为害幼根。幼虫在土中过冬。杨梢金花虫俗称咬把虫,主要为害杨树苗木嫩梢或幼树上的叶片。

(三)防治方法

(1)成虫为害时,喷 25% 滴滴涕 150 倍药液。

图 13-8　杨梢金花虫

(2)人工林内,可放六六六烟剂毒杀成虫。

(3)整地时,可撒 6% 的可湿性六六六粉,每亩 2.5~3.5 kg,杀死幼虫。

十、杨树金花虫

(一)形态

每年一代。成虫体黑色,翅鞘红色。胸背面蓝紫色,有金属光泽。体长 10 mm 左右。幼虫扁平,体长 17 mm 左右。头部黑色。胸、腹白色。体背面有两行黑点。第二、三节两侧各有一对黑色肉瘤。腹部各节黑瘤较小。尾端黑色。形态如图 13-9 所示。

(二)习性

每年 1~2 代。成虫在落叶中过冬。春季树木发芽后,取食嫩梢和幼芽。幼虫孵化后,取食叶肉。受惊时,自瘤上喷出乳白色黏液,有恶臭味。杨金花虫多分布在河南省南

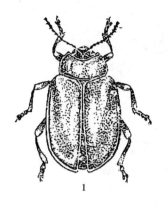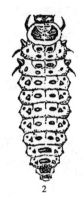

1—成虫;2—幼虫。

图 13-9　杨树金花虫

部地区,为害杨树的苗木和幼树的叶片。

(三)防治方法

成虫和幼虫为害期间,喷 6% 的可湿性六六六粉 150~200 倍药液防治。

十一、杨白潜叶蛾

(一)形态

成虫银白色,前翅近末端有金色斜纹两条,末端有一小簇鳞毛。幼虫乳白色,体扁平,长 6 mm 左右。成虫形态如图 13-10 所示。

(二)习性

每年约 3 代。幼虫结茧化蛹过冬。4 月底 5 月初成虫羽化。幼虫孵化后,钻入叶内取食,逐渐扩大,形成黑斑。严重时,黑斑布满叶片,引起早落。

(三)防治方法

幼虫发生期间,可喷 800~1 200 倍敌百虫或乐果药液。

图 13-10　杨白潜叶蛾

十二、杨黄卷叶蛾

(一)形态

成虫橙黄色,体长 12 mm 左右。前翅橙黄色,具灰褐色波状纹及斑点,中间具半月形褐色斑。后翅黄白色。幼虫黄绿色,体长 20 mm 左右。胸部两侧有纵黑纹。如图 13-11 所示。

(二)习性

每年 4 代,幼虫过冬,3~4 月恢复活动,7~8 月为害严重。成虫产卵于叶上,幼虫孵化后,吐丝连叶取食,喜在嫩枝上为害幼叶。

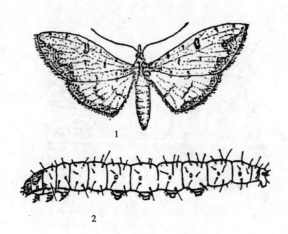

1—成虫;2—幼虫。

图 13-11　杨黄卷叶蛾

(三)防治方法

幼虫发生初期,喷 25% 的滴滴涕或 6% 的可湿性六六六粉 180 倍药液。

十三、柳金钢钻

(一)形态

成虫体灰白色,长 8 mm 左右,翅展约 20 mm,前翅青黄色,翅中间有一褐色圆点,又称一点金钢钻,后翅白色。幼虫纺锤形,体长 15 mm 左右。体背中央有 3 个不规则的菱形白斑,边缘紫褐色。体上有粗肉刺。形态如图 13-12 所示。

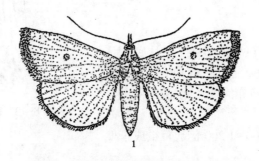

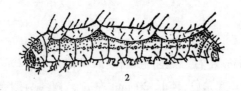

1—成虫;2—幼虫。

图 13-12　柳金钢钻

(二)习性

4 月成虫羽化,产卵于幼叶嫩茎上。幼虫孵化后,钻入顶芽内为害毛白杨顶芽嫩叶,影响苗高生长。

（三）防治方法

（1）幼虫初期，可喷6%的可湿性六六六粉200倍药液，也可喷敌百虫800~1 500倍药液。

（2）摘除受害叶芽，杀死幼虫。

十四、白杨透翅蛾

（一）形态

成虫像胡蜂。体长20 mm左右，翅展约30 mm。头、胸之间有一圈橙黄色鳞毛。前翅纵狭，有赭色鳞毛，基部透明。后翅全部透明。腹部第一至五节各有1条橙黄色环带，如图13-13所示。幼虫黄白色，体长约30 mm，圆柱状。

1—成虫；2—幼虫。

图13-13 白杨透翅蛾

（二）习性

每年一代。幼虫在枝干虫瘿内过冬。春季幼虫开始为害。5月底6月初化蛹，羽化成虫产卵于芽腋、叶柄处。幼虫孵化后，钻入嫩枝内为害。受害枝干逐渐膨大，形成虫瘿，易遭风害。白杨透翅蛾多发生在河南省东部及西部地区，是杨树苗木和幼树的严重虫害。

（三）防治方法

（1）发现被害苗木，剪下虫瘿烧掉。

（2）用六六六毒泥塞虫洞，也可用敌敌畏滴入虫洞内。

（3）成虫羽化及幼虫孵化盛期，喷6%的可湿性六六六粉200倍药液。

十五、光肩星天牛

(一)形态

成虫体长 17~39 mm。触角鞭状细长。翅鞘黑色有光泽,上具白色斑点,基部光滑无瘤状突起,俗称"水牛"。幼虫黄白色,体长 48~66 mm,前胸背上有"凸"字形斑纹,俗称"木环"。形态如图 13-14 所示。

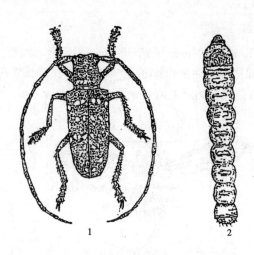

1—成虫;2—幼虫。

图 13-14 光肩星天牛

(二)习性

每年一代,少数两年一代。幼虫在树干或枝干内过冬。5 月下旬化蛹,6 月上旬开始羽化。成虫喜在树干基部交配,枝桠处产卵。8 月幼虫大量孵化,钻入韧皮部为害,到翌年 6 月在虫道内化蛹。成虫羽化后咬洞飞出。光肩星天牛全省各地都有发生,以幼虫为害各种杨、柳、榆等树干和枝。

(三)防治方法

(1)成虫羽化前,用毒泥(6%的可湿性六六六粉 1 份,黏土 2 份,加水和成泥块)堵塞虫洞。

(2)成虫交配期间,可在早上捕捉成虫杀死。

(3)幼虫孵化后,用 6% 的可湿性六六六粉 80~100 倍药液喷树干或枝杈地方。

(4)营造混交林,可减少天牛对杨树为害。如毛白杨与刺槐、柳树混交。

(5)保护益鸟。如啄木鸟。

(6)枝伤口要光滑,不留枝桩。

此外,桑天牛为害各种杨树也很普遍。防治方法:可用六六六毒泥塞入洞内,或注入 200 倍敌敌畏或滴滴涕药液。

十六、青杨天牛

(一)形态

成虫体长 12 mm 左右,青色,上有黄灰色绒毛。翅鞘上有橘黄色圆斑 4~5 个。幼虫体长约 15 mm,黄白色。胸足退化,如图 13-15 所示。

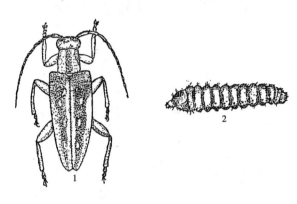

1—成虫;2—幼虫。

图 13-15　青杨天牛

(二)习性

每年一代。幼虫在虫瘿内过冬。3 月上旬化蛹,中、下旬成虫羽化后,在新梢上产卵。4 月中旬,幼虫孵化后,为害 2~3 年生枝,在皮下蛀食,枝条受害处不久形成虫瘿,易招风折。

(三)防治方法

(1)发现被害苗木虫瘿,立即剪掉烧去。

(2)成虫羽化及幼虫孵化期间,喷 6% 的可湿性六六六粉 180 倍药液。

此外,还有大袋蛾、大青叶蝉等害虫为害,也要及时防治。

十七、黑蝉

(一)习性

10 年左右一代。以卵过冬。幼虫 6 月中旬孵化落地入土,为害植物幼根。8 月在新梢上产卵后,受害枝梢枯死。每年 6 月中上旬,成熟若虫由土冈爬出至树干,不食不动,脱皮后为成虫。

(二)防治方法

(1)发现幼虫,立即捕捉。

(2)成虫羽化及幼虫孵化期间,喷 6% 的可湿性六六六粉 180 倍药液。

十八、黄刺蛾

(一)习性

每年 2 代,以幼虫在茧内越冬。翌年 5~6 月化蛹、羽化,有趋光性。产卵于叶面,散生。幼虫孵化后吃叶留脉,老熟后在枝杈处或叶面结茧化蛹。茧似鸟蛋。8月第2代成虫羽化,幼虫为害至9月,结茧越冬。

(二)防治方法

发现幼虫,立即喷6%的可湿性六六六粉180倍药液。

第三节 其他有害生物

一、日本菟丝子

(一)形态特征

日本菟丝子以蔓细茎缠到苗干或大树枝上吸根侵入树皮和木质部,吸取水分和养分,被害苗木干上形成缢痕,使苗枯死。

(二)防治方法

(1)彻底割除蔓茎,深埋或烧掉。

(2)可喷洒鲁保一号真菌制剂。阴天傍晚喷。喷洒真菌制剂量为每毫升3 000万以上菌孢子。

二、槲寄生

(一)形态特征

槲寄生为常绿小灌木,为害毛白杨。槲寄生秋季结黄色或红色浆果,鸟类取食,将种子粘到其他树枝上,翌春发芽、侵入树枝木质部,吸取水分和无机盐。被寄生处的枝条肿大,丛生出槲寄生。其枝叶对生,黄绿色,分泌物有毒,引起树木早落叶、破坏木质部纹路等。

(二)防治方法

彻底割除槲寄生,深埋或烧掉。

三、鼢鼠

(一)鼢鼠危害

咬食苗木根系,造成苗木大量死亡。

(二)灭鼠时机

1年活动最多时期为6~7月,喜欢早晚活动,也是消除最佳时期。

(三)灭鼠方法

鼢鼠喜吃洋芋、苗木幼根,尤其喜吃大葱等辛辣食物。可用磷化锌和大葱做成毒饵。其做法是:将大葱切成5~6 cm长的段,其内装入磷化锌。将其放入鼢鼠洞口,并封住孔眼,鼢鼠食后,即被毒死。

四、其他为害

如人为破坏、牲畜危害,以及刺猬、鼢鼠、叶蝉、蟋蟀等为害,均要防治其发生为害。

参 考 文 献

[1] 中国植物志编辑委员会.中国植物志 各卷[M].北京:科学出版社.

[2] 宋朝枢,徐荣章,张清华.中国珍稀濒危保护植物[M].北京:中国林业出版社,1989.

[3] 丁宝章,王遂义,高增义.河南植物志:第一册[M].郑州:河南人民出版社,1981.

[4] 丁宝章,王遂义.河南植物志:第二、三、四册[M].郑州:河南科学技术出版社.

[5] 河南农学院园林系(赵天榜).杨树[M].郑州:河南人民出版社,1974.

[6] 河南农学院园林系(赵天榜).杨树(修订版)[M].郑州:河南人民出版社,1982.

[7] 赵天榜,李兆镕,陈志秀.河南科技:林业论文集[C].郑州:河南科技出版社,1991.

[8] 赵天榜,袁雷生,张雪敏.河南主要树种育苗技术[M].郑州:河南科学技术出版社,1983.

[9] 《河南古树志》编写组.河南古树志[M].郑州:河南科学技术出版社,1988.

[10] 赵天榜,郑同忠,李长欣,等.河南主要树种栽培技术[M].郑州:河南科学技术出版社,1994.

[11] 赵天榜,宋良红,李小康,等.中国杨属植物志[M].郑州:黄河水利出版社,2020.

[12] 赵天榜.赵天榜论文选集[M].郑州:黄河水利出版社,2020.

[13] 铁铮.三倍体毛白杨之父——记中国工程院院士[J].中国林业教育,2001(6):3-5.

[14] 何秀伟.三倍体毛白杨引种育苗试验研究[J].湖南环境生物职业技术学院学报,2002,8(2):93-97.

[15] 张仁福,刘德良,钟福生.三倍体毛白杨在紫色岩地区引种造林初探[J].湖南林业科技,2003,30(1):17-18.

[16] 刘淑春,张仁福,姜小文,等.湘南引种三倍体毛白杨生长模式研究[J].湖南林业科技,2005,32(5):45-47.

[17] 林仲桂,张仁福,钟福生,等.危害三倍体毛白杨的害虫种类、发生与防治研究[J].湖南环境生物职业技术学院学报,2006,12(1):1-4.

[18] 赵勇刚,高克姝.发展三倍体毛白杨应注意的问题[J].中国花卉园艺,2002,25(12):11-13.

[19] 万福军,袁胜尧.三倍体毛白杨育苗与造林[J].湖南林业,2002,15(3):20-21.

[20] 王世东.三倍体毛白杨三圃配套快速繁育技术[J].林业科技开发,2001,15(1):32-33.

[21] 杨刚,向林,李成业,等.三倍体毛白杨硬枝扦插试验[J].林业科技开发,2000,14(1):43-44.

[22] 祁承经.湖南植被[M].长沙:湖南科学技术出版社,1990.

[23] 刘德良,金巨良.樟树扦插试验研究[J].福建林学院学报,2003,23(2):189-192.

[24] 北京林学院.数理统计[M].北京:中国林业出版社,1984.

[25] 刘寿坡,徐孝庆.黄泛平原林地资源利用研究[M].北京:中国科学技术出版社,1992.

[26] 湖南轻工业学校.制浆造纸分析与检验[M].北京:轻工业出版社,1992.

[27] 朱之悌,林惠斌,康向阳.毛白杨异源三倍体 B301 等无性系选育的研究[J].林业科学,1995,31(6):499-505.

[28] 山西襄汾纸业集团有限公司.建设三倍体毛白杨纸浆原料林基地的初步做法[J].中华纸业,2001,22(12):54-56.

[29] 康向阳,朱之悌,张志毅.毛白杨异源三倍体形态和减数分裂观察[J].北京林业大学学报,1999,21(1):1-5.

[30] 康向阳,毛建丰.三倍体毛白杨配子育性及其子代形态变异研究[J].北京林业大学学报,2001,23

(4):20-23.

[31] 康向阳,张平东,高鹏,等. 秋水仙碱诱导白杨三倍体新途径的发现[J]. 北京林业大学学报,2004,26(1):1-4.

[32] 张志毅,于雪松,朱之悌. 三倍体毛白杨无性系有性生殖能力的研究[J]. 北京林业大学学报,2000,22(6):1-4.

[33] 樊永明,张志毅,谢益民. 三倍体毛白杨纸浆材纤维形态变异及采伐周期研究[J]. 国际造纸,2002,21(6):24-25,33.

[34] 蒲俊文,宋君龙,姚春丽. 三倍体毛白杨化学成分径向变异的研究[J]. 造纸科学与技术,2002,21(3):1-37.

[35] 蒲俊文,宋君龙,姚春丽. 三倍体毛白杨无性系纸浆材的选优[J]. 造纸科学与技术,2001,20(5):11-13.

[36] 蒲俊文,宋君龙,姚春丽. 三倍体毛白杨纤维形态变异的研究[J]. 北京林业大学学报,2002,24(2):62-66.

[37] 蒲俊文,宋君龙,谢益民,等. 三倍体毛白杨木质素结构特性研究[J]. 北京林业大学学报,2002,24(5/6):211-215.

[38] 许凤,陈嘉川. 三倍体毛白杨木素微区分布的研究[J]. 造纸科学与技术,2003,22(1):1-4.

[39] 张俊生,刘建民,杨久廷,等. 欧美杨类新无性系苗期生长模型及灰色关联度分析[J]. 辽宁林业科技,1997(5):18-20.

[40] 姚春丽,蒲俊文. 三倍体毛白杨化学组分纤维形态及纸浆性能的研究[J]. 北京林业大学学报,1998,20(5):2-25.

[41] 何秀伟. 三倍体毛白杨引种育苗试验研究[J]. 湖南环境生物职业技术学院学报,2002,8(2):93-97.

[42] 薛睿,贺斌,薛文瑞. 甘肃干旱荒漠区纸浆林三倍体毛白杨营建试验[J]. 陕西林业科技,2006(2):12-16,36.

[43] 康向阳. 三倍体毛白杨新品种选育[J]. 北京林业大学学报,2004,26(3):40-41.

[44] 蒲俊文,宋君龙,姚春丽. 三倍体毛白杨纤维形态变异的研究[J]. 北京林业大学学报,2002,24(2):62-66,38.

[45] 姚春丽,蒲俊文. 三倍体毛白杨化学组分维形态及制浆性能的研究[J]. 北京林业大学学报,1998,20(5):18-21.

[46] 王颖,袁玉欣,魏红侠,等. 杨粮间作系统小气候研究[J]. 中国生态农业学报,2001,9(3):41-42.

[47] 贾玉彬,袁玉欣,裴保华,等. 杨农间作对农田生态环境的改善[J]. 林业科学,1999,35(增刊1):54-65.

[48] 袁玉欣,裴保华,贾渝彬,等. 农林间作条件下的杨树生长[J]. 林业科学,2000,36(增刊1):44-50.

[49] 许凤. 三倍体毛白杨生物结构及木素微区分布的研究[D]. 山东轻工业学院硕士学位论文,2002.

[50] 孔凡功. 三倍体毛白杨碱性过氧化氢化学机械浆的研究[D]. 山东轻工业学院硕士学位论文,2003.

[51] 姚春丽,蒲俊文. 三倍体毛白杨化学组分纤维形态及制浆性能的研究[J]. 北京林业大学学报,1998,20(5):18.

[52] 杨有乾,李秀生. 林木病虫害防治[M]. 郑州:河南科学技术出版社,1982.